# Cinética Química

das reações homogêneas

**Blucher**

Benedito Inácio da Silveira

# Cinética Química
## das reações homogêneas

2ª edição revista e ampliada

*Cinética química das reações homogêneas*
© 2015 Benedito Inácio da Silveira
2ª edição – 2015
Editora Edgard Blücher Ltda.

# Blucher

Rua Pedroso Alvarenga, 1245, 4º andar
04531-934 – São Paulo – SP – Brasil
Tel.: 55 11 3078 5366
contato@blucher.com.br
www.blucher.com.br

Segundo o Novo Acordo Ortográfico, conforme
5ª ed. do *Vocabulário Ortográfico da Língua
Portuguesa*. Academia Brasileira de Letras, março
de 2009.

É proibida a reprodução total ou parcial por
quaisquer meios, sem autorização escrita da
Editora.

Todos os direitos reservados pela Editora Edgard
Blücher Ltda.

### Ficha Catalográfica

Silveira, Benedito Inácio da
   Cinética química das reações homogêneas/
Benedito Inácio da Silveira. – 2. ed. revista e
ampliada – São Paulo: Blucher, 2015.

Bibliografia
ISBN 978-85-212-0922-5

1. Cinética química – Reações químicas   I. Título

15-0510                                           CDD 541.394

Índices para catálogo sistemático:
1. Cinética química - Reações químicas

# Prefácio

Este livro diz respeito à cinética química de reações homogêneas e tem como principal objetivo o desenvolvimento de modelos cinéticos para reações elementares e compostas conduzidas em reatores descontínuos. Um modelo cinético é constituído de uma equação ou um sistema de equações e tem como finalidade descrever a variação de composição de uma mistura reacional ou o avanço de uma reação ao longo do tempo em função de variáveis operacionais como temperatura, concentração e pressão. Essas equações são necessárias para elaborar projetos ou realizar análises de reatores de laboratório ou industriais, com a finalidade de conduzir uma reação em condições operacionais otimizadas.

O conteúdo do livro foi elaborado com a intenção de servir de material didático para cursos de graduação de diferentes áreas: química, química industrial, engenharia química etc. Estudantes de outras áreas que tenham afinidade com cinética e reatores químicos, estudantes de pós-graduação e profissionais dessas áreas, cada um, de acordo com suas necessidades, pode tirar proveito deste livro. No desenvolvimento dos temas, procurou-se fornecer subsídios para que os estudantes possam atingir um bom entendimento dos principais aspectos relacionados à cinética química e sejam preparados para compreender textos mais avançados e artigos científicos relacionados à área. Na elaboração do livro, preocupou-se principalmente com a clareza dos conceitos e não se poupou espaço para realizar deduções e soluções de equações matemáticas de reações químicas, a fim de tornar o texto autoexplicativo.

Frequentemente, mesmo estudantes e profissionais de áreas mais diretamente relacionadas à cinética química, como engenharia química e química, apresentam dificuldades para fazer tratamentos matemáticos adequados de reações químicas. Para estudantes e profissionais de outras áreas e áreas afins, as dificuldades são ainda maiores. Isso ocorre porque, por um lado, há reações químicas em que o tratamento matemático é mais complexo, e, por outro, há inadequações tanto na forma como o ensino é planejado e conduzido como na literatura relacionada ao tema. Em geral, livros de engenharia de reações não dão a devida importância a conceitos e fundamentos da cinética química, e livros de cinética química não priorizam tratamentos matemáticos. O tema cinética química é muito amplo. Com as devidas delimitações, neste livro, procurou-se desenvolver esse tema por meio de um processo gradual, com explicações detalhadas de lógica e raciocínio necessários à solução de diferentes problemas e aplicações reais. As bases para a elaboração do material vieram da experiência de mais de trinta anos de atuação como professor em cursos de graduação e pós-graduação em engenharia química, em especial nas disciplinas de cinética e cálculo de reatores químicos.

O livro foi organizado em oito capítulos. No capítulo 1, são apresentados uma introdução e os conceitos fundamentais para uma boa compreensão dos diversos temas tratados no livro, entre eles o conceito da própria cinética química. O capítulo 2 aborda a estequiometria; estudam-se as relações quantitativas de reagentes e produtos e realiza-se a contabilização dos diversos componentes que entram e saem de um dado sistema reacional por meio de uma metodologia sistematizada.

No capítulo 3 destacam-se definições de velocidade de reação, leis cinéticas e procedimentos para obter expressões de velocidade para reações elementares em função de composição e temperatura. Também é apresentada uma discussão da influência da temperatura sobre a velocidade de reação. A caracterização matemática das reações é realizada no capítulo 4, no qual são deduzidas equações cinéticas e feitas suas integrações para diversos tipos de reações elementares homogêneas conduzidas em reatores descontínuos com volumes constante e variável. O capítulo 5 aborda a aquisição e o tratamento de dados cinéticos experimentais. São apresentados métodos convencionais para acompanhar uma reação e determinar sua velocidade, bem como diferentes métodos para avaliar parâmetros cinéticos.

No capítulo 6, os conceitos e procedimentos apresentados no capítulo 3 são ampliados de forma adequada e aplicados às reações compostas. São abordadas as reações reversíveis, paralelas ou simultâneas, em série ou consecutivas e em série-paralela. Para essas reações, as equações cinéticas são deduzidas e resolvidas e seus parâmetros cinéticos são avaliados a partir de dados experimentais. No capítulo 7, são discutidas as reações compostas que envolvem intermediários com alta reatividade e vidas muito curtas, denominadas reações em etapas. São discutidos conceitos de mecanismos de reação em sequências aberta e fechada, etapa determinante de velocidade, princípio da reversibilidade microscópica, hipóteses de estado de pré-equilíbrio e de estado quase estacionário. Realiza-se a dedução da equação de velocidade a partir de um mecanismo proposto para alguns casos de reações orgânicas e inorgânicas e determina-se seus parâmetros cinéticos a partir de dados experimentais. Tendo em vista o principal objetivo do livro, no capítulo 8 é realizado o desenvolvimento de modelos cinéticos de três tipos de reações de grande importância na indústria química: reações enzimáticas, polimerização e transesterificação.

Para melhorar a capacidade do estudante em aplicar os conhecimentos adquiridos e estimulá-lo à prática da cinética, em cada capítulo são apresentados e resolvidos diversos problemas. Acredita-se que os tópicos e a forma como foram abordados forneçam uma boa compreensão dos principais aspectos da cinética química e possibilitem maior segurança e habilidade para investigar, explorar e criar novas situações em dado processo químico.

Ressalta-se ao leitor que a intenção é oferecer um texto de boa qualidade, que possa levá-lo a entrar em um universo mais amplo de uma atividade teórico-prática como forma de aquisição de conhecimentos mais próximos de sua realidade profissional. Todavia, pode-se encontrar no livro inadequações ou ideias mal formuladas; nesse caso, será de grande relevância a prestação dessas informações, pelas quais, desde já, fica registrado o agradecimento. Registra-se também agradecimentos a diversas pessoas por críticas, ideias e sugestões úteis, em especial aos alunos de engenharia química, com os quais tive a oportunidade de discutir os temas tratados neste livro por muitas vezes e ao longo de tantos anos.

Belém, 15 de março de 2014
*Benedito Inácio da Silveira*
*Professor de Engenharia Química*

# Sumário

1 Introdução ............................................. 13
   1.1 Entidade molecular, espécie química e intermediário
      de reação ........................................ 14
   1.2 Reação química, etapa e estágio de reação ............. 15
   1.3 Equação química ................................... 15
   1.4 Molecularidade e ordem de reação ................... 16
   1.5 Mecanismo ....................................... 21
   1.6 Reação elementar ................................. 23
   1.7 Reação em etapas ................................. 24
   1.8 Reação composta ................................. 26
   1.9 Perfil de energia potencial .......................... 27
   1.10 Reações homogêneas e heterogêneas ................ 28
   1.11 Reações irreversíveis e reversíveis ................... 30
   1.12 Equilíbrio químico ................................ 31
   1.13 Fundamentos de processos químicos ................ 36
Referências .............................................. 38

| | | |
|---|---|---|
| 2 | Estequiometria | 41 |
| 2.1 | Fórmula química, massa molecular e massa molar | 42 |
| 2.2 | Composição química de reator descontínuo com volume constante | 44 |
| 2.3 | Equação estequiométrica | 53 |
| 2.4 | Coeficiente e número estequiométricos | 53 |
| 2.5 | Lei da conservação da massa | 55 |
| 2.6 | Razão e proporção estequiométricas | 57 |
| 2.7 | Reagentes limitante e em excesso | 59 |
| 2.8 | Oxigênio teórico e excesso de ar | 62 |
| 2.9 | Medidas do progresso de uma reação | 63 |
| 2.10 | Cálculos estequiométricos | 70 |
| 2.11 | Sistemas de volume variável | 78 |
| 2.12 | Reações compostas | 86 |
| | Referências | 95 |

| | | |
|---|---|---|
| 3 | Velocidades de uma reação química | 97 |
| 3.1 | Velocidade de reação de uma reação elementar | 98 |
| 3.2 | Velocidades de consumo e de formação em uma reação elementar | 98 |
| 3.3 | Velocidades em sistemas de volume constante | 100 |
| 3.4 | Velocidades em sistemas de volume variável | 102 |
| 3.5 | Relações estequiométricas entre velocidades de uma reação | 103 |
| 3.6 | Tipos de reações quanto à velocidade | 105 |
| 3.7 | Lei da velocidade para reações elementares | 105 |
| 3.8 | Leis de velocidade para reações reversíveis | 114 |
| 3.9 | Influência da temperatura sobre a velocidade de reação | 115 |
| | Referências | 132 |

| | | |
|---|---|---|
| 4 | Caracterização matemática de reações elementares | 135 |
| 4.1 | Reações irreversíveis em reator descontínuo de volume constante | 136 |

Sumário

**11**

4.2 Reações irreversíveis em reatores de volume variável . . . . . . . . . . 157
Referências . . . . . . . . . . . . . . . . . . . . . . . . . . . . . . . . . . . . . . . . . . . . . . . 164

5 Obtenção e análise cinética de dados experimentais . . . . . . . . . . . . . . 165
    5.1 Reatores experimentais . . . . . . . . . . . . . . . . . . . . . . . . . . . . . . . . 166
    5.2 Considerações gerais sobre a aquisição de dados cinéticos . . . . . 173
    5.3 Métodos convencionais para monitorar uma reação . . . . . . . . . . 175
    5.4 Métodos específicos para monitorar uma reação . . . . . . . . . . . . 181
    5.5 Avaliação da velocidade de reação . . . . . . . . . . . . . . . . . . . . . . . 182
    5.6 Avaliação de parâmetros cinéticos . . . . . . . . . . . . . . . . . . . . . . . 191
Referências . . . . . . . . . . . . . . . . . . . . . . . . . . . . . . . . . . . . . . . . . . . . . . . 223

6 Reações compostas . . . . . . . . . . . . . . . . . . . . . . . . . . . . . . . . . . . . . . . . 225
    6.1 Velocidades de reação, consumo e formação
        de uma reação composta . . . . . . . . . . . . . . . . . . . . . . . . . . . . . . . 226
    6.2 Lei de velocidade ou lei cinética de uma reação composta . . . . . . 228
    6.3 Velocidade resultante de reações compostas . . . . . . . . . . . . . . . 228
    6.4 Caracterização matemática de reações compostas . . . . . . . . . . . 230
    6.5 Consistência termodinâmica . . . . . . . . . . . . . . . . . . . . . . . . . . . 241
    6.6 Determinação de parâmetros cinéticos de reações compostas . . . 244
Referências . . . . . . . . . . . . . . . . . . . . . . . . . . . . . . . . . . . . . . . . . . . . . . . 289

7 Reações em etapas . . . . . . . . . . . . . . . . . . . . . . . . . . . . . . . . . . . . . . . . 291
    7.1 Mecanismo de reações em etapas . . . . . . . . . . . . . . . . . . . . . . . . 292
    7.2 Princípio da reversibilidade microscópica . . . . . . . . . . . . . . . . . 298
    7.3 Hipótese de etapa determinante de velocidade . . . . . . . . . . . . . 303
    7.4 Hipóteses simplificadoras . . . . . . . . . . . . . . . . . . . . . . . . . . . . . 306
    7.5 Dedução de equação de velocidade para
        um mecanismo proposto . . . . . . . . . . . . . . . . . . . . . . . . . . . . . . . 317
    7.6 Desenvolvimento de um mecanismo de reação . . . . . . . . . . . . . 333
Referências . . . . . . . . . . . . . . . . . . . . . . . . . . . . . . . . . . . . . . . . . . . . . . . 335

# Cinética química das reações homogêneas

8 Modelagem cinética ........................................ 337

    8.1   Reações enzimáticas .................................. 338

    8.2   Polimerização ....................................... 350

    8.3   Transesterificação ................................... 387

Referências ............................................... 395

Índice remissivo........................................... 397

# CAPÍTULO 1

# INTRODUÇÃO

Cinética química é a ciência que estuda a velocidade das reações químicas, envolvendo as diferentes variáveis que a influenciam: temperatura; pressão; concentração; propriedades do catalisador, se este estiver presente; grau de mistura etc.

Em geral, o estudo cinético de uma reação química é realizado com dois objetivos principais. No primeiro, visa-se ao desenvolvimento de um mecanismo plausível para a reação e, no segundo, à obtenção de uma equação ou um sistema de equações diferenciais e algébricas associadas entre si para definir as leis de velocidade de todas as etapas da reação. O conteúdo deste livro diz respeito ao segundo objetivo.

O conhecimento desse mecanismo possibilita uma descrição detalhada dos processos envolvidos na transformação de reagentes em produtos e, em geral, constitui o principal objetivo dos cineticistas. As leis de velocidade são necessárias para descrever a variação da velocidade de consumo ou a formação de um dado componente e a composição da mistura reacional ou o avanço da reação ao longo do tempo em função das variáveis acima referidas. Isso possibilita a elaboração do projeto de um reator para a produção de determinado produto ou a análise de um reator já em operação, visando à condução de um processo químico em condições operacionais otimizadas. Esse conhecimento interessa a profissionais de diferentes áreas e, em especial, ao engenheiro químico.

A cinética química possibilita a relação entre a velocidade de reação e os parâmetros de processo em nível macroscópico, como concentração, pressão e temperatura. Ou seja, cria a possibilidade para realizar a ligação entre o sistema de moléculas reagentes e o sistema macroscópico da engenharia de reações industriais.

Este capítulo foi elaborado com a finalidade de apresentar e discutir alguns conceitos fundamentais para compreensão dos temas que vão ser tratados nos capítulos subsequentes, entre eles o conceito da própria cinética química, que acabou de ser abordado.

## 1.1 Entidade molecular, espécie química e intermediário de reação

*Entidade molecular* é qualquer átomo, molécula, íon, par de íons, radical, complexo etc. identificável como uma entidade distinta.

*Espécie química* é um conjunto de entidades moleculares quimicamente idênticas. Elas podem explorar os mesmos grupos de níveis de energia molecular na escala de tempo da experiência.

O nome de um composto pode referir-se a uma entidade molecular ou a uma espécie química. Metano, por exemplo, pode significar uma única molécula de $CH_4$ (entidade molecular) ou uma quantidade molar, especificada ou não (espécie química), participante de uma reação.

*Intermediário de reação* ou *intermediário* é uma entidade molecular (átomo, íon, molécula etc.) com vida, tempo decorrido entre nascimento e morte, apreciavelmente maior que uma vibração molecular que é formada, direta ou indiretamente, a partir de reagentes e que reage posteriormente para dar, direta ou indiretamente, os produtos de uma reação (IUPAC, 2012). Nessa definição distinguem-se intermediários verdadeiros de estados vibracionais ou estados de transição que, por definição, têm vida próximo de uma vibração molecular. Portanto, intermediários correspondem a mínimos de energia potencial com profundidades maiores que a energia térmica proveniente de temperatura. Muitos intermediários são altamente reativos, têm vidas muito curtas e, consequentemente, baixa concentração na mistura reacional. Em geral, são radicais livres ou íons instáveis. São exemplos as reações abaixo:

$$Cl^{\bullet} + CH_4 \rightarrow CH_3^{\bullet} + HCl$$

$$CH_3^{\bullet} + Cl_2 \rightarrow CH_3Cl + Cl^{\bullet}$$

onde os radicais $Cl^{\bullet}$ e $CH_3^{\bullet}$ são intermediários de reação.

## 1.2 Reação química, etapa e estágio de reação

*Reação química* é um processo que resulta na interconversão de espécies químicas e envolve a reorganização de átomos de uma ou mais substâncias. Uma reação química pode ocorrer em uma única etapa, quando ela é denominada reação elementar, ou em várias etapas, quando é denominada reação em etapas. Reações químicas detectáveis normalmente envolvem um grupo de entidades moleculares, como indicado pela definição, mas muitas vezes é conceitualmente conveniente usar o termo também para mudanças que envolvem uma única entidade molecular. Tais mudanças recebem a denominação de eventos químicos microscópicos.

*Etapa de reação* é uma reação elementar que compõe um dos estágios de uma reação em etapas, na qual um intermediário (ou reagentes, se for a primeira etapa) é convertido em um próximo intermediário (ou produtos, se for a última etapa) na sequência de intermediários entre reagentes e produtos.

*Estágio de reação* é um conjunto de uma ou mais etapas de reação que conduz para um intermediário ou é proveniente de um intermediário de reação presumido ou detectável.

## 1.3 Equação química

*Equação química* é a representação simbólica de uma reação na qual as substâncias presentes inicialmente, denominadas reagentes, são colocadas do lado esquerdo e as novas substâncias que vão sendo formadas, denominadas produtos, são colocadas do lado direito. Há diferentes símbolos para conectar reagentes e produtos, dentre eles, os mais usados são a seta para a direita ($\rightarrow$) para representar reações irreversíveis e duas setas em sentidos contrários ($\rightleftarrows$) para representar reações reversíveis. Caso uma reação reversível esteja em condições de equilíbrio, representam-se apenas duas metades de setas ($\rightleftharpoons$).

Por exemplo, a reação que ocorre em um único sentido e envolve 1 mol do reagente acetaldeído ($CH_3CHO$) e 1 mol de cada um dos produtos, metano ($CH_4$) e monóxido de carbono (CO), é representada por:

$$CH_3CHO \rightarrow CH_4 + CO \tag{1.1}$$

Já a reação que ocorre em ambos os sentidos e envolve 2 mol de reagente pentóxido de nitrogênio ($N_2O_5$) e 4 mol do produto dióxido de nitrogênio ($NO_2$) e 1 mol do produto oxigênio ($O_2$) é representada por:

$$2N_2O_5 \rightleftarrows 4NO_2 + O_2 \tag{1.2}$$

Ao escrever a equação química de uma reação, a ordem de reagentes e produtos não importa, pois é necessário que estejam escritos do lado correto. Na apresentação das fórmulas químicas, um gás é evidenciado por (*g*), um sólido por (*s*), um líquido por (*l*), uma solução aquosa por (*aq*), uma seta para cima ($\uparrow$) indica que um gás está sendo produzido e uma seta para baixo ($\downarrow$) indica que um precipitado sólido está sendo formado. De fato, nem sempre esses símbolos são usados, mas há casos que, para não deixar dúvidas, são indispensáveis.

## 1.4 Molecularidade e ordem de reação

*Molecularidade* de uma reação de única etapa é o número de entidades moleculares que está envolvido em uma colisão simultânea que resulta em reação química. Esse conceito é teórico, trata-se sempre de um número inteiro, pequeno e diferente de zero, envolve uma única etapa de reação e é aplicável apenas às reações elementares. Portanto, a molecularidade requer o conhecimento do mecanismo da reação; por isso, o conceito de molecularidade de uma reação global que ocorre em diversas etapas não tem nenhum significado.

Com base nesse conceito, as reações podem ser uni, bi ou trimoleculares, quando uma, duas ou três espécies químicas, respectivamente, participam como reagentes. A maioria das reações elementares é uni ou bimolecular.

Introdução **17**

A reação de isomerização do ciclopropano é unimolecular e representada pela seguinte equação química:

$$CH_2CH_2CH_2 \rightleftarrows CH_3CH = CH_2 \qquad (1.3)$$

A reação gasosa de decomposição do brometo de t-butila também é unimolecular e sua equação química é:

$$C_4H_9Br \rightleftarrows C_4H_8 + HBr \qquad (1.4)$$

As reações de formação e decomposição do HI nas reações direta e reversa, respectivamente, são bimoleculares e podem ser apresentadas pela seguinte equação química:

$$H_2 + I_2 \rightleftarrows 2HI \qquad (1.5)$$

Como se pode observar, na reação de formação há duas moléculas diferentes ($H_2$ e $I_2$) e na reação de decomposição há duas moléculas iguais (HI), por isso, ambas são bimoleculares. A reação de saponificação do acetato de etila em solução aquosa também é bimolecular e envolve duas moléculas diferentes, ou seja:

$$CH_3COOC_2H_5 + NaOH \rightarrow CH_3COONa + C_2H_5OH \qquad (1.6)$$

As reações trimoleculares são mais raras, pois envolvem a colisão de três moléculas simultaneamente. Por exemplo: $O + O_2 + N_2 \rightarrow O_3 + N_2$ e $2NO + O_2 \rightarrow 2NO_2$. As reações elementares envolvendo quatro moléculas são altamente improváveis.

*Ordem de reação* é o número de átomos ou de moléculas cujas concentrações sofrem alterações durante uma reação, ou seja, é o número de átomos ou moléculas cujas concentrações determinam a velocidade da reação. Para determinar a ordem de reação, faz-se a soma dos expoentes dos termos de concentração que aparecem na equação cinética da reação. Equação cinética é uma equação diferencial que expressa a velocidade de uma reação química em função de concentrações e de temperatura. Essa equação também é denominada lei da velocidade.

De acordo com a ordem, as reações químicas podem ser classificadas em reações de primeira, segunda, terceira etc. ordens; também podem ser de ordem fracionária ou zero.

- *Reação de ordem zero*: é aquela cuja velocidade de reação (r) é independente da concentração de reagentes, ou seja, a velocidade é expressa por:

$$r = k \tag{1.7}$$

- *Reação de primeira ordem*: é aquela cuja velocidade de reação é determinada pela variação de um único termo de concentração. Uma reação é dita de primeira ordem se sua velocidade for expressa por:

$$r = kC_A \tag{1.8}$$

- *Reação de segunda ordem*: é aquela em que dois termos de concentração determinam a velocidade da reação. Uma reação é dita de segunda ordem se sua velocidade for expressa por:

$$r = kC_A^2 \; \text{(para um único tipo de reagente)} \tag{1.9}$$

$$r = kC_A C_B \; \text{(para dois tipos de reagentes)} \tag{1.10}$$

- *Reação de terceira ordem*: é aquela em que três termos de concentração determinam a velocidade da reação. Uma reação é dita de terceira ordem se sua velocidade for expressa por:

$$r = kC_A^3 \; \text{(para um único tipo de reagente)} \tag{1.11}$$

$$r = kC_A^2 C_B \; \text{(para dois tipos de reagentes)} \tag{1.12}$$

$$r = kC_A C_B^2 \; \text{(para dois tipos de reagentes)} \tag{1.13}$$

$$r = kC_A C_B C_C \; \text{(para três tipos de reagentes)} \tag{1.14}$$

- *Reação de ordem geral*: a reação elementar entre os reagentes A e B, com concentrações molares $C_A$ e $C_B$, respectivamente, equação estequiométrica aA + bB → cC e equação cinética dada por:

$$r = kC_A^\alpha C_B^\beta \tag{1.15}$$

Introdução

é de ordem $\alpha$ em relação ao componente A, de ordem $\beta$ em relação ao componente B e de ordem global $\alpha + \beta$.

A ordem de uma reação é uma grandeza empírica que pode ser avaliada experimentalmente sem conhecimento prévio do mecanismo da reação. Por exemplo, a decomposição do óxido nitroso em fase gasosa ocorre de acordo com a equação estequiométrica $2N_2O \rightarrow 2N_2 + O_2$ e tem como equação cinética a seguinte expressão:

$$r = kp_{N_2O}^2 \tag{1.16}$$

onde $p_{N_2O}$ é a pressão parcial de $N_2O$. Portanto, essa reação é de segunda ordem em relação ao reagente $N_2O$ e também de segunda ordem global.

A ordem de uma reação não tem, necessariamente, que ser um número inteiro. Por exemplo, para a reação em fase gasosa de equação estequiométrica $CO + Cl_2 \rightarrow COCl_2$, obteve-se a seguinte equação cinética:

$$r = kC_{CO}C_{Cl_2}^{3/2} \tag{1.17}$$

Então trata-se de uma reação de primeira ordem em relação ao CO, de ordem 3/2 em relação ao $Cl_2$ e de ordem global 5/2.

Para algumas reações, as equações cinéticas são bastante complexas e não é possível separar os termos que dependem da temperatura daqueles que dependem da concentração. Por exemplo, na oxidação do óxido nítrico (NO) com oxigênio ($O_2$) do ar, tem-se a equação estequiométrica $2NO + O_2 \rightarrow 2NO_2$ e a seguinte equação cinética:

$$r = \frac{kC_{NO_2}}{1 + k'C_{O_2}} \tag{1.18}$$

Nesse caso, só é possível falar em ordem de reação mediante algumas simplificações. Por exemplo, se a concentração de oxigênio ($C_{O_2}$) for bem baixa, o denominador da Equação (1.18) pode ser assumido como igual à unidade. Assim, tem-se uma reação de primeira ordem aparente em relação ao $NO_2$ e de primeira ordem aparente global.

De fato, essa é uma reação em etapas e a cinética da maioria das reações desse tipo não pode ser descrita de forma simples por meio da ordem de reação, que é o caso de reações em fase gasosa, as quais ocorrem em várias etapas. Isso torna esse conceito de ordem de reação sem a menor importância prática.

Ressalta-se que molecularidade é definida para reações elementares, para as quais as ordens correspondem aos coeficientes estequiométricos dos componentes na reação global. No entanto, a reação global pode envolver uma reação elementar ou uma sequência de reações elementares, denotando uma reação em etapas.

Sendo assim, pode-se dizer que uma reação elementar bimolecular é uma reação de segunda ordem, mas uma reação de segunda ordem não é necessariamente aquela cujo mecanismo envolve colisões bimoleculares. A reação pode envolver uma sequência de etapas na qual a molecularidade de uma etapa pode ser diferente de outra. Por exemplo, para a reação $A + 2B \to D$, a molecularidade é $1 + 2 = 3$, e se ela ocorrer em uma única etapa a velocidade de reação é dada por $r = kC_A C_B^2$, e sua ordem em relação ao componente A é um e em relação ao componente B é dois, resultando em uma ordem global de reação igual a três. Nesse caso, molecularidade e ordem de reação são iguais. Entretanto, se essa mesma reação ocorrer em duas etapas diferentes e resultar na mesma reação global, como mostrado abaixo,

etapa (1): $A + B \to C$ (lenta)

etapa (2): $C + B \to D$ (rápida)

reação global: $A + 2B \to D$

Então, a velocidade de reação é determinada pela etapa (1), que é a etapa lenta, ou seja, a velocidade é dada por $r = kC_A C_B$ e a ordem da reação é igual a um tanto em relação ao componente A como em relação ao componente B, e a ordem global é igual a dois. Nesse caso, ordem e molecularidade são diferentes.

Um exemplo prático bem conhecido é a hidrólise de éster, com excesso de água, catalisada por ácido, na qual a concentração de catalisador é mantida constante.

$$CH_3COOC_2H_5 + H_2O \xrightarrow{H^+} CH_3COOH + C_2H_5OH \qquad (1.19)$$

Como há água em excesso, sua concentração permanece constante ao longo do tempo e não afeta a velocidade de reação. Consequentemente, a reação é de primeira ordem em relação ao éster. Reações em que molecularidade e ordem são diferentes por causa do excesso de um dos reagentes são conhecidas como reações de *pseudo-ordens*; neste caso, a reação é de pseudo-primeira ordem global.

De fato, quando se procura determinar a ordem de uma reação, a lei da velocidade que melhor se ajusta aos dados experimentais está sendo procurada. Conhecer apenas a ordem, ou seja, a lei da velocidade, não é suficiente para prever o mecanismo da reação, mas, conhecendo-se o mecanismo, pode-se obter a lei da velocidade.

Na Tabela 1.1 estão apresentadas as principais diferenças entre molecularidade e ordem de reação.

**Tabela 1.1** – Diferenças entre molecularidade e ordem de reação.

| Molecularidade | Ordem de reação |
|---|---|
| é o número de espécies reagentes que sofrem colisão simultânea em uma única etapa da reação | é igual à soma dos expoentes dos termos de concentração da expressão da lei da velocidade |
| é um conceito teórico que depende da etapa limitante da velocidade no mecanismo | é uma quantidade determinada experimentalmente e obtida da expressão da reação global |
| somente tem valores inteiros e, em geral, não passa de três | pode ser números inteiros ou fracionários |
| não pode ser zero | tem todo tipo de valores, incluindo o zero |
| fornece apenas algumas informações básicas sobre o mecanismo da reação | tem a etapa mais lenta da reação, que pode ser julgada com base na ordem de reação e isso pode fornecer informações adicionais sobre o mecanismo |

## 1.5 Mecanismo

*Mecanismo* de uma reação química é uma descrição detalhada dos processos que conduzem os reagentes aos produtos de uma reação, incluindo uma caracterização tão completa quanto possível da composição, da estrutura, da energia e de outras propriedades dos intermediários da reação, dos produtos e dos estados de transição.

Um mecanismo aceitável de uma dada reação deve ser consistente com sua estequiometria, com a lei da velocidade e com todos os dados experimentais disponíveis. Algumas reações ocorrem por meio de *mecanismo simples* de uma única etapa, outras apresentam mecanismo constituído de várias etapas, denominado *mecanismo composto*.

Por exemplo, a reação de formação do dióxido de nitrogênio que envolve a transferência de um átomo de cloro do composto $ClNO_2$ para formar o cloreto de nitrosila, $ClNO$, é constituída de uma única etapa e pode ser representada pela seguinte equação química:

$$ClNO_2(g) + NO(g) \rightleftarrows NO_2(g) + ClNO(g) \tag{1.20}$$

Como se trata de uma reação de uma única etapa, seu mecanismo é representado por:

$$ClNO_2 + NO \rightarrow NO_2 + ClNO \tag{1.21}$$

A reação de decomposição do $N_2O_5$ que forma $NO_2$ e $O_2$ tem um mecanismo composto constituído de três etapas.

etapa (1): $2N_2O_5 \rightleftarrows 2NO_2 + 2NO_3$

etapa (2): $NO_2 + NO_3 \rightleftarrows NO_2 + NO + O_2$

etapa (3): $NO + NO_3 \rightleftarrows 2NO_2$

Em geral, a soma das etapas elementares de uma reação fornece a equação química balanceada ou a equação estequiométrica do processo global. Nesse processo, somam-se reagentes com reagentes e produtos com produtos; no final, eliminam-se os compostos comuns de ambos para obter a equação global. Ressalta-se que o mecanismo de reação em cadeia de radicais constitui exceção a essa regra. No exemplo dado acima, a soma das etapas (1), (2) e (3) apresenta a seguinte equação global:

$$2N_2O_5 \rightleftarrows 4NO_2 + O_2 \tag{1.22}$$

Tendo em vista que a Equação (1.22), de fato, não ocorre em uma única etapa, mas através de três etapas, portanto, é denominada reação em etapas, e o meca-

Introdução

nismo representado pelas etapas (1), (2) e (3) é denominado mecanismo composto. As espécies químicas NO e $NO_3$, denominadas intermediários de reação, são eliminadas da etapa global.

A equação estequiométrica ou equação global balanceada não fornece detalhes sobre as etapas elementares. Assim, a equação global de velocidade deve ser determinada experimentalmente, ou seja, as etapas elementares de uma reação devem ser identificadas experimentalmente.

Embora nos cálculos de projeto de reatores sejam necessárias somente as equações de velocidade que ajustam os dados dentro de uma variação de condições operacionais de interesse, uma forma mais sofisticada envolvendo conhecimentos mais detalhados do mecanismo pode ser uma ferramenta muito útil. Para os cineticistas, em geral, a busca pelo mecanismo de uma reação constitui o principal objetivo do estudo da cinética química.

## 1.6 Reação elementar

*Reação elementar*, também denominada reação simples ou etapa de reação, é uma reação para a qual nenhum intermediário é detectado nem é necessário ser postulado para descrever a reação química em escala molecular. Uma reação elementar ocorre em uma única etapa e passa por um único estado de transição. Por exemplo, a reação entre o brometo de etila ($CH_3CH_2Br$) e o hidróxido de sódio (NaOH) em uma mistura de etanol e água a 25 °C é uma reação que ocorre em uma única etapa, ou seja, é uma reação elementar e pode ser representada pela seguinte equação química:

$$CH_3CH_2Br(aq) + OH^-(aq) \rightarrow CH_3CH_2OH(aq) + Br^-(aq) \quad (1.23)$$

Uma etapa ou reação elementar expressa como as moléculas ou íons realmente reagem entre si, sendo assim, sua equação estequiométrica representa a reação em nível molecular, não a equação global. Consequentemente, a ordem e a expressão da lei da velocidade sempre são obtidas pela simples observação de sua equação estequiométrica, pois há correspondência entre os expoentes das concentrações na equação cinética e os coeficientes das espécies químicas na equação estequiométrica.

Por exemplo, para uma reação elementar genérica de equação estequiométrica

$$aA + bB \rightarrow cC$$

tem-se ordem a em relação ao reagente A, ordem b em relação ao reagente B, ordem global (a + b) e equação cinética ou lei da velocidade dada por:

$$r = kC_A^a C_B^b \tag{1.24}$$

Para reações gasosas podem-se usar pressões parciais no lugar de concentrações, por exemplo, a decomposição do óxido nitroso em fase gasosa, cuja equação estequiométrica $2N_2O \rightarrow 2N_2 + O_2$ é uma reação elementar, consequentemente, sua equação cinética ou lei de velocidade é:

$$r = kp_{N_2O}^2 \tag{1.25}$$

A partir desses exemplos verifica-se que, para reações elementares, ordem de reação, molecularidade e coeficiente estequiométrico são numericamente a mesma coisa, embora sejam conceitualmente diferentes.

Ressalta-se que a dedução de equações cinéticas para reações elementares será feita no capítulo 4.

A maioria das reações de interesse industrial não ocorre a partir de colisões simples entre as moléculas reagentes, ao contrário, apresentam mecanismos que envolvem várias etapas, denominados mecanismos compostos, e, em geral, não há nenhuma relação direta entre a ordem dela e sua equação estequiométrica. Essas reações são denominadas reações em etapas.

## 1.7 Reação em etapas

*Reação em etapas* é uma reação química com pelo menos um intermediário e que envolve pelo menos duas reações elementares consecutivas. Portanto, reação em etapas é uma reação em que as etapas ocorrem em sequência, ou seja, reagentes são transformados em intermediários, os quais subsequentemente são transformados em outros intermediários e, finalmente, em produtos.

Por exemplo, a decomposição do acetaldeído em fase gasosa em cerca de 500 °C envolve um mecanismo por radicais livres de várias etapas, como mostradas a seguir.

Introdução

iniciação (1): $CH_3CHO \xrightarrow{k_1} CH_3^\bullet + {}^\bullet CHO$

propagação (2): $CH_3^\bullet + CH_3CHO \xrightarrow{k_2} CH_3CO^\bullet + CH_4$

propagação (3): $CH_3CO^\bullet \xrightarrow{k_3} CH_3^\bullet + CO$

terminação (4): $2CH_3^\bullet \xrightarrow{k_4} C_2H_6$

A partir desse mecanismo verifica-se que as etapas estão dispostas de forma sequencial; o reagente $CH_3CHO$ se decompõe formando os intermediários $CH_3^\bullet$ e ${}^\bullet CHO$, o intermediário $CH_3^\bullet$ reage com o $CH_3CHO$ formando o produto $CH_4$ e outro intermediário, o composto $CH_3CO^\bullet$, o qual se decompõe para formar o outro produto CO.

A equação estequiométrica global dessa reação é:

$$CH_3CHO \rightarrow CH_4 + CO \tag{1.26}$$

Se fosse elementar, essa reação seria de primeira ordem, mas experimentalmente verifica-se que a equação cinética que representa a velocidade de consumo de acetaldeído $(-R_{CH_3CHO})$ é dada por:

$$-R_{CH_3CHO} = kC_{CH_3CHO}^{3/2} \tag{1.27}$$

Observa-se que não há correspondência entre o expoente da concentração de $CH_3CHO$ da Equação (1.27), cujo valor é 3/2, e o coeficiente estequiométrico do composto $CH_3CHO$ na Equação (1.26), cujo valor é 1. Isso ocorre porque essa reação, de fato, envolve várias etapas.

Tendo em vista que há pouca correlação entre as equações cinética e estequiométrica, então se pode dizer que a lei de velocidade de uma reação não pode ser predita a partir de sua estequiometria, mas deve ser determinada experimentalmente. A dedução de equações cinéticas para reações em etapas será feita no capítulo 7.

## 1.8 Reação composta

*Reação composta* é definida como uma reação química para a qual a expressão da velocidade de consumo de um reagente ou da velocidade de formação de um produto envolve constantes de velocidade de mais de uma reação elementar. Ressalta-se que a lei cinética envolve uma constante de velocidade para cada etapa elementar.

Há diversos tipos de reações compostas, por exemplo, reações reversíveis, paralelas, consecutivas e em etapas. A seguir, estão apresentadas equações estequiométricas e cinéticas de algumas dessas reações.

- *Reações reversíveis*: são aquelas que ocorrem em ambos os sentidos, direto e reverso.

$$A \underset{k_2}{\overset{k_1}{\rightleftarrows}} B \qquad (1.28)$$

$$\left(-R_A\right) = k_1 C_A - k_2 C_B \qquad (1.29)$$

Na Equação (1.29), observa-se que a velocidade resultante de consumo do reagente A $(-R_A)$ envolve as constantes de velocidade $k_1$ e $k_2$ das etapas direta e reversa, respectivamente.

- *Reações paralelas ou simultâneas*: são aquelas nas quais os reagentes são envolvidos em duas ou mais reações independentes e concorrentes.

$$A \overset{k_1}{\rightarrow} B \qquad (1.30)$$

$$A \overset{k_2}{\rightarrow} C \qquad (1.31)$$

$$\left(-R_A\right) = k_1 C_A + k_2 C_A \qquad (1.32)$$

Na Equação (1.32), observa-se que a velocidade resultante de consumo do reagente A $(-R_A)$ envolve as constantes de velocidade $k_1$ e $k_2$ das etapas que produzem os produtos B e C, respectivamente.

Quando há reações simultâneas, algumas vezes, há competição, por exemplo:

$$A + B \xrightarrow{k_1} Y \tag{1.33}$$

$$A + C \xrightarrow{k_2} Z \tag{1.34}$$

onde os reagentes B e C competem entre si pelo reagente A.

- *Reações em série ou consecutivas*: são aquelas em que um ou mais produtos formados inicialmente sofrem uma reação subsequente para dar outro produto.

$$A \xrightarrow{k_1} B \xrightarrow{k_2} C \tag{1.35}$$

$$R_B = k_1 C_A - k_2 C_B \tag{1.36}$$

Na Equação (1.36), observa-se que a velocidade resultante de formação do produto B ($R_B$) envolve as constantes de velocidade $k_1$ e $k_2$ da primeira etapa e da segunda, respectivamente.

É importante ressaltar que há uma diferença entre reações compostas e reações simultâneas, que são reações independentes que ocorrem simultaneamente no mesmo reator. Por exemplo, $A \rightarrow P$ e $A \rightarrow Q$ são reações compostas porque o mesmo reagente participa dos dois eventos moleculares distintos. Porém, as duas reações $A \rightarrow P$ e $B \rightarrow Q$ são reações independentes, porque ocorrem lado a lado no mesmo reator. Cada uma dessas reações pode ser composta de várias etapas e envolver um ou mais intermediários de reação.

## 1.9 Perfil de energia potencial

*Perfil de energia potencial* de uma reação química ou diagrama de coordenada de reação é um gráfico que descreve a variação da energia potencial dos átomos que compõem reagentes e produtos em função de uma coordenada geométrica. Para uma reação elementar, a coordenada geométrica relevante é a coordenada de reação; para uma reação em etapas, deve-se considerar a sucessão de coordenadas de reação para as sucessivas etapas individuais. O objetivo do diagrama é fornecer uma representação qualitativa de como a energia potencial varia com o movimento molecular de uma dada reação.

Nas Figuras 1.1 e 1.2 estão representados, genericamente, os perfis de energia potencial de uma reação elementar e de uma reação em etapas, respectivamente.

Na Figura 1.1, observa-se que, para uma reação elementar, a transformação de reagentes em produtos passa por um único estado de transição, sem a formação de intermediário de reação.

Na Figura 1.2, observa-se que, para uma reação em etapas, há formação de um intermediário de reação e a passagem por dois estados de transição.

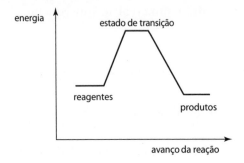

**Figura 1.1** – Perfil de energia potencial de uma reação elementar.

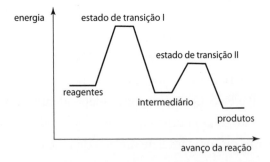

**Figura 1.2** – Perfil de energia potencial de uma reação em etapas.

## 1.10 Reações homogêneas e heterogêneas

As reações podem ser classificadas em duas amplas categorias, *homogêneas* e *heterogêneas*.

- *Reações homogêneas* são aquelas que ocorrem em uma única fase e têm composição uniforme, podendo ser catalíticas ou não catalíticas e ocorrer em fase gasosa

Introdução

ou líquida. Um exemplo bastante conhecido de reação homogênea catalítica em fase gasosa é a oxidação do $SO_2$ a $SO_3$, catalisada pelo óxido nítrico no processo de produção do ácido sulfúrico em câmara de chumbo. O óxido nítrico promove o processo de oxidação de acordo com as seguintes equações químicas:

$$2NO + O_2 \rightarrow 2NO_2 \tag{1.37}$$

$$SO_2 + NO_2 \rightarrow SO_3 + NO \tag{1.38}$$

Outros exemplos são as decomposições pirolíticas de compostos orgânicos como acetaldeído, formaldeído, álcool metílico, óxido de etileno e diversos éteres alifáticos. A maior parte das reações homogêneas catalíticas se processa em fase líquida, sendo a catálise ácido-base um dos tipos mais estudados. Como exemplos de reações orgânicas cujas velocidades são controladas pela catálise ácido-base, pode-se citar inversão de açúcares, hidrólise de ésteres e amidas, esterificação de álcoois, enolização de aldeídos e cetonas.

- *Reações heterogêneas* são aquelas em que os reagentes estão presentes em duas ou mais fases, por exemplo, sólido e gás, sólido e líquido, dois líquidos imiscíveis etc., ou aquelas em que um ou mais reagentes sofrem transformação química na interface, por exemplo, na superfície de um sólido catalisador. Essas reações também podem ser catalíticas e não catalíticas.

Como exemplo de reação heterogênea de grande importância industrial há a oxidação do dióxido de enxofre a trióxido de enxofre no processo de produção de ácido sulfúrico. A reação é catalisada pelo composto sólido pentóxido de vanádio ($V_2O_5$).

$$SO_2 + \tfrac{1}{2}O_2 \xrightarrow{V_2O_5} SO_3 \tag{1.39}$$

Também se pode citar a síntese de amônia catalisada por ferro (Fe) no processo de produção de fertilizantes.

$$N_2 + 3H_2 \xrightarrow{Fe} 2NH_3 \tag{1.40}$$

Neste livro são tratados apenas os problemas relacionados às reações homogêneas.

## 1.11 Reações irreversíveis e reversíveis

Do ponto de vista cinético, *reação irreversível* é uma reação química para a qual a velocidade de consumo de reagente ou formação de produto envolve a constante de velocidade de uma única reação. *Reação reversível* é uma reação química composta para a qual a velocidade resultante de consumo de reagente ou formação de produto envolve constantes de velocidade de duas reações químicas opostas.

Do ponto de vista da termodinâmica química, todas as reações são reversíveis, pois para uma reação ser irreversível, a diminuição da energia livre padrão deve ser infinita. Na prática, porém, tomando como critério o avanço da reação, são observadas reações em ambas as categorias. Sendo reversível, em dadas condições operacionais, uma reação avança até atingir um equilíbrio, onde o grau de avanço é denominado grau de avanço de equilíbrio e é denotado por $\xi_e$. Com isso, denominam-se reações irreversíveis quando os valores dos graus de avanço de equilíbrio ($\xi_e$) e máximo ($\xi_{máx}$) se aproximam, restando, no final da reação, quantidades insignificantes de reagente limitante. Nesses casos, as reações ocorrem em um único sentido e, por convenção, são representadas com reagentes do lado esquerdo, uma seta ($\rightarrow$), e produtos do lado direito.

Por exemplo, a reação de saponificação de um ácido graxo de fórmula genérica RCOOH com hidróxido de sódio (NaOH) que produz sabão (RCOONa) e água ($H_2O$) é uma reação irreversível, pois a reação só pode ocorrer em um sentido, no sentido que produz sabão e água, e não no sentido que produz ácido graxo e hidróxido de sódio, razão pela qual é escrita como:

$$RCOOH + NaOH \xrightarrow{k} RCOONa + H_2O \tag{1.41}$$

A velocidade de consumo de RCOOH é dada pela seguinte equação:

$$\left(-R_{RCOOH}\right) = kC_{RCOOH}C_{NaOH} \tag{1.42}$$

Como se observa na Equação (1.42), a velocidade de consumo de RCOOH envolve apenas a constante k.

Quando o valor do grau de avanço de equilíbrio ($\xi_e$) difere de maneira sensível do valor máximo ($\xi_{máx}$), a reação é classificada como reversível. Nesses casos, a reação ocorre em ambos os sentidos e é representada por reagentes do lado esquerdo, duas setas em sentidos contrários ($\rightleftharpoons$) e produtos do lado direito.

Por exemplo, a reação entre álcool metílico ($CH_3OH$) e hidróxido de sódio (NaOH) que produz metóxido de sódio ($CH_3ONa$) e água é uma reação reversível.

$$CH_3OH + NaOH \underset{k_2}{\overset{k_1}{\rightleftharpoons}} CH_3ONa + H_2O \tag{1.43}$$

Nesse caso, por se tratar de uma reação composta, tem-se velocidade resultante de consumo de reagente ou formação de produto. Para o $CH_3OH$, a velocidade resultante de consumo é dada por:

$$\left(-R_{CH_3OH}\right) = k_1 C_{CH_3OH} C_{NaOH} - k_2 C_{CH_3ONa} C_{H_2O} \tag{1.44}$$

Como se observa, $(-R_{CH3OH})$ envolve as constantes de velocidade $k_1$ e $k_2$ das reações direta e reversa, respectivamente.

## 1.12 Equilíbrio químico

*Equilíbrio químico* é o estado atingido por uma reação química reversível. Nesse estado, a velocidade da reação direta iguala-se à velocidade da reação reversa e não se observa variação nas proporções dos componentes envolvidos ao longo do tempo nem avanço da reação.

Há duas abordagens para o equilíbrio químico: cinética e termodinâmica. A seguir, apresentam-se ideias gerais a respeito de ambas, começando-se pela abordagem cinética.

Uma reação reversível ocorre de forma apreciável em ambos os sentidos, direto e reverso; para uma reação genérica em que A e B reagem reversivelmente para produzir C e D, tem-se a seguinte equação estequiométrica:

$$aA + bB \underset{k_2}{\overset{k_1}{\rightleftharpoons}} cC + dD \tag{1.45}$$

A princípio, só há os reagentes A e B. Criadas as condições adequadas, inicia-se a reação de transformação desses em produtos C e D. A reação avança e, a partir de dado momento, como a reação é reversível, os produtos C e D começam a ser reconvertidos em reagentes A e B. Esse processo ocorre até se estabelecer um equilíbrio, a partir do qual não se observa mais avanço da reação nem variação nas concentrações de reagentes e produtos, conforme se observa nos perfis de concentração de A e C na Figura 1.3.

A composição da mistura em equilíbrio se tornou constante com o tempo, mas isso não quer dizer que a reação cessou. De fato, nessa condição reacional, o sistema atingiu um equilíbrio dinâmico, ou seja, a cada molécula de reagente consumida, em algum lugar da mistura reacional, outra molécula é formada e as velocidades de consumo e formação se igualam. Isto é, ao atingir o equilíbrio, a velocidade da reação direta iguala-se à velocidade da reação reversa, conforme se observa na Figura 1.4.

Na Figura 1.4 verifica-se que, inicialmente, a velocidade da reação direta é elevada, mas diminui na medida em que a reação avança em razão da diminuição da quantidade de reagentes. A velocidade da reação reversa é mínima no início por causa da inexistência de produtos, mas aumenta na medida em que esses produtos vão se formando. No equilíbrio, essas duas velocidades se igualam e não se observa mais avanço da reação com o tempo.

De forma genérica, assumindo que ambas as reações, direta e reversa, sejam elementares, pode-se escrever:

reação direta (1): $aA + bB \xrightarrow{k_1} cC + dD$

$$r_1 = k_1 C_A^a C_B^b \tag{1.46}$$

reação reversa (2): $cC + dD \xrightarrow{k_2} aA + bB$

$$r_2 = k_2 C_C^c C_D^d \tag{1.47}$$

onde $r_1$ e $r_2$ são as velocidades de reação; $k_1$ e $k_2$, as constantes de velocidade das reações direta (1) e reversa (2); e $C_A$, $C_B$, $C_C$ e $C_D$, a concentrações de A, B, C e D, respectivamente. Ressalta-se que, no capítulo 3, serão estudadas as velocidades de uma reação e as dúvidas que por acaso podem surgir neste momento serão esclarecidas.

Introdução

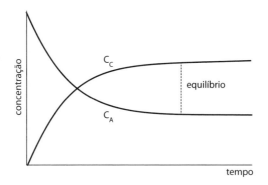

**Figura 1.3** – $C_A$ e $C_C$ = f(tempo) para a reação (1.45).

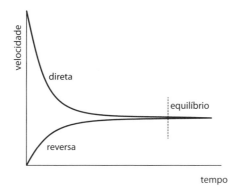

**Figura 1.4** – Velocidade de reação em função do tempo para a reação (1.45).

Ao atingir o equilíbrio, as velocidades das reações direta e reversa se igualam, ou seja:

$$k_1 C_{Ae}^a C_{Be}^b = k_2 C_{Ce}^c C_{De}^d \tag{1.48}$$

onde $C_{Ae}$, $C_{Be}$, $C_{Ce}$ e $C_{De}$ são a concentrações de A, B, C e D, respectivamente, no equilíbrio. Rearranjando a Equação (1.48), obtém-se:

$$\frac{C_{Ce}^c C_{De}^d}{C_{Ae}^a C_{Be}^b} = \frac{k_1}{k_2} = \text{constante} \tag{1.49}$$

Como se observa na Equação (1.49), há uma relação entre as duas constantes $k_1$ e $k_2$, cujo resultado é uma constante. Isso significa que, ao atingir o equilíbrio, a razão entre as concentrações se torna constante e assim permanece ao longo do tempo. Se, ao atingir o equilíbrio, as concentrações permanecem constantes (Figura 1.3), então a conversão de equilíbrio é o valor máximo que se pode obter em dadas condições reacionais, razão pela qual o estudo do equilíbrio químico é tão importante em análise e projeto de um processo químico.

Na abordagem termodinâmica, estabelece-se que no equilíbrio químico a variação da energia livre total de Gibbs é igual a zero. Para um sistema reacional em que esteja ocorrendo uma única reação, essa condição é escrita como (SMITH; VAN NESS, 1975):

$$\sum_{j=1}^{N} v_j \mu_j = 0 \qquad (1.50)$$

onde $v_j$ e $\mu_j$ são, respectivamente, número estequiométrico e potencial químico do componente j. A partir da Equação (1.50), para a reação da Equação (1.45), tem-se:

$$K_a = \frac{\left(\hat{a}_C\right)^c \left(\hat{a}_D\right)^d}{\left(\hat{a}_A\right)^a \left(\hat{a}_B\right)^b} \qquad (1.51)$$

onde $\hat{a}_A$, $\hat{a}_B$, $\hat{a}_C$ e $\hat{a}_D$ são as atividades de A, B, C e D, respectivamente, e $K_a$ é denominada *constante de equilíbrio*. O termo "constante de equilíbrio" não é muito adequado, pois $K_a$ não é uma constante verdadeira, já que varia com a temperatura. Mas como $K_a$ não varia com a pressão, a menos que mude as condições de estado padrão, nessas circunstâncias, passa a ser referida como "constante".

Se a mistura reacional for líquida e assumida como uma solução ideal, a Equação (1.51) passa para a seguinte forma:

$$K_x = \frac{\left(x_C\right)^c \left(x_D\right)^d}{\left(x_A\right)^a \left(x_B\right)^b} \qquad (1.52)$$

onde $K_x$ é uma constante de equilíbrio expressa em termos de frações molares $x_A$, $x_B$, $x_C$ e $x_D$ dos componentes A, B, C e D, respectivamente.

Se a mistura reacional for gasosa e assumida como uma solução ideal, a Equação (1.51) pode ser expressa em termos de pressões parciais.

# Introdução

$$K_p = \frac{\left(p_C\right)^c \left(p_D\right)^d}{\left(p_A\right)^a \left(p_B\right)^b} \quad (1.53)$$

onde $K_p$ é uma constante de equilíbrio expressa em termos de pressões parciais $p_A$, $p_B$, $p_C$ e $p_D$ dos componentes A, B, C e D, respectivamente. Para uma solução gasosa ideal, a pressão parcial de um componente j é dada por $p_j = C_j RT$. Com isso a Equação (1.53) passa para a seguinte forma:

$$K_C = \frac{\left(C_C\right)^c \left(C_D\right)^d}{\left(C_A\right)^a \left(C_B\right)^b} (RT)^{\Sigma v} \quad (1.54)$$

onde $K_C$ é uma constante de equilíbrio expressa em termos de concentrações $C_A$, $C_B$, $C_C$ e $C_D$ dos componentes A, B, C e D, respectivamente, e $\Sigma v$ é a soma dos números estequiométricos, no presente caso $\Sigma v = c + d - a - b$.

A constante de equilíbrio ($K_a$) de uma reação pode ser determinada a partir do valor da variação da energia livre total de Gibbs ($\Delta G^0$), em dada temperatura absoluta (T), pela seguinte expressão:

$$K_a = \exp\left(-\frac{\Delta G^0}{RT}\right) \quad (1.55)$$

onde R é a constante dos gases ideais cujo valor depende das unidades de $\Delta G$. Por exemplo, para uma reação cujo $\Delta G^0_{298} = -2500$ cal / mol na temperatura de 298 °C a partir da Equação (1.55) e com R = 1,987 cal/(mol · K), tem-se o seguinte valor de $K_a$:

$$K_a = \exp\left(-\frac{\Delta G^0_{298}}{RT}\right) = \exp\left[-\frac{(-2500)}{1,987 \times 298}\right] = 68,17$$

Dispondo-se da composição de equilíbrio de um sistema reagente em dadas condições operacionais, a partir das Equações (1.51) a (1.54), pode-se calcular a constante de equilíbrio ($K_a$), ou, dispondo-se do valor de $K_a$ calculado pela Equação (1.55), a partir das Equações (1.51) a (1.54), dependendo do caso, pode-se calcular a composição de equilíbrio.

A cinética química estuda a velocidade com que as transformações químicas ocorrem ao longo do tempo, e diz respeito às situações onde as misturas reacionais não estão em equilíbrio químico. Mas, como o equilíbrio químico impõe limites ao avanço da reação, seu estudo adquire relevância para a cinética. Dados experimentais de uma mistura reacional em equilíbrio em determinadas condições de temperatura e pressão fornecem a conversão máxima possível de reagentes em produtos e a posição e composição de equilíbrio da mistura. Essas informações auxiliam na identificação de reação ou reações que podem estar ocorrendo no sistema e também possibilitam avaliar se o nível de conversão atingido ao se aproximar do equilíbrio é grande o suficiente para atender a viabilidade econômica do processo.

Para um estudo mais abrangente sobre equilíbrio quimíco, pode-se recorrer às referências indicadas no final do capítulo (SMITH; VAN NESS, 1975; BALZHISER et al., 1972).

## 1.13 Fundamentos de processos químicos

No estudo da cinética química são usados alguns conceitos muito familiares à área de processos químicos, alguns dos quais estão apresentados a seguir.

*Sistema* é uma parte do todo selecionada para estudo, por exemplo, um elemento de volume reacional ΔV ou dV de um dado reator. Ao tomar essa parte, sistema reacional, do conteúdo do reator, o restante passa a ser denominado *circunvizinhança*, e a linha imaginária que separa o sistema da circunvizinhança é denominada *fronteira*, como se observa na Figura 1.5. Ressalta-se que a fronteira não contém matéria nem volume, mas calor e trabalho ou mesmo massa podem fluir por meio dela durante um processo.

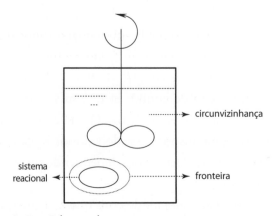

**Figura 1.5** – Esboço de um reator com um sistema reacional.

Um sistema pode ser *homogêneo* quando é constituído de uma única fase; pode se *heterogêneo* quando é constituído de mais de uma fase. Também pode ser *aberto* ou *fechado*; é dito *aberto* quando há trocas de massa e energia com o meio e *fechado* quando as trocas de massa não ocorrem, mas as trocas de energia podem ocorrer. Se não houver trocas de massa nem de energia durante o período que está sendo conduzido um processo, o sistema é dito *isolado*.

*Processo* é qualquer mudança que ocorre em um sistema ou em suas circunvizinhanças. Pode-se dizer também que é qualquer operação ou série de operações através das quais são realizadas transformações químicas ou físicas em uma substância ou mistura de substâncias. *Operação* refere-se ao funcionamento rotineiro de um dado processo.

Quanto ao tipo de operação, um processo pode ser descontínuo ou batelada, semicontínuo e contínuo. *Processo descontínuo* ou *batelada* é aquele em que não há entrada nem saída de material durante o processo, ou seja, todos os materiais são adicionados ao sistema no início da operação, o sistema é fechado e os produtos só são removidos quando o processo estiver completo.

*Processo semicontínuo* é aquele no qual há adição ou remoção de massa, mas não ambas ao mesmo tempo, durante o processo. *Processo contínuo* é aquele no qual, durante a transformação química ou física, ocorrem adição e remoção contínua de matéria simultaneamente. Pela própria definição, um processo descontínuo ou batelada é um sistema fechado e os sistemas contínuos e semicontínuos são abertos.

Um processo pode ser conduzido em estado estacionário ou em estado transiente ou não estacionário. Processo em *estado estacionário* é aquele processo que tem todas as propriedades, pontuais ou médias, como pressão, temperatura, concentração, volume, massa etc., constantes ao longo do tempo, ou seja, se qualquer variável de um processo em estado estacionário for acompanhada, seu valor é invariável ao longo do tempo. Isso não implica que as propriedades em todos os pontos sejam idênticas, mas apenas que em cada ponto as propriedades não variam com o tempo. O *estado transiente* ou *não estacionário* ocorre onde as propriedades do sistema variam ao longo do tempo. Essas variações podem ser provocadas, por exemplo, pelo aumento ou pela diminuição de sua massa durante uma transformação química.

De acordo com essas definições, os processos descontínuo e semicontínuo não podem funcionar sob condições operacionais de estado estacionário, pois os processos semicontínuos têm suas massas variando ao longo do tempo e nos processos descontínuos, apesar de a massa total permanecer constante, as alterações que ocorrem dentro do sistema provocam variações em suas propriedades ao longo do tempo.

Os processos contínuos podem funcionar tanto em estado estacionário como em estado não estacionário ou transiente. Na prática industrial ou em experimentos de laboratório, procura-se conduzir um processo o mais próximo possível do estado estacionário, mas as condições de estado transiente também podem ocorrer nos processos contínuos em diferentes situações, como, por exemplo, na partida ou logo após a realização de alterações nas condições operacionais.

Uma operação ainda pode ser adiabática, isotérmica e não isotérmica. Uma operação é dita *adiabática* quando o sistema é perfeitamente isolado e, consequentemente, não realiza trocas de energia com o meio. Uma operação *isotérmica* é aquela em que as temperaturas das correntes de entrada e saída e do conteúdo do sistema são idênticas e não variam durante a transformação física ou química. Isso ocorre quando a quantidade de energia liberada ou absorvida pela reação, por exemplo, para transformar reagentes em produtos, é pequena e não provoca um gradiente de temperatura entre o sistema e suas circunvizinhanças de grandeza suficiente para causar alterações no rendimento do processo. Pode ocorrer também quando a energia é fornecida ou removida por um sistema de troca térmica adequadamente projetado para o sistema onde o processo químico está sendo conduzido. Quando as condições necessárias para uma operação isotérmica não são atingidas, há variações de temperatura durante a transformação e a operação é *não isotérmica*.

## Referências

BALZHISER, R. E.; SAMUELS, M. R.; ELIASSEN, J. D. **Chemical engineering thermodynamics:** the study of energy, entropy, and equilibrium. New Jersey: Prentice Hall Int. Series, 1972. 696 p.

CHORKENDORFF, I.; NIEMANTSVERDRIET, J. W. **Concepts of modern catalysis and kinetics.** Weinheim: Wiley-VCH Verlag GmbH & Co. KGaA,, 2003. 452 p.

HELFFERICH, F. G. **Comprehensive chemical kinetics:** kinetics of homogeneous multistep reactions. v. 38. 1. ed. Oxford: Elsevier, 2001. 426 p.

IUPAC. **Compendium of chemical terminology:** the gold book, 2. ed. Disponível em: <http://goldbook.iupac.org>. Acesso em: 10 set. 2013.

MISSEN, R. W.; MIMS, C. A.; SAVILLE, B. A. **Introduction to chemical reaction engineering and kinetics.** New York: John Wiley & Sons, 2001. 672 p.

Introdução

**39**

SILVEIRA, B. I. **Cinética química das reações homogêneas.** São Paulo: Blucher, 1996. 172 p.

SMITH, J. M.; VAN NESS, H. C. **Introduction to chemical engineering thermodynamics.** New York: McGraw-Hill, 1975. 632 p.

UPADHYAY, S. K. **Chemical kinetics and reaction dynamics.** New Delhi: Anamaya Publishers, 2006. 256 p.

# 2 CAPÍTULO

# ESTEQUIOMETRIA

A estequiometria estuda as relações quantitativas de reagentes e produtos em reações químicas, a partir das quais se pode fazer a contabilização dos diversos componentes que entram e saem de um dado sistema reacional. Essa contabilização, denominada cálculo estequiométrico, é uma ferramenta indispensável nos estudos de reações e reatores químicos, tanto em laboratórios como em industrias. Essa ferramenta possibilita o cálculo da composição do reator em determinado tempo e, se for desejada, a realização do controle da quantidade de determinada espécie química que vai sendo formada ou consumida durante a reação. Para uma equação química balanceada pode-se acompanhar a variação da concentração de um único componente, os demais estão relacionados pela estequiometria da reação.

A composição do conteúdo reacional de um reator descontínuo varia continuamente com o avanço de uma reação, mas na estequiometria não se calcula tempo nem velocidade para atingir determinada composição, isso é feito na cinética química. O que se calcula é a composição da mistura em determinado tempo de reação. O reator descontínuo é um sistema fechado, mas mesmo assim o volume da mistura reacional pode variar durante a reação e, se isso ocorrer, tal variação deve ser levada em conta no cálculo de algumas propriedades do sistema. Para misturas reacionais líquidas, em geral, o volume permanece constante durante a reação, mas para misturas gasosas, esse poderá não ser o caso e, se não for, o volume do reator deverá ser fixo para não permitir sua variação.

Neste capítulo apresentam-se conceitos básicos e uma metodologia sistematizada para a realização de cálculos estequiométricos em diferentes sistemas reacionais, aqueles que envolvem reações elementares ou compostas e reatores com e sem variação de volume durante a reação.

Os procedimentos apresentados neste capítulo são usados ao longo de todo o livro; por isso, conhecê-los é essencial para a compreensão do conteúdo dos demais capítulos.

## 2.1 Fórmula química, massa molecular e massa molar

O primeiro passo para obter informações qualitativa e quantitativa de uma reação química envolvida na produção de determinado produto é obter as fórmulas químicas das substâncias participantes e suas massas molecular e molar.

*Fórmula química* é uma notação científica que ilustra a composição de um composto químico e consiste em símbolos atômicos dos vários e diferentes elementos do composto acompanhados de subscritos numéricos, que são denominados índices e indicam a razão com a qual os átomos se combinam. A fórmula química é uma forma de identificar os compostos químicos e representar a composição relativa de seus elementos. Por exemplo, na fórmula química do ácido palmítico, $CH_3(CH_2)_{14}COOH$, observa-se que a proporção entre os elementos desse composto é igual a 16 átomos de C, 32 átomos de H e 2 átomos de O. Esse tipo de fórmula química é denominado fórmula molecular e é aquele de maior interesse na estequiometria.

*Massa molecular* de um composto é a soma das massas atômicas dos átomos que compõem uma molécula desse composto. Por exemplo, para calcular a massa molecular do ácido sulfúrico ($H_2SO_4$), a partir da tabela periódica, obtêm-se as massas atômicas de todos os átomos, H (1,01 u), S (32,06 u) e O (16,00 u), multiplicam-se esses valores pelo número de átomos de cada elemento e somam-se os resultados, ou seja: $2 \cdot 1,01 + 1 \cdot 32,06 + 4 \cdot 16,00 = 98,08$ u. A expressão massa molecular é usada para substâncias moleculares; para substâncias não moleculares é mais apropriado usar a expressão massa fórmula; por exemplo, a massa fórmula do NaCl é igual a 58,5 u (u = unidade de massa atômica).

Estequiometria **43**

*Massa molar (M)* de determinada espécie química é a massa correspondente a 1 (um) mol dessa espécie e é expressa em g/mol. Por exemplo, a massa molar do ácido sulfúrico é M = 98,08 g/mol.

## Exemplo 2.1   Cálculo de massa molar.

Calcule as massas molares dos ácidos palmítico (P), esteárico (E) e oleico (O).

***Solução:***
Para calcular a massa molar de um composto, são necessárias a fórmula molecular e as massas atômicas dos elementos químicos desse composto.

Fórmulas moleculares:

Ácido palmítico: $CH_3(CH_2)_{14}COOH$
Ácido esteárico: $CH_3(CH_2)_{16}COOH$
Ácido oleico: $CH_3(CH_2)_7CH = CH(CH_2)_7COOH$

Massas atômicas (u):

H: 1,008
C: 12,011
O: 15,9994

Massas molares $(M_j)$:

$$M_P = 32 \cdot 1,008 + 16 \cdot 12,011 + 2 \cdot 15,9994 = 256,431 \text{ g/mol}$$

$$M_E = 36 \cdot 1,008 + 18 \cdot 12,011 + 2 \cdot 15,9994 = 284,485 \text{ g/mol}$$

$$M_O = 34 \cdot 1,008 + 18 \cdot 12,011 + 2 \cdot 15,9994 = 282,469 \text{ g/mol}$$

É comum o uso de peso no lugar de massa; por exemplo, no lugar de massa atômica diz-se peso atômico, ou no lugar de massa molar diz-se peso molar. Ressalta-se que, em ciência e tecnologia, peso é força, cuja unidade no Sistema Internacional de Unidades (SI) é newton (N). Mas, no comércio e no uso diário, peso é usado como sinônimo de massa, cuja unidade no SI é quilograma (kg). Então, ao se usar peso ou massa, deve-se deixar bem clara a intenção.

## 2.2 Composição química de reator descontínuo com volume constante

*Composição química* é o conjunto de espécies químicas presente em uma mistura reacional. Para expressá-la na forma necessária a um estudo de cinética ou reatores químicos, além dos conceitos apresentados no item 2.1, são necessários outros conceitos e definições que dependem do tipo de operação e do comportamento do volume do reator durante a reação.

Reator descontínuo ou batelada de volume constante, em geral, envolve misturas reacionais líquidas, pois os líquidos, em condições operacionais convencionais, são incompressíveis, e o volume permanece constante durante a reação. Para misturas gasosas, o volume do reator deve ser fixo para não permitir sua variação.

Na Figura 2.1 é apresentado um fluxograma simplificado de um reator batelada que contém no início $n_{j0}$ mol e, após um tempo t de reação, $n_j$ mol do componente j.

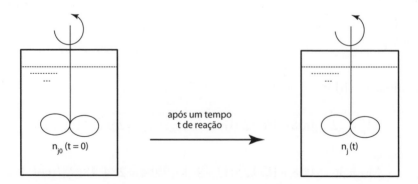

**Figura 2.1** – Fluxograma de um reator batelada em operação.

As relações matemáticas apresentadas a seguir têm a finalidade de determinar a composição da mistura reacional após o tempo t de reação.

## 2.2.1 Número de mols de j ($n_j$)

*Número de mols* de uma substância j é a relação entre a massa ($m_j$) e a massa molar ($M_j$) dessa substância e é expresso em mol.

$$n_j = \frac{m_j}{M_j} \qquad (2.1)$$

## 2.2.2 Concentração de j ($C_j$)

*Concentração* de uma substância j, em uma mistura, é a relação entre o número de mols dessa substância ($n_j$) e o volume total da mistura (V). Pode ser expressa em mol/m³ ou mol/L.

$$C_j = \frac{n_j}{V} \qquad (2.2)$$

A concentração depende do volume da mistura reacional. No momento, assumiu-se volume constante, mais adiante, neste capítulo, será mostrada a forma de levar em conta a influência da variação de volume da mistura reacional sobre a concentração.

## 2.2.3 Fração mássica de j ($w_j$)

*Fração mássica* de uma substância j, em uma mistura, é a relação entre a massa ($m_j$) dessa substância e a massa total da mistura ($m_t$), é uma grandeza adimensional.

$$w_j = \frac{m_j}{m_t} \qquad (2.3)$$

A massa total é a soma das massas de todos os componentes da mistura reacional, e a soma das frações mássicas de todos os componentes é igual à unidade. Então, para uma mistura com N componentes, tem-se:

$$m_t = m_1 + m_2 + \ldots + m_N = \sum_{j=1}^{N} m_j \qquad (2.4)$$

$$w_1 + w_2 + \ldots + w_N = \sum_{j=1}^{N} w_j = 1 \tag{2.5}$$

### 2.2.4 Fração molar de j ($x_j$)

*Fração molar* de uma substância j, em uma mistura, é a relação entre o número de mols ($n_j$) dessa substância e o número total de mols ($n_t$), também é uma grandeza adimensional.

$$x_j = \frac{n_j}{n_t} \tag{2.6}$$

O número total de mols é a soma dos mols de todos os componentes da mistura reacional, e a soma das frações molares de todos os componentes é igual à unidade. Então, para uma mistura com N componentes, tem-se:

$$n_t = n_1 + n_2 + \ldots + n_N = \sum_{j=1}^{N} n_j \tag{2.7}$$

$$x_1 + x_2 + \ldots + x_N = \sum_{j=1}^{N} x_j = 1 \tag{2.8}$$

Ao apresentar a composição de uma mistura reacional, é necessário dizer se ela se refere à fração mássica, Equação (2.3), ou à fração molar, Equação (2.6). Pode-se dizer composição fracional mássica ou composição fracional molar; se for expressa em porcentagem, é composição percentual mássica ou molar.

### 2.2.5 Mistura reacional gasosa

Para uma mistura reacional gasosa, no lugar de x, a fração molar é denotada por y, e a concentração, no lugar da Equação (2.2), pode ser expressa em termos de pressão e temperatura. Para um reator batelada de volume total V, carregado com uma mistura reacional gasosa ideal constituída de N componentes, sendo $n_1$ mol de um gás ideal 1, $n_2$ mol de um gás ideal 2 etc., a pressão total ($P_t$) é dada por:

$$P_t = \left(n_1 + n_2 + n_3 + \ldots + n_N\right)\frac{RT}{V} = n_t\frac{RT}{V} \qquad (2.9)$$

onde $n_t = n_1 + n_2 + \cdots + n_N$.

A pressão parcial de um componente na mistura é a pressão que dada quantidade molar desse componente exerceria se estivesse ocupando o volume total sozinho. Então, admitindo-se comportamento ideal, a pressão parcial ($p_j$) do j-ésimo componente é dada por:

$$p_j = n_j\frac{RT}{V} \qquad (2.10)$$

Dividindo-se $p_j$, Equação (2.10), por $P_t$, Equação (2.9), obtém-se:

$$y_j = \frac{p_j}{P_t} = \frac{n_j\left(RT/V\right)}{n_t\left(RT/V\right)} = \frac{n_j}{n_t} \qquad (2.11)$$

onde $y_j$ é a fração molar do componente j na mistura reacional gasosa ideal.

A partir da Equação (2.11), tem-se $p_j = y_jP_t$, ou seja, a pressão parcial de um componente j de uma mistura reacional gasosa ideal é a fração molar desse componente na mistura ($y_j$) multiplicada pela pressão total ($P_t$). Como a soma das frações molares é igual à unidade, ou seja, $y_1 + y_2 + \cdots + y_N = \Sigma y_j = 1$, então, $p_1 + p_2 + \cdots + p_N = P_t$, que é a expressão da lei de Dalton.

A concentração de j ($C_j$) na mistura gasosa correspondente à Equação (2.2) é dada por:

$$C_j = \frac{n_j}{V} = \frac{\left(p_jV/RT\right)}{V} = \frac{p_j}{RT} = y_j\frac{P_t}{RT} \qquad (2.12)$$

### 2.2.6 Massa molar média $\left(\bar{M}\right)$

A *massa molar média* de uma mistura reacional constituída de N componentes, em que as frações molar e mássica do j-ésimo componente são $x_j$ e $w_j$, respectivamente, e a massa molar desse componente é $M_j$, é a soma do produto de $x_j$ e $M_j$ ou o inverso da soma da divisão entre $w_j$ e $M_j$.

$$\bar{M} = \sum_{j=1}^{N} x_j \cdot M_j \tag{2.13}$$

$$\bar{M} = \left( \sum_{j=1}^{N} \frac{w_j}{M_j} \right)^{-1} \tag{2.14}$$

## Exemplo 2.2  Cálculo de composição de uma mistura líquida.

Para 18 mL de uma mistura constituída de 7,68 g de ácido palmítico (P), 5,68 g de ácido esteárico (E) e 2,82 g de ácido oleico (O), calcule: a) número de mols; b) concentração; c) fração mássica; d) fração molar; e) massa molar média.

### Solução:
Para resolver as questões propostas no problema, são usados os valores das massas molares calculados no E2.1 e as notações P, E e O para os ácidos palmítico, esteárico e oleico, respectivamente.

a) Números de mols, Equação (2.1):

$$n_P = 7,68/256,43 = 0,03 \text{ mol}$$

$$n_E = 5,68/284,48 = 0,02 \text{ mol}$$

$$n_O = 2,82/282,47 = 0,01 \text{ mol}$$

b) Concentração, Equação (2.2):

$$C_P = 0,03/0,018 = 0,167 \text{ mol/L}$$

$$C_E = 0,02/0,018 = 1,111 \text{ mol/L}$$

$$C_O = 0,01/0,018 = 0,556 \text{ mol/L}$$

Estequiometria

c) Frações mássicas, Equação (2.3):

$$\text{massa total: } m_t = m_P + m_E + m_O = 7,68 + 5,68 + 2,82 = 16,18 \text{ g}$$

$$w_P = 7,68/16,18 = 0,48$$

$$w_E = 5,68/16,18 = 0,35$$

$$w_O = 2,82/16,18 = 0,17$$

As frações mássicas podem ser multiplicadas por 100 para expressar a composição percentual em massa. Nesse caso, ela é 48% de ácido palmítico, 35% de ácido esteárico e 17% de ácido oleico em massa.

d) Frações molares, Equação (2.6):

$$\text{número total de mols: } n_t = n_P + n_E + n_O = 0,03 + 0,02 + 0,01 = 0,06$$

$$x_P = 0,03/0,06 = 0,50$$

$$x_E = 0,02/0,06 = 0,33$$

$$x_O = 0,01/0,06 = 0,17$$

Da mesma forma, as frações molares podem ser multiplicadas por 100 para expressar a composição em porcentagem molar. Nesse caso, tem-se uma mistura constituída de 50% de ácido palmítico, 33% de ácido esteárico e 17% de ácido oleico em mol.

Como se observa, os valores obtidos, em termos fracionais e percentuais, são diferentes do caso do item c; se não for dito, não é possível saber se se trata de composição molar ou mássica.

e) Massa molar média:

A massa molar média é calculada usando-se a Equação (2.13) ou a (2.14). A partir da Equação (2.13), tem-se:

$$\bar{M} = 0,50 \cdot 256,43 + 0,33 \cdot 284,48 + 0,17 \cdot 282,47 = 270,11 \text{ g/mol}$$

A partir da Equação (2.14), tem-se:

$$\bar{M} = (0,48/256,43 + 0,35/284,48 + 0,17/282,47)^{-1} = 269,98 \text{ g/mol}$$

### 2.2.7 Densidade (ρ)

*Densidade (ρ)* de uma substância é a relação entre uma quantidade em massa dessa substância (m) e seu volume (V), ou seja:

$$\rho = \frac{m}{V} \tag{2.15}$$

Em um reator batelada, pode-se quantificar a massa do material reacional em g ou kg e o volume em L, $m^3$ ou $cm^3$. Então, as unidades da densidade podem ser g/L, $kg/m^3$ ou $g/cm^3$. No entanto, no Sistema Internacional de Unidades (SI), a unidade de ρ é quilograma por metro cúbico, $kg/m^3$.

A densidade relaciona massa e volume de uma substância ou mistura de substâncias, por isso, pode ser usada como fator de conversão entre essas duas grandezas. Isso significa que, dispondo-se da densidade e do volume, pode-se calcular a massa ou, caso se disponha da massa, pode-se calcular o volume.

A densidade de líquidos puros ou misturas líquidas, praticamente, não varia com a pressão, mas é mais sensível à variação da temperatura. Mesmo para pequenos aumentos de temperatura, em razão da expansão de volume provocada pelo aquecimento, há redução na densidade. Por exemplo, de acordo com Green e Perry (2008), a densidade da água a 4 °C é 1000 $kg/m^3$; a 20 °C, é 998 $kg/m^3$; a 30 °C, é 997 $kg/m^3$. Já para uma solução aquosa de HCl a 20% nas temperaturas de 10 °C, 20 °C e 40 °C têm-se os valores 1103 $kg/m^3$, 1098 $kg/m^3$ e 1089 $kg/m^3$, respectivamente.

A melhor forma de determinar a densidade de uma mistura líquida é experimental. Há diferentes formas de se medir densidade, através de balança hidrostática, balança de Mohr e vários tipos de picnômetros, areômetros e densímetros. Há, também, medidores eletrônicos, para os quais não é necessário determinar a massa nem o volume da amostra, o que torna a medida experimental rápida.

Na ausência de dados experimentais, a densidade de uma mistura reacional líquida ($\rho_{mistura}$), constituída de N componentes líquidos, pode ser estimada a partir das frações mássicas ($w_j$) dos componentes e das densidades dos componentes puros ($\rho_j$) de duas formas:

a) na primeira, admite-se como válida a regra da aditividade de volumes, a qual estabelece que o volume de uma mistura é a soma exata dos volumes dos líquidos puros. Nesse caso, tem-se:

$$\frac{1}{\rho_{mistura}} = \sum_{j=1}^{N} \frac{w_j}{\rho_j} \tag{2.16}$$

b) na segunda, simplesmente calcula-se uma densidade média entre os diferentes componentes da mistura.

$$\rho_{mistura} = \sum_{i=1}^{N} w_j \, \rho_j \tag{2.17}$$

A primeira forma, Equação (2.16), pode fornecer melhores resultados para algumas substâncias e a segunda, Equação (2.17), para outras. E não há nenhuma regra geral que garanta que a primeira equação seja melhor que a segunda. Em geral, a fórmula baseada na aditividade de volumes funciona melhor para misturas de espécies líquidas com estruturas moleculares semelhantes.

Para calcular a densidade de uma mistura reacional gasosa ($\rho$), combinam-se as Equações (2.1), (2.10) e (2.15) para obter a seguinte relação: $\rho = \bar{M}P_t/RT$, onde $\bar{M}$ é a massa molar da mistura e $P_t$ é a pressão total do reator.

---

### Exemplo 2.3  Cálculo do volume de uma solução comercial.

---

Calcule o volume de solução comercial de ácido sulfúrico necessário para preparar 200 mL de solução aquosa desse ácido com concentração de 2,5 mol/L. Sabe-se que a solução comercial contém 98% em massa de ácido sulfúrico e densidade igual a 1,84 g/cm$^3$.

**52** Cinética química das reações homogêneas

*Solução:*

- cálculo do número de mols de ácido ($n_{ac}$), Equação (2.2):

$$n_{ac} = C_{ac} \cdot V = 2,5 \cdot 0,2 = 0,5 \text{ mol}$$

- cálculo da massa de ácido ($m_{ac}$), Equação (2.1):

$$m_{ac} = n_{ac} \cdot M_{ac} = 0,5 \cdot 98,08 = 49,04 \text{ g}$$

- cálculo da massa de solução comercial, Equação (2.3):

$$m_t = w_{ac} \cdot m_{ac} = 0,98 \cdot 49,04 = 50,04 \text{ g}$$

- cálculo do volume de solução comercial, Equação (2.15):

$$V = m_t / \rho = 50,04 / 1,84 = 27,20 \text{ cm}^3$$

---

## Exemplo 2.4 Estimativa da densidade de uma solução aquosa.

Estime a densidade de uma solução aquosa constituída de 20% em peso de etanol na temperatura de 20 °C.

*Solução:*

Densidades das substâncias puras: álcool: 789,32 $kg/m^3$; água: 998,23 $kg/m^3$.

Usando-se a Equação (2.16), tem-se:

$$1/\rho_{mistura} = 0,2/789,32 + 0,8/998,23 \Rightarrow \rho_{mistura} = 948,05 \text{ kg/m}^3$$

Usando-se a Equação (2.17), tem-se:

$$\rho_{mistura} = 0,2 \cdot 789,32 + 0,8 \cdot 998,23 = 956,45 \text{ kg/m}^3$$

De acordo com Green e Perry (2008), a densidade dessa solução aquosa é igual a 968,64 $kg/m^3$; portanto, a Equação (2.17) gerou um valor bem mais próximo do valor experimental.

## 2.3 Equação estequiométrica

*Equação estequiométrica* é uma equação química que indica os compostos que estão sendo consumidos (reagentes), os que estão sendo formados (produtos), suas fórmulas químicas corretas e satisfaz a lei da conservação de átomos. Essa lei estabelece que a soma de átomos de determinado tipo nos reagentes deve igualar à soma desses átomos nos produtos, ou seja, em uma reação química, os átomos não são criados nem destruídos.

Por exemplo, a reação química denominada esterificação, que ocorre quando se colocam em contato e em condições adequadas ácido acético e álcool etílico para produzir acetato de etila e água, pode ser representada pela seguinte equação química:

$$CH_3COOH + C_2H_5OH \rightarrow CH_3COOC_2H_5 + H_2O \tag{2.18}$$

A equação química representada pela Equação (2.18), além de indicar os compostos reagentes e produtos e suas fórmulas moleculares, ainda apresenta o mesmo número de um tipo de átomo dos dois lados da seta, ou seja, é a *equação estequiométrica*, também denominada *equação química balanceada*, da reação. Assim, uma equação estequiométrica fornece a natureza de reagentes e produtos e o número relativo de cada um deles, ou seja, além de representar a reação, mostra também o número de átomos ou moléculas que estão entrando e sendo produzidos pela reação.

Deve-se observar, no entanto, que essa equação química balanceada não fornece informações acerca de como uma reação particular ocorre, porque, dela, observa-se apenas a reação global; a descrição de fenômenos cinéticos de um sistema reacional é denominada mecanismo.

## 2.4 Coeficiente e número estequiométricos

*Coeficientes estequiométricos* são números positivos usados para balancear uma equação química, ou seja, para colocar o mesmo número de átomos de determinado elemento em reagentes e produtos. Por exemplo, na reação química representada genericamente pela seguinte equação estequiométrica:

$$aA + bB \rightleftarrows cC + dD \tag{2.19}$$

a, b, c e d são os coeficientes estequiométricos das espécies químicas A, B, C e D, respectivamente. Na reação $C_2H_6 \rightarrow C_2H_2 + 2H_2$ os coeficientes estequiométricos 1, 1 e 2 para os compostos $C_2H_6$, $C_2H_2$ e $H_2$, respectivamente, balanceiam os átomos de C e H em reagentes e produtos, ou seja, colocam os mesmos números desses átomos em reagentes e produtos.

Pode-se definir um coeficiente estequiométrico generalizado, denominado *número estequiométrico* $(v_j)$, reescrevendo a reação da Equação (2.19) como:

$$v_A A + v_B B \rightleftarrows v_c C + v_D D \qquad (2.20)$$

onde $v_A$, $v_B$, $v_C$ e $v_D$ são os números estequiométricos de A, B, C e D, respectivamente, e são numericamente iguais aos coeficientes estequiométricos correspondentes. Esses números são definidos como quantidades *positivas* para os produtos, *negativas* para os reagentes e iguais a *zero* para espécies que não são produzidas nem consumidas durante a reação. Para a reação $C_2H_6 \rightarrow C_2H_2 + 2H_2$, os números estequiométricos dos compostos $C_2H_6$, $C_2H_2$ e $H_2$ são $-1$, $+1$ e $+2$, respectivamente.

Uma equação química pode ser representada na forma matricial; para fazer isso, representa-se a reação na forma de uma equação algébrica. Por exemplo, a reação de oxidação do óxido nítrico (NO), cuja equação estequiométrica é: $2NO + O_2 \rightleftarrows 2NO_2$, pode ser escrita como a seguinte equação algébrica:

$$-2NO - O_2 + 2NO_2 = 0 \qquad (2.21)$$

A Equação (2.21) pode ser representada na seguinte forma matricial:

$$\begin{bmatrix} -2 & -1 & 2 \end{bmatrix} \begin{bmatrix} NO \\ O_2 \\ NO_2 \end{bmatrix} = 0 \qquad (2.22)$$

A matriz formada pelo vetor linha $v = [-2 \ -1 \ 2]$ da Equação (2.22) é denominada matriz estequiométrica.

A equação estequiométrica de uma reação química pode ser expressa por uma equação algébrica generalizada denotando-se as fórmulas moleculares dos componentes por $A_j$ e seus respectivos números estequiométricos por $v_j$. Para uma reação com N componentes, tem-se:

$$\sum_{j=1}^{N} \nu_j A_j = 0 \qquad (2.23)$$

Para aplicar a Equação (2.23) ao exemplo dado acima, oxidação do NO, identificam-se as espécies químicas da seguinte forma: $A_1 = NO$, $A_2 = O_2$ e $A_3 = NO_2$ e os respectivos números estequiométricos $\nu_1 = -2$, $\nu_2 = -1$, $\nu_3 = 2$. Com isso, obtém-se a Equação (2.21) ou a equação química na representação convencional.

$$\sum_{j=1}^{3} \nu_j A_j = \nu_1 A_1 + \nu_2 A_2 + \nu_3 A_3 = -2NO - O_2 + 2NO_2 = 0$$

$$2NO + O_2 \rightleftarrows 2NO_2$$

## 2.5 Lei da conservação da massa

A *lei da conservação da massa* estabelece que, em um sistema fechado, a massa do sistema reacional se mantém constante independentemente das transformações químicas que ocorrem em seu interior. Essa lei também se aplica à quantidade de átomos, ou seja, a soma de átomos de determinado tipo do sistema reacional se mantém constante independentemente das transformações químicas que ocorrem em seu interior.

Para uma única reação química balanceada conduzida em um reator batelada, a lei da conservação da massa pode ser escrita de forma generalizada, como:

$$\sum_{j=1}^{N} \nu_j M_j = 0 \qquad (2.24)$$

onde $\nu_j$ e $M_j$ são o número estequiométrico e a massa molar do componente j, respectivamente.

---

### Exemplo 2.5    Aplicação da lei da conservação da massa.

Mostre que, para uma reação química balanceada conduzida em um reator batelada, a lei da conservação da massa é aplicada às quantidades em átomos e em massa, mas não à quantidade em mols.

*Solução:*

Para fazer a demonstração solicitada, são consideradas duas reações que supostamente estejam sendo conduzidas, não ao mesmo tempo, em um reator batelada.

$$CO + H_2O(g) \rightarrow CO_2 + H_2 \qquad (E2.5.1)$$

$$CH_4 + \tfrac{3}{2}O_2 \rightarrow HCOOH + H_2O(g) \qquad (E2.5.2)$$

Com relação às quantidades de átomos, na Equação (E2.5.1) tem-se 1 átomo de C, 2 átomos de H e 2 átomos de O, tanto nos reagentes como nos produtos, e na Equação (E2.5.2) tem-se 1 átomo de C, 4 átomos de H e 3 átomos de O em ambos, reagentes e produtos. Então, em ambas as reações o número de átomos se conservou.

Com relação às quantidades em mols, na Equação (E2.5.1) verifica-se que inicialmente há 2 mol de reagentes e no final há 2 mol de produtos, ou seja, o número de mols é o mesmo antes e após a reação. No início da Equação (E2.5.2) há 2,5 mol de reagentes e, no final, há 2 mol de produtos, ou seja, o número de mols não se conservou.

Para verificar a conservação ou não da massa aplica-se a Equação (2.24) às duas reações, Equação (E2.5.1) e Equação (E2.5.2).

**Equação (E2.5.1):**

Massas molares $(M_j)$(g/mol):

$$M_{CO} = 28, \; M_{H_2O} = 18, \; M_{CO_2} = 44 \quad e \quad M_{H_2} = 2$$

Números estequiométricos $(v_j)$:

$$v_{CO} = v_{H_2O} = -1 \qquad e \qquad v_{CO_2} = v_{H_2} = +1$$

A partir da Equação (2.24), tem-se:

$$\sum v_j M_j = v_{CO} M_{CO} + v_{H_2O} M_{H_2O} + v_{CO_2} M_{CO_2} + v_{H_2} M_{H_2} =$$

$$-1 \cdot 28 - 1 \cdot 18 + 1 \cdot 44 + 1 \cdot 2 = -46 + 46 = 0$$

Estequiometria

Observa-se que antes da reação havia $1 \cdot 28 + 1 \cdot 18 = 46$ g de reagentes e, após a reação, $1 \cdot 44 + 1 \cdot 2 = 46$ g de produtos, ou seja, a massa se conservou.

**Equação (E2.5.2):**
Massas molares $(M_j)$(g/mol):

$$M_{CH_4} = 16,\ M_{O_2} = 32,\ M_{HCOOH} = 46\ e\ M_{H_2O} = 18$$

Números estequiométricos $(\nu_j)$:

$$\nu_{CH_4} = -1,\ \nu_{O_2} = -3/2\ e\ \nu_{HCOOH} = \nu_{H_2O} = +1$$

A partir da Equação (2.24), tem-se:

$$\sum \nu_j M_j = \nu_{CH_4}M_{CH_4} + \nu_{O_2}M_{O_2} + \nu_{HCOOH}M_{HCOOH} + \nu_{H_2O}M_{H_2O} =$$

$$-1 \cdot 16 - 3/2 \cdot 32 + 1 \cdot 46 + 1 \cdot 8 = -64 + 64 = 0$$

Como era esperado, houve conservação da massa, ou seja, antes da reação havia 64 g de reagentes e, após a reação, 64 g de produtos.

Conclusão: a lei da conservação da massa se aplica à massa e aos átomos; o número de mols nem sempre se conserva.

---

## 2.6 Razão e proporção estequiométricas

*Razão estequiométrica* entre duas espécies moleculares participantes de uma reação é a razão entre seus coeficientes estequiométricos na equação química balanceada ou equação estequiométrica. Por exemplo, para a reação de produção de metanol a partir de dióxido de carbono e hidrogênio, cuja equação estequiométrica é:

$$CO_2 + 3H_2 \rightarrow CH_3OH + H_2O$$

pode-se dizer que:

- a razão estequiométrica entre a quantidade de $CO_2$ consumida e a quantidade de $CH_3OH$ produzida é um para um, ou 1:1. Em outras palavras, a cada mol de $CO_2$ consumido é produzido 1 mol de $CH_3OH$;
- a razão estequiométrica entre a quantidade de $H_2O$ produzida e a quantidade de $H_2$ consumida é um para três, ou 1:3. Isto é, a cada mol de $H_2O$ produzido são consumidos 3 mol de $H_2$;
- etc.

*Proporção* é a igualdade entre duas razões. Então, diz-se que dois reagentes A e B estão em *proporção estequiométrica* em uma mistura reacional quando a razão entre suas quantidades molares ($n_A/n_B$) é igual à razão estequiométrica encontrada na equação química balanceada.

Na reação dada, a proporção estequiométrica entre as quantidades dos reagentes $CO_2$ e $H_2$ em dada mistura reacional é obtida quando se verifica a igualdade: $n_{CO_2}/n_{H_2} = 1/3$. Por exemplo, se uma mistura reacional constituída de 2 mol de $CO_2$ e 3 mol de $H_2$ for alimentada a um reator, pode-se afirmar que esses reagentes não estão em proporção estequiométrica, pois a razão entre suas quantidades, 2:3, é diferente daquela encontrada na equação química balanceada, 1:3. Na mistura de 88 kg de $CO_2$ e 12 kg de $H_2$, os reagentes estão em proporção estequiométrica? Para verificar, calcula-se a relação $n_{CO_2}/n_{H_2}$:

$$\frac{n_{CO_2}}{n_{H_2}} = \frac{(88000 \text{ g})/(44 \text{ g/mol})}{(12000 \text{ g})/(2 \text{ g/mol})} = \frac{2000}{6000} = \frac{1}{3}$$

onde 44 g/mol e 2 g/mol são as massas molares do $CO_2$ e do $H_2$, respectivamente. Como o resultado de $n_{CO_2}/n_{H_2}$ é igual a 1:3, pode-se afirmar que os reagentes estão em proporção estequiométrica na mistura dada.

Numa proporção estequiométrica, as quantidades molares de dois componentes A e B são diretamente proporcionais, ou seja, ao aumentar ou diminuir uma delas, a outra também é aumentada ou diminuída na mesma proporção. Se não for feito assim, a razão entre as quantidades de A e B não se manterá igual à razão estequiométrica.

A razão estequiométrica pode ser usada como um fator de conversão para calcular a quantidade de um dado reagente (ou produto) que foi consumido (ou produzido)

Estequiometria

a partir de certa quantidade de outro reagente ou produto que participou da reação. Essa forma de relacionar as quantidades diretamente proporcionais de A e B é denominada de regra de três simples. Então, dispondo-se da razão estequiométrica, duas quantidades passam a ser conhecidas; para uma terceira fornecida, pode-se calcular a quarta quantidade a partir de uma regra de três simples.

Por exemplo, para saber quantos quilogramas de dióxido de carbono, $CO_2$, são necessários para produzir 16 kg de metanol, $CH_3OH$, pode-se usar a razão estequiométrica entre esses dois componentes, que é igual a 1 para 1, ou 1:1. Como a razão estequiométrica é expressa em base molar, então deve-se dividir a massa de metanol fornecida, 16000 g, pela sua massa molar, 32 g/mol, para transformá-la em mol e, no final, a quantidade em mol de dióxido de carbono obtida deve ser multiplicada pela sua massa molar, 44 g/mol, para transformá-la em massa ($m_{CO_2}$).

$$\frac{n_{CO_2}}{n_{CH_3OH}} = \frac{1}{1} = 1 \Rightarrow n_{CO_2} = n_{CH_3OH}$$

$$n_{CO_2} = n_{CH_3OH} = \frac{16000 \text{ g}}{32 \text{ g/mol}} = 500 \text{ mol de } CO_2$$

$$m_{CO_2} = n_{CO_3} \cdot M_{CO_3} = 500 \text{ mol} \cdot 44 \frac{\text{g}}{\text{mol}} = 22000 \text{ g ou } 22 \text{ kg de } CO_2$$

Assim, para produzir 16 kg ou 500 mol de metanol, $CH_3OH$, são necessários 500 mol ou 22 kg de dióxido de carbono, $CO_2$.

## 2.7 Reagentes limitante e em excesso

Para reagentes alimentados a um reator em proporções estequiométricas, em que a reação é conduzida até a conversão total, todos os reagentes são completamente consumidos, ou seja, no final da reação não resta qualquer reagente e os cálculos estequiométricos podem ser baseados em quaisquer desses reagentes. Mas, se na mistura reacional houver reagentes em proporção não estequiométrica, o reagente que estiver presente em uma quantidade menor que sua proporção estequiométrica relativa a todos os outros reagentes terminará antes dos demais. Esse reagente é denominado *reagente limitante* e os cálculos devem se basear em sua quantidade presente na mistura. Portanto, *reagente limitante é aquele reagente que se encontra em menor quantidade estequiométrica em uma reação química.*

Na maioria das reações que ocorrem nos processos industriais, as quantidades de reagentes não estão em proporções estequiométricas, como indicado pelas equações químicas balanceadas. Isso ocorre porque, frequentemente, é conveniente que alguns dos reagentes estejam presentes em *excesso* em relação às quantidades teoricamente necessárias. Por exemplo, no processo de produção de ésteres metílicos ou etílicos, os reagentes triglicerídeo e álcool não estão em proporção estequiométrica, pois o álcool é adicionado em excesso para favorecer a formação de produtos. O excesso de um reagente é definido como a relação entre o excesso e a quantidade teoricamente determinada pela equação estequiométrica para combinar com o reagente limitante.

O *excesso fracional* de um dado reagente B é calculado subtraindo-se a quantidade em mol de B necessária para reagir completamente com o reagente limitante $(n_B)_{est}$ da quantidade em mol de B presente inicialmente no reator $(n_B)_{inicial}$ e dividindo-se essa diferença por $(n_B)_{est}$.

$$\text{excesso fracional de B} = \frac{(n_B)_{inicial} - (n_B)_{est}}{(n_B)_{est}} \tag{2.25}$$

O excesso percentual é obtido multiplicando-se o excesso fracional por 100.

## Exemplo 2.6 Cálculo dos reagentes limitante e em excesso.

Em dadas condições reacionais, 5 kg de metanol são misturados a 2 kg de amônia e alimentados a um reator batelada com a finalidade de produzir monometilamina. Sabe-se que a reação entre esses dois reagentes é $CH_3OH + NH_3 \rightarrow CH_3NH_2 + H_2O$ e que ela é conduzida até o reagente em menor quantidade estequiométrica ser esgotado.

a) Quais são os coeficientes e números estequiométricos de cada componente dessa reação?
b) Essa equação química está balanceada?
c) Qual é o reagente limitante?

Estequiometria **61**

d) Qual é a porcentagem de excesso do outro reagente?

e) Mantendo-se as mesmas quantidades iniciais, responda aos itens c e d quando a dimetilamina é formada pela reação $2CH_3OH + NH_3 \rightarrow (CH_3)_2NH + 2H_2O$.

**Solução:**

a) Os coeficientes estequiométricos são iguais a 1 para todos os componentes, e os números estequiométricos são iguais a −1, −1, +1 e +1 para os componentes $CH_3OH$, $NH_3$, $CH_3NH_2$ e $H_2O$, respectivamente.

b) Fazendo-se a contabilização dos átomos de cada elemento de ambos os lados da equação química dada, verifica-se que as quantidades são iguais para todos; portanto, a equação química dada está balanceada.

Para responder aos demais itens, calcula-se, inicialmente, o número de mols de cada composto a partir de suas massas molares, as quais são iguais a 32,04 g/mol para o metanol e 17,03 g/mol para a amônia.

número de mols de metanol = 5000/32,04 = 156,05 mol
número de mols de amônia = 2000/17,03 = 117,40 mol

c) A partir da equação química dada, verifica-se que a razão estequiométrica entre os reagentes é de 1:1. Logo, para reagir com 117,40 mol de amônia, são necessários 117,40 mol de metanol. Como há 156,05 mol de metanol, conclui-se que a amônia é o reagente limitante.

d) Excesso percentual de metanol: $[(156,05 - 117,40)/117,40] \cdot 100 = 32,92\%$.

e) Nesse caso, a partir da equação química dada, nota-se que a razão estequiométrica é de 2:1, ou seja, a cada mol de amônia são necessários 2 mol de metanol. Então, para reagir com 117,40 mol de amônia, são necessários 234,80 mol de metanol. Como só há 156,05 mol, conclui-se que este é o reagente limitante. Para reagir com 156,05 mol de metanol, são necessários 156,05/2 = 78,02 mol de amônia. Como inicialmente estão presentes 117,40 mol desse reagente, tem-se:

Excesso percentual de amônia: $[(117,40 - 78,02)/78,02] \cdot 100 = 50,47\%$.

## 2.8 Oxigênio teórico e excesso de ar

Reações químicas de oxidação são muito comuns em processos químicos industriais e, entre elas, encontram-se as reações de combustão, extremamente importantes em processos de geração de energia. Um dos reagentes dessas reações é o oxigênio, cuja principal fonte utilizada pela indústria é o ar atmosférico. O ar atmosférico apresenta em sua composição uma pequena quantidade de gases raros, $CO_2$, $H_2$ e, em maior quantidade, oxigênio e nitrogênio. Em cálculos estequiométricos, considera-se apenas oxigênio e nitrogênio, sendo assim, a composição do ar atmosférico é de 21% de oxigênio e 79% de nitrogênio em base molar ou volumétrica e 23,19% de oxigênio e 76,81% de nitrogênio em base mássica.

*Oxigênio teórico* é a quantidade de oxigênio necessária para a oxidação completa de um reagente A, admitindo-se que todo carbono e hidrogênio presentes em A sejam oxidados a $CO_2$ e $H_2O$. *Ar teórico* é a quantidade de ar que contém o oxigênio teórico.

As reações de oxidação são casos típicos, em que o excesso de um dos reagentes, o oxigênio, é muito usado, já que o ar atmosférico, além de abundante, é gratuito.

*Excesso de ar* é a quantidade de ar alimentada para o reator além da quantidade teórica. Ele pode ser calculado pela Equação (2.25), que divide a diferença entre o ar alimentado e o ar teórico pelo ar teórico.

$$\text{excesso fracional de ar} = \frac{(ar)_{alim} - (ar)_{teórico}}{(ar)_{teórico}} \tag{2.26}$$

O *excesso percentual de ar* é calculado multiplicando-se o resultado do excesso fracional de ar por cem.

---

### Exemplo 2.7   Cálculo do excesso percentual de ar.

No processo de oxidação do propano, duas correntes gasosas são alimentadas continuamente para um reator: uma transporta propano com vazão de 50 mol/h e a outra transporta ar atmosférico com vazão de 1500 mol/h. Calcule o excesso percentual de ar.

Estequiometria

**63**

***Solução:***

A equação estequiométrica para a reação de oxidação do propano é:

$$C_3H_8 + 5O_2 \rightarrow 3CO_2 + 4H_2O$$

Nessa equação, para cada mol de $C_3H_8$ são necessários 5 mol de $O_2$, logo, para uma hora de operação, a quantidade molar de oxigênio teórico é dado por:

$$n_{O_2}\left(\text{teórico}\right) = 5 \cdot 50 = 250 \text{ mol}$$

Sabe-se que o ar atmosférico contém 21% de $O_2$ em base molar, então a quantidade molar de ar teórico é:

$$n_{Ar}\left(\text{teórico}\right) = \left(250 \cdot 100\right)/21 = 1190,48 \text{ mol}$$

Com isso, pode-se calcular o excesso percentual de ar.

$$\text{excesso percentual de ar} = \left[\left(1500 - 1190,48\right)/\left(1190,48\right)\right] \cdot 100 \cong 26\%$$

## 2.9 Medidas do progresso de uma reação

O progresso de uma reação química pode ser medido por meio da quantidade de determinado reagente que se transforma em produto. As duas variáveis mais usadas para esse fim são a conversão fracional ou percentual e o grau de avanço.

### 2.9.1 Conversão fracional

Para um reator batelada, no qual esteja ocorrendo uma única reação, a conversão fracional de um reagente j no tempo t, denotada por $X_j$, é definida como a quantidade de j convertida em mol, dividida pela quantidade em mol inicial ($n_{j0}$).

$$X_j = \frac{\text{mols de j convertidos}}{\text{mols de j iniciais}} = \frac{n_{j0} - n_j}{n_{j0}} = 1 - \frac{n_j}{n_{j0}} \qquad (2.27)$$

onde $n_j$ é a quantidade em mol de j no tempo t. A diferença $(n_{j0} - n_j)$ representa a quantidade de j convertida em mol, e a relação $n_j/n_{j0}$ representa a fração não reagida.

Então, no início da reação, quando $n_j = n_{j0}$, a relação $n_j/n_{j0}$ é igual à unidade e a conversão fracional é nula. No final da reação, se $n_j = 0$, isto é, se todo o reagente j tiver sido consumido, a relação $n_j/n_{j0}$ é nula e a conversão fracional é igual à unidade. Portanto, o valor da conversão fracional está entre *zero* e *um*, mas pode ser expresso em porcentagem, em que tal valor é multiplicado por cem. Nesse caso, irá variar entre zero e cem.

Para um sistema de volume constante em que o volume final (V) é igual ao volume inicial $(V_0)$, $V = V_0$, a Equação (2.27) pode ser escrita em função das concentrações inicial $(C_{j0})$ e final $(C_j)$ substituindo-se $n_{j0}$ e $n_j$ dados pela Equação (2.2).

$$X_j = \frac{C_{j0}V_0 - C_j V}{C_{j0}V_0} = \frac{C_{j0} - C_j}{C_{j0}} \tag{2.28}$$

Sobre a conversão fracional, alguns pontos devem ser destacados:

a) é uma medida intensiva do progresso da reação, ou seja, não depende da quantidade de reagente e está relacionada simplesmente à extensão da reação.
b) é uma variável que depende da espécie particular escolhida como substância de referência, por isso, quando houver, deve sempre referir-se ao reagente limitante.
c) é definida somente para reagentes e, pela definição, seu valor está entre 0 e 1 ou, se for expressa em porcentagem, seu valor está entre 0 e 100.
d) não é definida para qualquer reação em particular e, se o reagente limitante for consumido em várias reações, esse consumo deve ser levado em conta em seu cálculo.

## Exemplo 2.8 Cálculo da conversão em reator descontínuo.

A reação de transesterificação da trioleína (T) pelo álcool etílico (E), catalisada por NaOH, produz oleato de etila (OE) e glicerina (G) e pode ser representada pela seguinte equação estequiométrica global (E2.8.1):

$$T + 3E \rightleftarrows 3OE + G \tag{E2.8.1}$$

Estequiometria

Ao conduzir essa reação em um reator batelada, no final, uma análise da mistura reacional mostrou que para cada 1000 g de trioleína foram produzidos 1000 g de oleato de etila. Calcule as conversões fracional e percentual dessa reação.

***Solução:***

Fórmulas moleculares:

Trioleína (T): $C_3H_5(C_{18}H_{33}O_2)_3$
Oleato de etila (OE): $C_{18}H_{33}OOC_2H_5$

Massas molares ($M_j$):

$$M_T = 104 \cdot 1,008 + 57 \cdot 12,011 + 6 \cdot 15,9994 = 885,455 \text{ g/mol}$$

$$M_{OE} = 38 \cdot 1,008 + 20 \cdot 12,011 + 2 \cdot 15,9994 = 310,523 \text{ g/mol}$$

A partir da Equação (E2.8.1), observa-se que a cada mol de T consumido são produzidos 3 mol de OE. A massa final de OE é igual a 1000 g e é equivalente a 1000/310,523 = 3,220 mol e a massa inicial de T também é de 1000 g, a qual equivale a 1000/885,455 = 1,129 mol. Como a proporção estequiométrica entre T e OE é de 1:3, então a quantidade em mol de T que reagiu é igual a 3,220/3 = 1,073 mol, que representa a diferença entre as quantidades inicial e final.

Com isso, a partir da Equação (2.27), obtém-se a conversão fracional de T ($X_T$).

$$X_T = 1,073/1,129 = 0,9504$$

A conversão percentual é igual a $0,9504 \cdot 100 = 95,04\%$.

---

### 2.9.2    Grau de avanço de uma reação

*Grau de avanço de reação* ($\xi$) é uma quantidade extensiva que descreve o progresso de uma reação e, em um sistema fechado, onde esteja ocorrendo uma única reação, é definido como a relação entre a variação do número de mols de dado componente j e o número estequiométrico desse componente ($v_j$).

$$\xi = \frac{n_j - n_{j0}}{\nu_j} \tag{2.29}$$

onde $n_j$ e $n_{j0}$ são os números de mols de j em dado momento (t) e no momento inicial (t = 0), respectivamente.

O grau de avanço representa a quantidade de transformações químicas, depende do tempo e é proporcional à quantidade de substâncias presentes no sistema que está sendo estudado. Por exemplo, para uma reação genérica $\nu_A A + \nu_B B \rightleftarrows \nu_C C + \nu_D D$, Equação (2.20), o grau de avanço pode ser imaginado como o número de vezes que A se choca com B, de forma efetiva, para produzir C e D na reação direta, ou que C se choca com D para produzir A e B na reação reversa. No Sistema Internacional de Unidades (SI), a quantidade de substância é representada em mol, então o grau de avanço é medido em mol de substância que reagiu.

Para essa reação, a partir da Equação (2.29), obtém-se as seguintes relações:

$$\xi = \frac{n_A - n_{A0}}{\nu_A} = \frac{n_B - n_{B0}}{\nu_B} = \frac{n_C - n_{C0}}{\nu_C} = \frac{n_D - n_{D0}}{\nu_D}$$

Pode-se obter uma equação geral para representar um avanço infinitesimal da reação derivando a Equação (2.29), ou seja:

$$dn_j = \nu_j d\xi \tag{2.30}$$

É óbvio que a integração da Equação (2.30) resulta na Equação (2.29), a partir da qual também se tem $n_j = f(\xi)$.

$$n_j = n_{j0} + \nu_j \cdot \xi \tag{2.31}$$

A Equação (2.31) possibilita o cálculo do número de mols de j de uma mistura reacional de um reator batelada em função do grau de avanço da reação, quando no reator estiver ocorrendo uma única reação. O uso do grau de avanço $\xi$ para expressar o avanço de uma reação apresenta vantagens e desvantagens.

Estequiometria

**67**

As principais vantagens são as seguintes:

a) é uma variável que não está amarrada a nenhuma espécie reagente em particular, por isso a Equação (2.31) é aplicável a qualquer espécie que participa da reação.
b) é uma variável que permite especificar unicamente a velocidade de uma dada reação.

As principais desvantagens são:

a) é uma variável extensiva e, consequentemente, é proporcional à massa do sistema que está sendo estudado. Ou seja, depende da quantidade de reagentes presentes inicialmente em um reator batelada ou da vazão de entrada de um reator contínuo.
b) o grau de avanço não é uma quantidade mensurável e, consequentemente, deve ser relacionado a outras quantidades mensuráveis, como concentração, pressão parcial, número de mols etc.

A partir da Equação (2.31), pode-se calcular a quantidade em mols de qualquer componente j de uma reação estequiometricamente definida a partir de quantidades conhecidas do reagente limitante A, sem a necessidade do conhecimento do grau de avanço.

Supondo que sejam conhecidas as quantidades inicial ($n_{A0}$) e final ($n_A$) do reagente limitante A, então aplica-se a Equação (2.29) a esse reagente.

$$\xi = \frac{n_A - n_{A0}}{\nu_A} \tag{2.32}$$

Substituindo-se $\xi$, Equação (2.32), na Equação (2.31), obtém-se:

$$n_j = n_{j0} + \frac{\nu_j}{\nu_A}\left(n_A - n_{A0}\right) \tag{2.33}$$

Para o caso em que o volume permanece constante ao longo de toda a reação ($V = V_0$), a Equação (2.33) pode ser expressa como:

$$VC_j = V_0 C_{j0} + \frac{\nu_j}{\nu_A}\left(VC_A - V_0 C_{A0}\right)$$

$$C_j = C_{j0} + \frac{\nu_j}{\nu_A}(C_A - C_{A0}) \qquad (2.34)$$

A Equação (2.33) possibilita o cálculo de número de mols e a Equação (2.34), a concentração de qualquer componente j de uma reação estequiometricamente definida em função de quantidades que podem ser medidas diretamente no laboratório.

## Exemplo 2.9   Relação entre número de mols e grau de avanço.

Uma mistura constituída de 1 mol de um reagente T e 3 mol de um reagente A é colocada em um reator descontínuo, no qual ocorre a reação T + 3A $\rightleftarrows$ 3E + G. Assim, desenvolva as expressões que relacionam número de mols de cada componente ao grau de avanço da reação, quando ela atingir o equilíbrio.

### Solução:

Há apenas uma reação para a qual se tem: $\nu_T = -1$, $\nu_A = -3$, $\nu_E = +3$ e $\nu_G = +1$ e, inicialmente, $n_{T0} = 1$, $n_{A0} = 3$ mol, $n_{E0} = n_{G0} = 0$ e $\xi = 0$. Então, a partir da Equação (2.31), têm-se as expressões dos números de mols $n_T$, $n_A$, $n_E$ e $n_G$, dos componentes T, A, E e G, respectivamente, em função do grau de avanço no equilíbrio ($\xi_e$):

$$n_T = n_{T0} + \nu_T \cdot \xi_e = 1 - \xi_e$$

$$n_A = n_{A0} + \nu_A \cdot \xi_e = 3 - 3\xi_e$$

$$n_E = n_{E0} + \nu_E \cdot \xi_e = 3\xi_e$$

$$n_G = n_{G0} + \nu_G \cdot \xi_e = \xi_e$$

### 2.9.3   Relação entre conversão fracional e grau de avanço

Para uma mistura reacional de um reator batelada, no qual esteja ocorrendo uma única reação, pode-se relacionar a conversão fracional de um dado

Estequiometria **69**

reagente A ($X_A$) ao grau de avanço da reação ($\xi$), combinando-se as Equações (2.27) e (2.31).

$$n_A = n_{A0} + \nu_A \cdot \xi = n_{A_0}\left(1 - X_A\right)$$

$$X_A = -\frac{\nu_A \xi}{n_{A0}} \tag{2.35}$$

A Equação (2.35) possibilita o cálculo da conversão fracional de um dado reagente A ($X_A$), o qual, normalmente, é o reagente limitante, a partir do grau de avanço da reação ($\xi$).

Se o avanço da reação não estiver limitado por restrições de equilíbrio termodinâmico, o reagente limitante determinará o valor máximo possível que o avanço da reação poderá atingir, $\xi_{máx}$. O avanço máximo ocorre em $X_A = 1$, então a partir da Equação (2.35), tem-se: $\xi_{máx} = -n_{A0}/\nu_A$. Dividindo-se esse resultado pela Equação (2.35), obtém-se:

$$\xi_{max} = \frac{\xi}{X_A} \tag{2.36}$$

Mesmo com alguns reagentes em excesso, muitas reações industriais não se realizam até esgotarem completamente o reagente limitante. Essa conversão parcial pode ocorrer em razão do estabelecimento de um estado de equilíbrio químico entre as massas reagentes ou da falta de tempo para que as reações se completem, como é o caso de reações com velocidades muito baixas.

Geralmente, as reações rápidas têm seu avanço limitado pela posição de equilíbrio químico. Nesse caso, o grau de avanço até o equilíbrio, $\xi_e$, é menor que o grau de avanço máximo, $\xi_{máx}$. Nos casos em que os valores dessas duas variáveis se aproximam, o equilíbrio vai favorecer a formação de produtos, e quantidades extremamente pequenas de reagente limitante permanecerá no meio reacional. Como já foi comentado, as reações nas quais ocorrem essas situações são classificadas como *irreversíveis*. Quando o grau de avanço de equilíbrio difere de maneira sensível do valor máximo, as reações são classificadas como *reversíveis*.

Por exemplo, as reações de transesterificação encontradas no processo de produção de ésteres metílicos ou etílicos, denominados biodiesel, são reversíveis, e são necessárias condições especiais, como excesso de um dos reagentes ou remoção de um dos produtos, para favorecer a formação de produtos e aumentar a conversão fracional em nível compatível com a boa prática industrial.

## 2.10 Cálculos estequiométricos

*Cálculos estequiométricos* são aqueles que permitem prever a quantidade de produtos que pode ser obtida a partir de determinada quantidade de reagentes ou a quantidade de reagentes necessária para obter determinada quantidade de produtos. Essas quantidades, de acordo com a conveniência, podem ser expressas de diversas maneiras: massa, volume, mol ou número de moléculas.

As quantidades em mols dos diferentes componentes de uma mistura reacional onde esteja ocorrendo apenas uma reação, após determinado avanço, dependendo da situação, podem ser calculadas pelas Equações (2.31) e (2.33). Entretanto, o mais usual é expressar a composição química em função da conversão fracional do reagente limitante e, para determinado valor dessa conversão, calcular a composição fracional ou percentual da mistura.

Para uma única reação conduzida em um reator batelada, isso é feito pela substituição de $\xi$ dado pela Equação (2.35) na Equação (2.31).

$$n_j = n_{j0} - \frac{v_j}{v_A}\left(n_{A0}X_A\right) = n_{A0}\left(\frac{n_{j0}}{n_{A0}} - \frac{v_j}{v_A}X_A\right) = n_{A0}\left(\theta_j - \frac{v_j}{v_A}X_A\right) \qquad (2.37)$$

Para o caso em que o volume permanece constante, tem-se:

$$C_j = C_{A0}\left(\theta_j - \frac{v_j}{v_A}X_A\right) \qquad (2.38)$$

em que, na Equação (2.37), $\theta_j = n_{j0}/n_{A0}$, e na Equação (2.38), $\theta_j = C_{j0}/C_{A0}$.

A partir da Equação (2.37) pode-se calcular a quantidade em mols e da Equação (2.38) a concentração de um componente j, ambas em função da conversão fracional $X_A$.

Para calcular a composição fracional ou percentual da mistura, é necessário dispor do número total de mols, o qual é calculado pela soma do número de mols de todos os componentes da reação. Então, para uma reação com N componentes, somam-se os números de mols dados pela Equação (2.31), ou seja:

# Estequiometria

$$n_t = \sum_{j=1}^{N} n_j = \sum_{j=1}^{N} \left(n_{j0} + \nu_j \xi\right) = \sum_{j=1}^{N} n_{j0} + \xi \sum_{j=1}^{N} \nu_j = n_{t0} + \xi \sum_{j=1}^{N} \nu_j \qquad (2.39)$$

onde $n_{t0} = n_{10} + n_{20} + n_{30} + \cdots =$ número total de mols inicial. Substituindo-se $\xi$ da Equação (2.35) na Equação (2.39), tem-se:

$$n_t = n_{t0} - \frac{n_{A0} X_A}{\nu_A} \sum_{j=1}^{N} \nu_j \qquad (2.40)$$

Uma vez calculado o número de mols de cada componente pela Equação (2.31) e o número total de mols pela Equação (2.40), a partir da Equação (2.6), pode-se calcular a composição fracional molar ou, multiplicando-se por cem, a composição percentual molar da mistura.

Dependendo do sistema reacional, os cálculos estequiométricos podem ser bastante complexos. Para auxiliar nessa tarefa elabora-se a *tabela estequiométrica*, um método sistemático de expressar quantidades molares, concentrações ou pressões parciais de reagentes e produtos de uma dada reação em qualquer tempo ou posição a partir de dados operacionais iniciais e conversão final.

A montagem de uma tabela estequiométrica pode ser feita em uma planilha, em que se colocam:

a) na primeira coluna, todas as espécies químicas presentes na mistura reacional;
b) na segunda coluna, as quantidades iniciais de cada substância;
c) na terceira coluna, a variação na quantidade de cada espécie ocorrida desde a quantidade inicial até a final, em que a conversão em relação ao reagente limitante é definida como $X_A$;
d) na última coluna, as quantidades finais, que são obtidas pela soma da segunda e terceira colunas;
e) no final de cada coluna, as quantidades totais.

A variação colocada na terceira coluna representa a diferença entre as quantidades final e inicial; para reagentes, substâncias que estão sendo consumidas, é negativa e, para produtos, substâncias que estão sendo formadas, é positiva.

Por exemplo, para uma reação genérica $aA + bB \rightarrow cC$ conduzida em um reator descontínuo até atingir a conversão fracional $X_A$ do reagente limitante A, partindo inicialmente das quantidades $n_{A0}$, $n_{B0}$, $n_{C0}$ e $n_{I0}$ de A, B, C e substâncias inertes (I), respectivamente, tem-se as seguintes quantidades finais:

$$n_A = n_{A0}\left(\theta_A - \frac{a}{a}X_A\right) = n_{A0} - n_{A0}X_A$$

$$n_B = n_{A0}\left(\theta_B - \frac{b}{a}X_A\right) = n_{B0} - \frac{b}{a}n_{A0}X_A$$

$$n_C = n_{A0}\left(\theta_C + \frac{c}{a}X_A\right) = n_{C0} + \frac{c}{a}n_{A0}X_A$$

onde $\theta_A = n_{A0}/n_{A0}$, $\theta_B = n_{B0}/n_{A0}$ e $\theta_C = n_{C0}/n_{A0}$. Como os inertes não participam da reação, sua quantidade permanece inalterada, ou seja, $n_I = n_{I0}$.

Somando $n_A$, $n_B$, $n_C$ e $n_I$, tem-se:

$$n_t = n_{t0} + \frac{n_{A0}X_A}{a}(c - a - b)$$

onde $n_{t0} = n_{A0} + n_{B0} + n_{C0} + n_{I0}$. A partir desses dados pode-se construir uma tabela estequiométrica, Tabela 2.1.

**Tabela 2.1** – Tabela estequiométrica de $n_i = f(X_A)$ da reação $aA + bB \rightarrow cC$.

| Componente | Inicial | Variação | Final |
|:---:|:---:|:---:|:---:|
| A | $n_{A0}$ | $-n_{A0}X_A$ | $n_{A_o} - n_{A0}X_A$ |
| B | $n_{B0}$ | $-(b/a)n_{A0}X_A$ | $n_{B0} - (b/a)n_{A0}X_A$ |
| C | $n_{C0}$ | $(c/a)n_{A0}X_A$ | $n_{C0} + (c/a)n_{A0}X_A$ |
| I | $n_{I0}$ | $0$ | $n_{I0}$ |
| Total: | $n_{t0}$ | $n_{A0}X_A\,(c/a - b/a - 1)$ | $n_t$ |

Uma vez construída a tabela em uma planilha de cálculo, por exemplo, a planilha MSExcel, o procedimento torna-se automatizado.

Quando as reações químicas são conduzidas em processos industriais, podem ser encontradas diferentes situações, entre elas as que seguem:

a) a reação química envolve dois reagentes com quantidades conhecidas. Nesse caso, deve-se identificar o reagente limitante a partir da proporção dos reagentes na equação estequiométrica e realizar os cálculos com base em sua quantidade.
b) as matérias-primas que fornecem os reagentes são impuras. Nesse caso, é preciso saber o grau de pureza ou, se for necessário, calculá-lo e, nos cálculos, considerar somente a parte pura, ou seja, levar em conta que impurezas não reagem.
c) a reação não ocorre até a conversão total do reagente limitante. Nesse caso, conhecendo-se a conversão, deve-se levá-la em conta nos cálculos estequiométricos.

## Exemplo 2.10 Cálculo de composição para determinada conversão.

A reação de saponificação entre a soda cáustica e o palmitato de glicerilo (tripalmitina) pode ser representada pela equação estequiométrica global a seguir:

$$3NaOH + \left(C_{15}H_{31}COO\right)_3 C_3H_5 \rightarrow 3C_{15}H_{31}COONa + C_3H_5\left(OH\right)_3 \quad \text{(E2.10.1)}$$

ou, de forma simplificada, como:

$$3A + B \rightarrow 3D + E \qquad \text{(E2.10.2)}$$

onde A é soda cáustica, B é tripalmitina, D é palmitato de sódio e E é glicerina. Considerando que essa reação esteja sendo conduzida em um reator batelada cuja carga inicial tem concentrações iguais a 15 mol/L de soda cáustica e 3 mol/L de palmitato, calcule a composição da mistura reacional após a conversão de:

a) 25% em termos de soda cáustica;
b) 80% em termos de tripalmitina;
c) 90% em termos de soda cáustica.

**Solução:**

Para resolver os três itens do problema, pode-se tomar como base de cálculo um reator com um litro de mistura reacional ou 15 mol de A e 3 mol de B. A partir da equação química, verifica-se que a razão estequiométrica entre A e B é 3:1, mas a razão entre as quantidades fornecidas é 15:3 = 5:1, ou seja, a mistura reacional do problema não está em proporção estequiométrica e B é o reagente limitante.

a) Para calcular a composição da mistura aplica-se a Equação (2.37) a cada componente, calcula-se o número total de mols e então as frações molares dos componentes. O problema fornece os seguintes dados: $v_A = -3$, $v_B = -1$, $v_D = +3$ e $v_E = +1$, $n_{A0} = 15$ mol, $n_{B0} = 3$ mol, $n_{D0} = n_{E0} = 0$ e $X_A = 0,25$.

$$n_A = n_{A0}(\theta_A - X_A) = 15(1 - 0,25) = 11,25 \text{ mol}$$

$$n_B = 15\left[3/15 - (1/3) \cdot 0,25\right] = 1,75 \text{ mol}$$

$$n_D = 15\left[0/15 + (3/3) \cdot 0,25\right] = 3,75 \text{ mol}$$

$$n_E = 15\left[0/15 + (1/3) \cdot 0,25\right] = 1,25 \text{ mol}$$

$$n_t = n_A + n_B + n_D + n_E = 11,75 + 1,75 + 3,75 + 1,25 = 18 \text{ mol}$$

Esses resultados mostram que, após uma conversão de 25%, em termos de reagente A (soda cáustica), o conteúdo do reator apresenta a seguinte composição: 11,25 mol de A; 1,75 mol de B; 3,75 mol de D; 1,25 mol de E.

Esses dados podem ser colocados na tabela estequiométrica abaixo.

**Tabela E2.10.1** – Tabela estequiométrica feita com dados do item a do E2.10.

| Componente | Início | Variação | Final |
|:---:|:---:|:---:|:---:|
| A | 15 | $-0,25 \cdot 15$ | 11,25 |
| B | 3 | $-(0,25 \cdot 15)/3$ | 1,75 |

(continua)

# Estequiometria

**Tabela E2.10.1** – Tabela estequiométrica feita com dados do item a do E2.10
(continuação).

| Componente | Início | Variação | Final |
|---|---|---|---|
| D | 0 | $+ 0,25 \cdot 15$ | 3,75 |
| E | 0 | $+ (0,25 \cdot 15)/3$ | 1,25 |
| Total: | 18 | 0 | 18,00 |

A partir da Equação (2.6), pode-se calcular também a composição fracional molar dessa mistura.

$$x_A = 11,25/18 = 0,625$$

$$x_B = 1,75/18 = 0,097$$

$$x_D = 3,75/18 = 0,208$$

$$x_E = 1,25/18 = 0,069$$

Multiplicam-se essas quantidades por cem para obter a seguinte composição percentual molar: 62,5% de A; 9,7% de B; 20,8% de D; 6,9% de E.

b) Neste item, segue-se o mesmo procedimento do item a, exceto na conversão, que, neste caso, é de 80%, em termos de B.

$$n_B = n_{B0} \left( \theta_B - X_B \right) = 3 \cdot \left( 1 - 0,8 \right) = 0,60 \text{ mol}$$

$$n_A = 3 \cdot \left[ 15/3 - (3/1) \cdot 0,8 \right] = 7,80 \text{ mol}$$

$$n_D = 3 \cdot \left[ 0/3 + (3/1) \cdot 0,8 \right] = 7,20 \text{ mol}$$

$$n_E = 3 \cdot \left[ 0/3 + (1/1) \cdot 0,8 \right] = 2,40 \text{ mol}$$

$$n_t = n_A + n_B + n_D + n_E = 0,60 + 7,80 + 7,20 + 2,40 = 18 \text{ mol}$$

Então, após uma conversão de 80% em termos do reagente B (palmitato), o conteúdo do reator apresenta a seguinte composição: 7,8 mol de A; 0,6 mol de B; 7,2 mol de D; 2,4 mol de E. Da mesma forma que foi feita no item a, a partir da Equação (2.6), obtém-se a seguinte composição fracional molar:

$$x_A = 7,8/18 = 0,4333$$

$$x_B = 0,60/18 = 0,0333$$

$$x_D = 7,2/18 = 0,40$$

$$x_E = 2,40/18 = 0,1333$$

A composição em percentual molar é: 43,33% de A, 3,33% de B, 40,0% de D e 13,33% de E. Os resultados desse item estão mostrados na Tabela E2.10.2.

**Tabela E2.10.2** – Tabela estequiométrica do item b do E2.10.

| Componente | Início | Variação | Final |
|---|---|---|---|
| A | 15 | $-0,8 \cdot 3 \cdot 3$ | 7,8 |
| B | 3 | $-0,8 \cdot 3$ | 0,6 |
| D | 0 | $+0,8 \cdot 3 \cdot 3$ | 7,2 |
| E | 0 | $+0,8 \cdot 3$ | 2,4 |
| Total | 18 | 0 | 18,0 |

c) Neste caso, pela proposta do problema, poderão reagir $0,9 \cdot 15 = 13,5$ mol de A, mas, de acordo com a estequiometria da reação, a cada 3 mol de A é necessário 1 mol de B. Então, para reagir com 13,5 mol de A, são necessários 4,5 mol de B. Como existem apenas 3 mol desse reagente, então a conversão de 90% em termos do reagente A é impossível. Isso ocorreu porque, nesse caso, B é o reagente limitante.

Estequiometria

## Exemplo 2.11 Cálculo de composição no equilíbrio.

Uma mistura constituída de 1 mol de um reagente T e 3 mol de um reagente A é colocada em um reator descontínuo, no qual ocorre a reação $T + 3A \rightleftarrows 3E + G$. No final, ao atingir o equilíbrio, encontram-se 2,5 mol de E. Assim, calcule a composição fracional e percentual da mistura em equilíbrio.

### Solução:

O primeiro passo na solução desse problema é relacionar as quantidades em mol de todos os componentes ao grau de avanço no equilíbrio a partir da Equação (2.31). Isso foi feito no Exemplo 2.9 e o resultado é:

$$n_T = n_{T0} + \nu_T \cdot \xi_e = 1 - \xi_e$$

$$n_A = n_{A0} + \nu_A \cdot \xi_e = 3 - 3\xi_e$$

$$n_E = n_{E0} + \nu_E \cdot \xi_e = 3\xi_e$$

$$n_G = n_{G0} + \nu_G \cdot \xi_e = \xi_e$$

No equilíbrio, há 2,5 mol do produto E, então, a partir dessa informação, calcula-se $\xi_e$.

$$n_E = 3\xi_e = 2,5 \Rightarrow \xi_e = 2,5/3 = 0,833 \text{ mol}$$

Dispondo-se do valor de $\xi_e$, calcula-se os números de mols dos demais componentes.

$$n_T = 1 - \xi_e = 1 - 0,833 = 0,167 \text{ mol}$$

$$n_A = 3 - 3\xi_e = 3 - 3 \cdot 0,833 = 0,501 \text{ mol}$$

$$n_E = 3\xi_e = 2,5 \text{ mol}$$

$$n_G = \xi_e = 0,833 \text{ mol}$$

Para calcular as frações molares de cada componente, é necessário calcular o número total de mols ($n_t$):

$$n_t = n_T + n_A + n_E + n_G = 4$$

Com isso, a partir da Equação (2.6), calculam-se as frações molares $x_T$, $x_A$, $x_E$ e $x_G$, dos componentes T, A, E e G, respectivamente.

$$x_T = n_T/n_t = (1 - \xi_e)/4 = 0,167/4 = 0,04175$$

$$x_A = n_A/n_t = (3 - 3\xi_e)/4 = 0,501/4 = 0,1253$$

$$x_E = n_E/n_t = 3\xi_e/4 = 2,5/4 = 0,6250$$

$$x_G = n_G/n_t = \xi_e/4 = 0,833/4 = 0,2083$$

Então, a composição fracional da mistura em base molar é: 0,04175 de T; 0,1253 de A; 0,625 de E e 0,2083 de G, ou em porcentagens: 4,18% de T; 12,53% de A; 62,5% de E e 20,83% de G.

---

## 2.11 Sistemas de volume variável

A variação de volume da mistura reacional com o progresso de uma reação pode afetar todas as variáveis que dependem do volume: concentração, densidade, velocidade de reação e, consequentemente, o projeto do reator. Essa variação de volume normalmente ocorre em reações gasosas que têm a soma dos números de mols de reagentes e produtos diferentes. Por exemplo, para a reação de síntese de amônia:

$$N_2 + 3H_2 \rightleftarrows 2NH_3$$

na condição de conversão completa, observa-se que 4 mol de reagentes produzem 2 mol de produtos, então, se essa reação estiver sendo conduzida em um sistema aberto, como é o caso de um reator contínuo, a vazão volumétrica na saída vai ser menor que a vazão volumétrica na entrada do reator.

Ressalta-se que a variação de volume também pode ocorrer em sistemas fechados, como um reator batelada. Mas, nesse caso, a variação de volume só vai ocorrer se o reator for fabricado de tal forma que sua tampa se movimente livremente, permitindo a contração ou a expansão de volume, caso contrário, o volume vai permanecer constante. Se esse não for o caso e o volume do reator descontínuo for fixo durante a reação, então só poderá ocorrer variação de pressão. No exemplo dado sobre a síntese da amônia, o número de mols diminui com o avanço da reação e, consequentemente, a pressão também diminui.

Para reações líquidas conduzidas em condições operacionais brandas ou moderadas, o volume da mistura reacional não varia ou varia muito pouco com o avanço da reação, pois os líquidos são praticamente incompressíveis. Nesses casos, nos cálculos de projeto, pode-se considerar volume constante.

Se houver variação de volume com o progresso da reação, então é necessário equacionar essa variação em função de uma variável que expresse esse progresso. Para fazer isso, introduz-se um coeficiente, denominado coeficiente de expansão, denotado por épsilon ($\in$), que representa a variação fracional de volume do sistema entre a conversão zero e a conversão completa do reagente limitante. Para um reagente A, $\in_A$ é definido por:

$$\in_A = \frac{\begin{pmatrix} \text{volume do sistema em} \\ \text{conversão completa} \\ \text{do reagente limitante} \end{pmatrix} - \begin{pmatrix} \text{volume inicial} \\ \text{do sistema} \end{pmatrix}}{\begin{pmatrix} \text{volume inicial} \\ \text{do sistema} \end{pmatrix}} = \frac{V_{(X_A=1)} = V_{(X_A=0)}}{V_{(X_A=0)}} \qquad (2.41)$$

onde $V_{(X_A=1)}$ e $V_{(X_A=0)}$ são o volume do sistema em conversão completa do reagente limitante e o volume inicial do sistema, respectivamente. Se não houver variação de volume $V_{(X_A=1)} = V_{(X_A=0)}$ e $\in_A = 0$.

Como ressaltado anteriormente, para misturas líquidas, a variação de volume é desprezível. Então, a discussão sobre a variação de volume restringe-se a sistemas reacionais gasosos, para os quais a Equação (2.41) também pode ser expressa em termos de número de mols, ou seja:

$$\epsilon_A = \frac{\text{variação do número total de mols em conversão completa}}{\text{número total de mols presente inicialmente na mistura}} = \frac{n_t - n_{t0}}{n_{t0}} \qquad (2.42)$$

Para um sistema onde esteja ocorrendo uma única reação com N componentes, pode-se substituir $n_t$ dado pela Equação (2.40) na Equação (2.42) para obter o seguinte resultado:

$$\epsilon_A = -\frac{n_{A0} X_A}{n_{t0} \nu_A} \sum_{j=1}^{N} \nu_j = \frac{y_{A0}}{(-\nu_A)} \sum_{j=1}^{N} \nu_j \qquad (2.43)$$

onde $y_{A0} = n_{A0}/n_{t0} = $ fração molar inicial de A e $X_A = 1$, pois, de acordo com a definição da Equação (2.41), a variação se refere ao ponto onde a reação se completou.

A partir da Equação (2.43) têm-se três situações distintas:

a) a soma dos números estequiométricos dos produtos é maior que a soma dos números estequiométricos dos reagentes, resultando em $\Sigma \nu_j > 0$. Nesse caso, tem-se $\epsilon_A > 0$ e verifica-se uma expansão de volume da mistura reacional com o avanço da reação;

b) a soma dos números estequiométricos dos produtos é menor que a soma dos números estequiométricos dos reagentes, resultando em $\Sigma \nu_j < 0$. Nesse caso, tem-se $\epsilon_A < 0$ e verifica-se uma contração de volume da mistura reacional com o avanço da reação e

c) a soma dos números estequiométricos dos produtos é igual à soma dos números estequiométricos dos reagentes, resultando em $\Sigma \nu_j = 0$. Nesse caso, tem-se $\epsilon_A = 0$ e não se observa qualquer variação de volume da mistura reacional com o avanço da reação.

Combinando-se a Equação (2.40) com a Equação (2.43), tem-se:

$$n_t = n_{t0} \left( 1 + \epsilon_A X_A \right) \qquad (2.44)$$

Dispondo-se de uma expressão para o coeficiente $\epsilon_A$, Equação (2.43), agora se pode relacionar o volume total da mistura reacional com o avanço da reação,

# Estequiometria

expresso em termos de $X_A$, a partir de uma equação de estado. Considerando a mistura gasosa como ideal, têm-se:

$$P_0 V_0 = n_{t0} R T_0 \tag{2.45}$$

$$PV = n_t RT \tag{2.46}$$

onde $P_0$ e $P$, $V_0$ e $V$, $T_0$ e $T$ são pressão total, volume total e temperatura absoluta, respectivamente, no início $(t = 0)$ e em dado tempo t de reação.

Dividindo-se a Equação (2.46) pela Equação (2.45) e isolando V, tem-se:

$$V = V_0 \left( \frac{P_0}{P} \right) \left( \frac{T}{T_0} \right) \left( \frac{n_t}{n_{t0}} \right) \tag{2.47}$$

Substituindo-se $n_t/n_{t0}$ da Equação (2.44) na Equação (2.47), obtém-se:

$$V = V_0 \left(1 + \epsilon_A X_A\right) \left( \frac{P_0}{P} \right) \left( \frac{T}{T_0} \right) \tag{2.48}$$

A Equação (2.48) é uma equação aplicável somente a reatores descontínuos de volume variável. Ela fornece o volume da mistura reacional em função da conversão fracional $X_A$ incluindo a influência das variáveis operacionais pressão e temperatura.

Para uma mistura gasosa ideal conduzida em um sistema isotérmico $(T = T_0)$ à pressão constante $(P = P_0)$, a Equação (2.48) é simplificada para a seguinte forma:

$$V = V_0 \left(1 + \epsilon_A X_A\right) \tag{2.49}$$

A partir da Equação (2.49) observa-se que para $\epsilon_A > 0$ o volume aumenta, para $\epsilon_A < 0$ o volume diminui e para $\epsilon_A = 0$ o volume não sofre qualquer alteração com o aumento de $X_A$.

Dispondo-se de uma expressão para o volume em função do avanço da reação e das variáveis operacionais, Equação (2.48), pode-se avaliar a influência das variações de volume nas variáveis que dependem do volume.

Para calcular a concentração de qualquer componente j em função da conversão $X_A$ e das variáveis operacionais de um reator batelada, combinam-se as Equações (2.24), (2.37) e (2.48) aplicadas para este reagente j.

$$C_j = \frac{n_j}{V} = \frac{n_{A0}\left(\theta_j - \dfrac{v_j}{v_A}X_A\right)}{V_0\left(1+\epsilon_A X_A\right)\left(\dfrac{P_0}{P}\right)\left(\dfrac{T}{T_0}\right)} = \frac{C_{A0}\left(\theta_j - \dfrac{v_j}{v_A}X_A\right)}{\left(1+\epsilon_A X_A\right)}\left(\dfrac{T_0}{T}\right)\left(\dfrac{P}{P_0}\right) \qquad (2.50)$$

onde $\theta_j = n_{j0}/n_{A0}$.

Para uma operação isotérmica ($T = T_0$) a uma pressão constante ($P = P_0$), ao aplicar a Equação (2.50) ao reagente limitante A, obtém-se:

$$C_A = \frac{C_{A0}\left(1-X_A\right)}{\left(1+\epsilon_A X_A\right)} \qquad (2.51)$$

Para um reator descontínuo ou batelada, a densidade depende do volume. Então, também deve-se considerar a influência dessas variáveis em seu cálculo.

## Exemplo 2.12 Cálculo da variação de volume.

Calcule o aumento ou a diminuição percentual de volume de um reator batelada que pode expandir ou contrair livremente, operando em temperatura e pressão constantes, quando uma mistura constituída de 62% (base molar) de acetaldeído e 38% (base molar) de inertes se transforma em metano e monóxido de carbono até conversão de 85%.

### *Solução:*

Para um reator batelada operando em temperatura e pressão constantes com 1 mol de mistura reacional, pode-se usar a Equação (2.49) para calcular o volume final quando a conversão atingir 85%. O fator $\epsilon_A$ necessário na Equação (2.49) é calculado a partir da Equação (2.43).

Equação estequiométrica da reação: $CH_3CHO \rightarrow CH_4 + CO$

Número estequiométrico de A: $v_A = -1$

$$\sum v_j = v_{CH_3CHO} + v_{CH_4} + v_{CO} = -1+1+1 = 1$$

Estequiometria

**83**

Fração molar inicial de A (base de cálculo 1 mol):

$$y_{A0} = n_{A0}/n_t = 0,62/1 = 0,62$$

Fator $\in_A$ [Equação (2.43)]:

$$\in_A = \left[ y_{A0}/(-v_A) \right] \sum v_j = (0,62/1) \cdot 1 = 0,62$$

Volume final [Equação (2.49)]:

$$V = V_0 \left( 1 + \in_A X_A \right) = V_0 \left( 1 + 0,62 \cdot 0,85 \right) = 1,527 V_0$$

Resposta: houve um aumento de 52,7% no volume do reator.

---

## Exemplo 2.13 Cálculo de concentração em misturas gasosas.

Uma mistura gasosa constituída de 35% de $SO_2$ e 65% de ar (21% de $O_2$ e 79% de $N_2$) (base molar) é introduzida em um reator batelada catalítico operando a 250 °C e 14,7 atm, onde ocorre a reação: $2SO_2 + O_2 \rightarrow 2SO_3$. Calcule a concentração de $SO_2$ (mol/L) e a composição da mistura gasosa (% molar) do reator após conversão de 80%.

### Solução:

Carga inicial do reator: 1 mol de mistura gasosa.

a) Quantidades molares de cada componente no início:

$$n_{SO_2} = 0,35 \text{ mol}$$

$$n_{ar} = 0,65 \text{ mol}$$

$$n_{O_2} = 0,21 \cdot 0,65 = 0,1365 \text{ mol}$$

$$n_{N_2} = 0,79 \cdot 0,65 = 0,5135 \text{ mol}$$

b) Quantidades molares finais de cada componente:

De acordo com a equação estequiométrica, 2 mol de $SO_2$ reagem com 1 mol de $O_2$, então 0,35 mol de $SO_2$ irá reagir com 0,175 mol de $O_2$, como só há 0,1365 mol de $O_2$, este reagente é limitante da reação. Logo, os cálculos devem se basear em sua conversão, ou seja, $X_{O_2} = X_A = 0,80$. A partir da Equação (2.37), tem-se:

$$n_A = n_{A0}(1 - X_A) = 0,1365(1 - 0,80) = 0,0273 \text{ mol}$$

$$n_B = n_{A0} \cdot \left[ n_{B0}/n_{A0} - (\nu_B/\nu_A)X_A \right] =$$

$$0,1365 \cdot \left[ 0,35/0,1365 - (-2/-1) \times 0,80 \right] = 0,1316 \text{ mol}$$

$$n_C = n_{A0} \cdot \left[ n_{C0}/n_{A0} - (\nu_C/\nu_A)X_A \right] =$$

$$0,1365 \cdot \left[ 0/0,1365 - (+2/-1) \cdot 0,80 \right] = 0,2184 \text{ mol}$$

$$n_{N2} = 0,5135 \text{ mol } (N_2 \text{ é inerte e não participa da reação})$$

$$n_t = \sum n_j = n_A + n_B + n_C + n_{N2} =$$

$$0,0273 + 0,1316 + 0,2184 + 0,5135 = 0,8908 \text{ mol}$$

c) Composição final da mistura gasosa do reator:

A composição da mistura é obtida pelo cálculo das frações molares. A fração molar é dada por $y_j = n_j/n_t$ e, neste caso, é denotada por y porque se trata de uma mistura gasosa.

$$y_A = n_A/n_t = 0,0273/0,8908 = 0,0307 \quad \text{ou} \quad 3,07\%$$

$$y_B = n_B/n_t = 0,1316/0,8908 = 0,1477 \quad \text{ou} \quad 14,77\%$$

$$y_C = n_C/n_t = 0,2184/0,8908 = 0,2451 \quad \text{ou} \quad 24,51\%$$

$$y_{N_2} = n_{N_2}/n_t = 0,5135/0,8908 = 0,5764 \quad \text{ou} \quad 57,64\%$$

Estequiometria

d) Concentração final de $SO_2$ (B) no reator:
Admitindo-se que a temperatura e a pressão no final sejam as mesmas do início da operação, então se pode usar a Equação (2.51).

$$C_B = \frac{n_B}{V} = \frac{C_{A0}\left(\theta_B - \frac{\nu_B}{\nu_A}X_A\right)}{\left(1+\in_A X_A\right)}$$

$$C_{A0} = y_{A0}C_{T0} = \frac{n_{A0}}{n_{t0}}\frac{P_{T0}}{RT_0} = \frac{(0,1365/1)\cdot 14,7 \text{ atm}}{0,082 \text{ L atm/mol K}(250+273,16)\text{K}} = 0,04677 \text{ mol/L}$$

$$C_B = \frac{0,04677\left(\frac{0,35}{0,1365} - \frac{-2}{-1}0,8\right)}{(1-0,1365\cdot 0,80)} = \frac{0,04509}{0,8908} = 0,05062 \text{ mol/L}$$

Esse resultado também pode ser obtido a partir de outro procedimento, apresentado a seguir. Admitindo mistura gasosa ideal no início da operação, tem-se:

$$P_{t0}V_0 = n_{t0}RT_0 \Rightarrow V_0 = (n_{t0}RT_0)/P_{t0}$$

$$V_0 = \left[(1 \text{ mol})(0,082 \text{ L}\times\text{atm/mol}\times\text{K})(250+273,16)\text{K}\right]/(14,7 \text{ atm}) = 2,9183 \text{ L}$$

Fator $\in_A$ [Equação (2.43)]:

$$\in_A = \left[y_{A0}/(-\nu_A)\right]\sum \nu_j = (0,1365/1)\cdot(-2-1+2) = -0,1365$$

Admitindo-se que a temperatura e a pressão no final sejam as mesmas do início da operação, então se pode usar a Equação (2.49).

$$V = V_0\left(1+\in_A X_A\right) = 2,9183(\text{L})(1-0,1365\cdot 0,80) = 2,5996 \text{ L} \cong 2,60 \text{ L}$$

$$C_B = n_B/V = 0,1316(\text{mol})/2,60(\text{L}) = 0,05062 \text{ mol/L}$$

## 2.12 Reações compostas

*Reações compostas* são aquelas que envolvem várias etapas elementares e constituem o grupo mais comum de reações químicas em processos industriais. Essas reações podem aparecer de diferentes formas: reversível, paralela ou simultânea, série ou consecutiva e série-paralela.

A abordagem da estequiometria apresentada para reações simples pode ser estendida para sistemas que envolvem reações compostas.

### 2.12.1 Representação do sistema reacional

Um sistema reacional onde estejam ocorrendo r reações independentes com N componentes em cada uma pode ser representado por um sistema de equações algébricas.

$$\begin{aligned}
v_{11}A_1 + v_{12}A_2 + v_{13}A_3 + \ldots = 0 \\
v_{21}A_1 + v_{22}A_2 + v_{23}A_3 + \ldots = 0 \\
v_{31}A_1 + v_{32}A_2 + v_{33}A_3 + \ldots = 0 \\
\ldots \qquad \ldots \qquad \ldots \qquad \ldots \ \ldots
\end{aligned} \tag{2.52}$$

O sistema de equações representado pela Equação (2.52) pode ser expresso da seguinte forma:

$$\sum_{j=1}^{N} v_{ij}A_j = 0 \qquad (i = 1, 2, \ldots, r) \tag{2.53}$$

onde $v_{ij}$ é número estequiométrico de j na reação independente i. Ou ainda pode ser representado na forma matricial.

$$\begin{pmatrix}
v_{11} & v_{12} & v_{13} & \ldots \\
v_{21} & v_{22} & v_{23} & \ldots \\
v_{31} & v_{32} & v_{33} & \ldots \\
\ldots & \ldots & \ldots & \ldots
\end{pmatrix}
\begin{pmatrix}
A_1 \\
A_2 \\
A_3 \\
\ldots
\end{pmatrix}
=
\begin{pmatrix}
0 \\
0 \\
0 \\
\ldots
\end{pmatrix} \tag{2.54}$$

A lei da conservação da massa também pode ser expressa de uma forma compacta para um sistema constituído de r reações múltiplas.

Estequiometria

$$\sum_{j=1}^{N} v_{ij}M_j = 0 \qquad (i = 1, 2, \ldots, r) \qquad (2.55)$$

As Equações (2.53) e (2.55) correspondem às Equações (2.23) e (2.24) que foram apresentadas para reações simples, respectivamente.

### 2.12.2 Reações dependentes e independentes

As equações representadas no item 2.12.1 podem ser usadas para calcular a composição das espécies presentes em uma mistura reacional onde estejam ocorrendo reações compostas, mas deve-se considerar apenas o grupo de reações químicas independentes, e não todas as reações que ocorrem. Assim, o conceito de reações independentes adquire alta relevância em estequiometria e, consequentemente, no projeto de um reator para dado sistema reacional.

Tendo em vista a representação das reações químicas por meio de sistemas de equações lineares homogêneas, então, para determinar o número de reações independentes e identificar um grupo dessas reações, buscam-se ferramentas de álgebra linear. Em álgebra linear diz-se que um conjunto de vetores é linearmente dependente se for possível expressar um dos vetores como uma combinação linear dos demais. Se o conjunto não for linearmente dependente, então ele é linearmente independente. Para saber se as reações de um conjunto de reações são linearmente independentes, deve-se procurar saber se é possível expressar qualquer uma delas como uma combinação linear das demais.

Se isso for possível, essas reações não são independentes e torna-se necessário eliminar reações extras para trabalhar com o menor número possível. O número de reações independentes indica o menor número de relações estequiométricas necessário para descrever as transformações químicas em dado sistema e aponta também o menor número de equações de projeto necessário para descrever a operação do reator.

Para determinar o número de reações independentes em uma reação composta, constrói-se a matriz dos números estequiométricos das espécies presentes nas etapas da reação. A ordem em que as etapas de reação (linhas) ou as espécies químicas (colunas) são colocadas na matriz não é importante, mas sim que estejam colocadas na mesma ordem. Em seguida realizam-se operações matriciais elementares nas linhas para transformar a matriz estequiométrica na forma reduzida. Uma matriz reduzida é aquela que todos os elementos abaixo da diagonal [elementos (1,1), (2,2), (3,3) etc.] são nulos. O número de linhas não nulas na matriz reduzida representa o número de reações independentes.

## Exemplo 2.14 Reações independentes para reações com duas etapas.

Considerando-se a oxidação do dióxido de enxofre que ocorre no processo de produção de ácido sulfúrico representada por $2SO_2 + O_2 \rightleftarrows 2SO_3$, determine o número de reações independentes.

### Solução:

Por se tratar de uma reação reversível, pode-se representá-la com duas equações estequiométricas, uma da reação direta e outra da reação reversa.

$$2SO_2 + O_2 \rightarrow 2SO_3 \qquad ou \qquad 2SO_3 - 2SO_2 - O_2 = 0$$

$$2SO_3 \rightarrow 2SO_2 + O_2 \qquad ou \qquad -2SO_3 + 2SO_2 + O_2 = 0$$

Os números estequiométricos de reagentes e produtos são: $v_{SO_2} = -2$ e $+2$, $v_{O_2} = -1$ e $+1$ e $v_{SO_3} = +2$ e $-2$, respectivamente. Na forma matricial, tem-se:

$$\begin{pmatrix} 2 & -2 & -1 \\ -2 & 2 & 1 \end{pmatrix} \begin{pmatrix} SO_3 \\ SO_2 \\ O_2 \end{pmatrix} = \begin{pmatrix} 0 \\ 0 \end{pmatrix} \qquad (E2.14.1)$$

Observa-se que a primeira matriz da Equação (E2.14.1) foi construída a partir dos números estequiométricos das espécies $SO_3$, $SO_2$ e $O_2$, respectivamente; por isso, essas espécies químicas foram colocadas nessa ordem na segunda matriz. Uma vez construída a matriz estequiométrica, aplicam-se as operações matriciais elementares nas linhas para obter uma nova matriz, a matriz reduzida. Somando a primeira e a segunda linhas e colocando o resultado na segunda linha da nova matriz, tem-se:

Estequiometria                                                                              **89**

$$\begin{pmatrix} 2 & -2 & -1 \\ 0 & 0 & 0 \end{pmatrix} \qquad \text{(E2.14.2)}$$

Tendo em vista que todos os elementos abaixo da diagonal são nulos, então essa é uma matriz reduzida. Como nessa matriz há uma única linha diferente de zero, só há uma reação química independente. Em termos matemáticos, diz-se que essas duas equações (ou reações químicas) são linearmente dependentes e, consequentemente, é necessária somente uma reação química para determinar a composição da mistura reacional.

---

### Exemplo 2.15 Reações independentes para reações com três etapas.

A reação de deslocamento do gás d'água (uma mistura equimolar de $CO$ e $H_2$) é utilizada em escala industrial com a finalidade de aumentar o rendimento de $H_2$ e promover a conversão de $CO$ a $CO_2$. Essa reação também é utilizada na produção de $H_2$ para células a combustível. As reações envolvidas nesse processo são as seguintes:

$$H_2O + CO \rightleftarrows CO_2 + H_2 \qquad \text{(E2.15.1)}$$

$$H_2O + H \rightleftarrows H_2 + OH \qquad \text{(E2.15.2)}$$

$$OH + CO \rightleftarrows CO_2 + H \qquad \text{(E2.15.3)}$$

Determine o número de reações independentes.

***Solução:***
O primeiro passo é construir a matriz dos números estequiométricos, cujos valores são: $\nu_{H_2O} = \nu_{CO} = \nu_H = \nu_{OH} = -1$ e $\nu_{CO_2} = \nu_{H_2} = \nu_{OH} = \nu_H = +1$, respectivamente, para reagentes e produtos. Podem-se colocar as seis espécies químicas na seguinte ordem $CO_2$, $H_2$, $H_2O$, $CO$, $OH$ e $H$ e então construir a seguinte matriz:

$$\begin{pmatrix} 1 & 1 & -1 & -1 & 0 & 0 \\ 0 & 1 & -1 & 0 & 1 & -1 \\ 1 & 0 & 0 & -1 & -1 & 1 \end{pmatrix} \qquad \text{(E2.15.4)}$$

Aplicam-se as operações matriciais elementares nas linhas para obter uma nova matriz, a matriz reduzida. Multiplica-se a primeira linha por (−1) e soma-se à terceira linha; na matriz resultante dessa operação somam-se a segunda e a terceira linhas para obter o seguinte resultado:

$$\begin{pmatrix} 1 & 1 & -1 & -1 & 0 & 0 \\ 0 & 1 & -1 & 0 & 1 & -1 \\ 0 & -1 & 1 & 0 & -1 & 1 \end{pmatrix} = \begin{pmatrix} 1 & 1 & -1 & -1 & 0 & 0 \\ 0 & 1 & -1 & 0 & 1 & -1 \\ 0 & 0 & 0 & 0 & 0 & 0 \end{pmatrix} \quad (E2.15.5)$$

Nessa matriz, todos os elementos abaixo da diagonal são nulos, então ela é uma matriz reduzida. Como há duas linhas diferentes de zero, há duas reações químicas independentes, isso quer dizer que uma das reações dadas pode ser obtida pela combinação linear das outras duas. Por exemplo, somando-se os números estequiométricos das reações (E2.15.2) e (E2.15.3) obtém-se a reação (E2.15.1), ou seja, essas reações são linearmente dependentes. Então se pode eliminar a reação (E2.15.1), restando duas reações, Equações (E2.15.2) e (E2.15.3), linearmente independentes. Isso significa que não é possível produzir CO e $CO_2$ somente da reação (E2.15.3) ou produzir $H_2O$ e $H_2$ somente da reação (E2.15.2). No lugar de eliminar a reação (E2.15.1) pode-se eliminar a reação (E2.15.2) ou a (E2.15.3), pois (E2.15.2) pode ser obtida subtraindo-se a Equação (E2.15.3) da Equação (E2.15.1) e a reação (E2.15.3) pode ser obtida subtraindo-se a Equação (E2.15.2) da Equação (E2.15.1). Então é possível escolher como grupo de reações independentes as reações (E2.15.2) e (E2.15.3), (E2.15.1) e (E2.15.3) ou (E2.15.1) e (E2.15.2).

---

A partir desses exemplos, ficou claro que a independência linear de reações em um conjunto de etapas de reação é equivalente à independência linear das linhas na matriz estequiométrica correspondente. Como o *rank* de uma matriz é definido com o número de linhas linearmente independentes (ou, equivalentemente, colunas) na matriz, então o número de reações linearmente independentes em um conjunto é igual ao *rank* da matriz estequiométrica. Há diferentes programas de matemática que manipulam sistemas de equações lineares que podem ser usados para a determinação do *rank* da matriz estequiométrica ou matriz formada pelos números estequiométricos de todos os componentes da reação. Se houver uma boa familiaridade com a álgebra linear, pode-se montar um algoritmo em uma planilha de cálculo como o MSExcel.

### 2.12.3 Grau de avanço em reações compostas

Quando duas ou mais reações independentes ocorrem simultaneamente, um grau de avanço $\xi_i$ fica associado a cada reação i e pode-se obter uma equação geral, análoga à Equação (2.30).

$$dn_j = \sum_{i=1}^{r} v_{ij} \cdot d\xi_i \qquad (j = 1, 2, \ldots, N) \qquad (2.56)$$

onde $v_{ij}$ são os números estequiométricos das espécies j que são caracterizados para cada reação i, N é o número de espécies e r é o número de reações. Assim como foi feito com a Equação (2.30), a Equação (2.56) pode ser integrada para dar o seguinte resultado:

$$n_j = n_{j0} + \sum_{i=1}^{r} v_{ij} \cdot \xi_i \qquad (j = 1, 2, \ldots, N) \qquad (2.57)$$

Portanto, a Equação (2.57) possibilita o cálculo do número de mols de j do conteúdo reacional de um reator batelada em que estejam ocorrendo r reações com N componentes em cada uma.

## Exemplo 2.16 Relações entre grau de avanço e composição no equilíbrio.

Considere que, em um reator batelada, esteja sendo conduzida uma transesterificação de um triglicerídeo (T) por um álcool (A), cujo mecanismo envolva três etapas, conforme se observa nas equações a seguir:

$$T + A \rightleftarrows D + E \qquad (E2.16.1)$$

$$D + A \rightleftarrows M + E \qquad (E2.16.2)$$

$$M + A \rightleftarrows G + E \qquad (E2.16.3)$$

**92** Cinética química das reações homogêneas

onde T, D, M, A, E e G são triglicerídeo, diglicerídeo, monoglicerídeo, álcool, ésteres e glicerina, respectivamente. Partindo-se de 1 mol de T e 3 mol de A, obtenha as expressões que relacionam o número de mols de cada componente ao grau de avanço das reações quando elas atingirem o equilíbrio.

***Solução:***

Para resolver este problema, os graus de avanço no equilíbrio de cada uma das reações (E2.16.1), (E2.16.2) e (E2.16.3) serão denotados por $\xi_{e1}$, $\xi_{e2}$, e $\xi_{e3}$, respectivamente. De acordo com os dados fornecidos, inicialmente, tem-se $n_{T0} = 1$, $n_{A0} = 3$ mol, $n_{D0} = n_{M0} = n_{E0} = n_{G0} = 0$ e $\xi_{e1} = \xi_{e2} = \xi_{e3} = 0$. Então, pode-se aplicar a Equação (2.57) com i variando de um a três e j assumindo as notações T, D, M, A, E e G.

$$n_T = n_{T0} + \nu_{1T} \cdot \xi_{e1} = 1 - \xi_{e1}$$

$$n_D = n_{D0} + \nu_{1D} \cdot \xi_{e1} + \nu_{2D} \cdot \xi_{e2} = \xi_{e1} - \xi_{e2}$$

$$n_M = n_{M0} + \nu_{2M} \cdot \xi_{e2} + \nu_{3M} \cdot \xi_{e3} = \xi_{e2} - \xi_{e3}$$

$$n_A = n_{A0} + \nu_{1A} \cdot \xi_{e1} + \nu_{2A} \cdot \xi_{e2} + \nu_{3A} \cdot \xi_{e3} = 3 - \left( \xi_{e1} + \xi_{e2} + \xi_{e3} \right)$$

$$n_E = n_{E0} + \nu_{E,1} \cdot \xi_{e1} + \nu_{2E} \cdot \xi_{e2} + \nu_{3E} \cdot \xi_{e3} = \xi_{e1} + \xi_{e2} + \xi_{e3}$$

$$n_G = n_{G0} + \nu_{3G} \cdot \xi_{e3} = \xi_{e3}$$

O número total de mols $(n_t)$ é: $n_t = n_T + n_D + n_M + n_A + n_E + n_G = 4$ e as frações molares de cada componente, Equação (2.6), $x_j = n_j/n_t$, são:

$$x_T = n_T/n_t = \left( 1 - \xi_{e1} \right)/4$$

$$x_D = n_D/n_t = \left( \xi_{e1} - \xi_{e2} \right)/4$$

$$x_M = n_M/n_t = \left( \xi_{e2} - \xi_{e3} \right)/4$$

$$x_A = n_A/n_t = \left[3 - \left(\xi_{e1} + \xi_{e2} + \xi_{e3}\right)\right]/4$$

$$x_E = n_E/n_t = \left(\xi_{e1} + \xi_{e2} + \xi_{e3}\right)/4$$

$$x_G = n_G/n_t = \xi_{e3}/4$$

A vantagem dessas relações é que, no lugar de seis variáveis: $x_T$, $x_D$, $x_M$, $x_A$, $x_E$ e $x_G$, a composição de equilíbrio ficou relacionada a apenas três, $\xi_{e1}$, $\xi_{e2}$, e $\xi_{e3}$.

---

### Exemplo 2.17 Cálculo de grau de avanço, conversão fracional e composição.

Em uma reação composta conduzida em um reator batelada os reagentes A e B são transformados em produtos através de um mecanismo de duas etapas:

etapa (1): $A + B \rightarrow C + D$

etapa (2): $C + B \rightarrow 2E$

As quantidades iniciais de A e B são 2 mol e 3 mol, respectivamente. Uma análise da mistura reacional mostra que no final da reação há no reator 0,5 mol de A e 0,3 mol de B. Calcule os graus de avanço, as conversões das etapas (1) e (2) e a composição final da mistura.

*Solução:*
Em primeiro lugar, a partir da Equação (2.57), expressam-se as quantidades em mols de todos os componentes.

$$n_A = n_{A0} + \nu_{1A} \cdot \xi_1 = 2 - \xi_1$$

$$n_B = n_{B0} + \nu_{1B} \cdot \xi_1 + \nu_{2B} \cdot \xi_2 = 3 - \xi_1 - \xi_2$$

$$n_C = n_{C0} + \nu_{1C} \cdot \xi_1 + \nu_{2C} \cdot \xi_2 = n_{C0} + \xi_1 - \xi_2$$

$$n_D = n_{D0} + \nu_{1D} \cdot \xi_1 = n_{D0} + \xi_1$$

$$n_E = n_{E0} + \nu_{1E} \cdot \xi_1 + \nu_{2E} \cdot \xi_2 = n_{E0} + 2\xi_2$$

Nesse caso $\xi_1$ e $\xi_2$ são os graus de avanço das etapas (1) e (2), respectivamente. O problema fornece os dados: $n_{A0} = 2$, $n_{B0} = 3$, $n_{C0} = n_{D0} = n_{E0} = 0$, $n_A = 0,5$ e $n_B = 0,3$, então se pode calcular $\xi_1$ e $\xi_2$ e os valores de $n_C$, $n_D$ e $n_E$, ou seja:

$$0,5 = 2 - \xi_1 \rightarrow \xi_1 = 1,5$$

$$0,3 = 3 - \xi_1 - \xi_2 \rightarrow \xi_2 = 3 - 0,3 - 1,5 = 1,2$$

$$n_C = \xi_1 - \xi_2 = 1,5 - 1,2 = 0,3$$

$$n_D = \xi_1 = 1,5$$

$$n_E = \xi_2 = 2,4$$

As conversões fracionais das etapas (1), $X_1$, e (2), $X_2$, podem ser calculadas a partir da Equação (2.27). Mas para calcular $X_2$ é necessário levar em conta que a quantidade de B que participa da etapa (2) é aquela quantidade que restou da etapa (1), a qual é obtida pela estequiometria da reação. Como são consumidos 1,5 mol de A, então também são consumidos 1,5 mol de B, restando 1,5 mol desse reagente, ou seja, a quantidade inicial de B que participa da etapa (2) é $n'_{B0} = 1,5$ mol.

$$X_1 = \left( n_{A0} - n_A \right) / n_{A0} = (2 - 0,5)/2 = 0,75$$

$$X_2 = \left( n'_{B0} - n_B \right) / n'_{B0} = (1,5 - 0,3)/1,5 = 0,8$$

Nesse caso, também se pode calcular $X_2$ a partir das quantidades de C, considerando que a quantidade de C que participa da etapa (2) é aquela formada na etapa (1), que, pela estequiometria dessa etapa, é igual a 1,5 mol.

A partir da Equação (2.6) calculam-se as frações molares $(x_i)$ de todos os componentes, ou seja, a composição fracional, e desta calcula-se a composição percentual.

$$x_A = n_A/n_t = 0,5/5 = 0,1 \text{ ou } 10\%$$

$$x_B = n_B/n_t = 0,3/5 = 0,06 \text{ ou } 6\%$$

$$x_C = n_C/n_t = 0,3/5 = 0,06 \text{ ou } 6\%$$

$$x_D = n_D/n_t = 1,5/5 = 0,3 \text{ ou } 30\%$$

$$x_E = n_E/n_t = 2,4/5 = 0,48 \text{ ou } 48\%$$

## Referências

BALZHISER, R. E.; SAMUELS, M. R.; ELIASSEN, J. D. **Chemical engineering thermodynamics:** the study of energy, entropy, and equilibrium. New Jersey: Prentice Hall Int. Series, 1972. 696 p.

DENBIGH, K. G. **The principles of chemical equilibrium.** 4. ed. Cambridge: Cambridge University Press, 1981. 520 p.

FELDER, R. M.; ROUSSEAU, R. W. **Elementary principles of chemical process.** 3. ed. New York: John Wiley & Sons, 2005. 675 p.

GREEN, D. W.; PERRY, R. H. **Perry's chemical engineers' handbook.** 8. ed. New York: McGraw-Hill Co., 2008.

HIMMELBLAU, D. M. **Engenharia química:** princípios e cálculos. 6. ed. Rio de Janeiro: Prentice Hall do Brasil, 1998. 592 p.

HOUGEN, O. A.; WATSON, K. M.; RAGATZ, R. A. **Chemical process principles:** part II – thermodynamics. 3. ed. New York: John Wiley & Sons, 1964.

LEVENSPIEL, O. **Chemical reaction engineering.** 3. ed. New York: John Wiley & Sons, 1999. 688 p.

MANN, U. **Principles of chemical reactor analysis and design:** new tools for industrial chemical reactor operations. 2. ed. New Jersey: John Wiley & Sons, 2009. 473 p.

NOUREDDINI, H.; ZHU, D. Kinetics of transesterification of soybean oil. **Journal of the American Oil Chemists' Society**, v. 74, n. 11, p. 1457-1463, 1997.

RAWLINGS, J. B.; EKERDT, J. D. **Chemical reactor analysis and design fundamentals.** Madison, WI: Nob Hill Publishing, 2002. 607 p.

SILVEIRA, B. I. **Cinética química das reações homogêneas.** São Paulo: Blucher, 1996. 172 p.

_____. **Produção de biodiesel:** análise e projeto de reatores químicos. São Paulo: Editora Biblioteca 24 horas, 2011. 416 p.

SMITH, J. M.; VAN NESS, H. C. **Introduction to chemical engineering thermodynamics.** New York: McGraw-Hill, 1975. 632 p.

THOMPSON, E. V.; CECKLER, W. H. **Introduction to chemical engineering:** International Student Edition. 3. ed. New York: McGraw-Hill, 1981. 576 p.

# 3 CAPÍTULO

# VELOCIDADES DE UMA REAÇÃO QUÍMICA

No estudo das reações químicas são usadas as velocidades de reação, de consumo de reagentes e de formação de produtos. Ao expressá-las, deve-se levar em conta a influência de diferentes variáveis operacionais, as quais, para sistemas reacionais homogêneos, são, principalmente, temperatura, pressão e concentração.

Em nível macroscópico, o objetivo do estudo da velocidade de reação é obter uma equação, se a reação for elementar, ou um sistema de equações, se for uma reação composta de várias etapas, para definir as leis de velocidade. Tal equação ou sistema de equações pode descrever a variação da velocidade de consumo ou a formação de dado componente, a composição da mistura ou o avanço da reação ao longo do tempo em função das variáveis acima referidas, o que possibilita a elaboração do projeto de um reator para a produção de determinado produto ou a análise de um reator já existente visando à condução do processo em condições operacionais otimizadas.

A velocidade pode ser média se o intervalo de tempo for longo, instantânea se for infinitesimal e inicial se for considerado o início da reação. A velocidade inicial é especialmente importante em reações compostas que envolvem várias etapas em que reações e produtos secundários podem afetar a velocidade global. A velocidade média fornece informações limitadas, mas a velocidade instantânea fornece a velocidade real de uma reação em dado instante, sendo aquela necessária para analisar ou projetar um reator químico.

Neste capítulo, são apresentadas definições de velocidade de reação, leis de velocidade e procedimentos para obter expressões de velocidade para reações elementares em função da composição e da temperatura de sistemas reacionais homogêneos em reatores descontínuos. Apresenta-se também uma discussão da influência da temperatura sobre a velocidade de reação.

## 3.1 Velocidade de reação de uma reação elementar

Em um sistema fechado, isotérmico, com pressão constante, homogêneo e de composição uniforme, no qual esteja ocorrendo uma única reação elementar, a velocidade de reação (r) é definida como:

$$r = \frac{1}{V} \frac{d\xi}{dt} \tag{3.1}$$

onde V é o volume da mistura reacional, $\xi$ é o grau de avanço da reação e t é o tempo.

De acordo com a definição apresentada na Equação (2.29), grau de avanço ($\xi$) e sua variação durante uma reação ($d\xi$) são positivos, como dt também é positivo, então a velocidade de reação (r) definida na Equação (3.1) é uma grandeza intrinsecamente positiva, além de ser intensiva e independente de quaisquer espécies, seja um produto, seja um reagente em particular. Sendo uma grandeza intensiva, a Equação (3.1) pode ser aplicada tanto a sistemas de volume constante como variável.

A definição de velocidade de reação apresentada na Equação (3.1) só pode ser usada se a reação for estequiometricamente independente do tempo, ou seja, se a reação tiver estequiometria definida e se a equação estequiométrica permanecer válida ao longo do curso da reação.

## 3.2 Velocidades de consumo e de formação em uma reação elementar

Em uma reação química, reagentes são consumidos e produtos são formados, então tem-se velocidade de consumo quando a espécie química é um reagente, e velocidade de formação, quando a espécie química é um produto.

Velocidades de uma reação química

A velocidade de reação de um dado componente j, denotada por $R_j$, de um sistema reacional, no qual esteja ocorrendo uma única reação, é definida como a relação entre a variação do número de mols desse componente ($dn_j$) dividida pelo intervalo de tempo no qual tal variação aconteceu (dt) e pelo volume do sistema (V).

$$R_j = \frac{\text{mols de j consumidos ou produzidos}}{\text{volume de reagentes} \cdot \text{tempo}} = \frac{1}{V}\frac{dn_j}{dt} \tag{3.2}$$

Se o componente j for um reagente, então está sendo consumido durante a reação, a quantidade final é menor que a inicial e a relação $dn_j/dt$ tem um valor negativo; ao contrário, se j for um produto, então está sendo formado e a relação $dn_j/dt$ tem um valor positivo. Por convenção, a velocidade, seja de formação, seja de consumo, deve ser uma grandeza positiva, mas de acordo com a Equação (3.2), quando j for um reagente, isso não vai ocorrer, pois $dn_j < 0$. Nesse caso, devem-se multiplicar ambos os membros da Equação (3.2) por (–1) para obter valores positivos e atender à convenção.

$$\left(-R_j\right) = -\frac{1}{V}\frac{dn_j}{dt} \tag{3.3}$$

Portanto, quando j for um reagente, sua velocidade de consumo na reação é denotada por $(-R_j)$ e, quando for um produto, sua velocidade de formação é $R_j$. Ressalta-se que as Equações (3.2) e (3.3) só são verdadeiras para um sistema fechado e sem gradientes espaciais.

## Exemplo 3.1   Velocidades de reação, consumo e formação.

Apresente as expressões da velocidade de reação e das velocidades de consumo e formação dos componentes da reação elementar: $A + B \rightarrow C$.

**Solução:**

A partir das Equações (3.1), (3.2) e (3.3), tem-se:

velocidade de reação: $r = \frac{1}{V}\frac{d\xi}{dt}$

velocidade de consumo de A: $\left(-R_A\right) = -\dfrac{1}{V}\dfrac{dn_A}{dt}$

velocidade de consumo de B: $\left(-R_B\right) = -\dfrac{1}{V}\dfrac{dn_B}{dt}$

velocidade de formação de C: $\left(R_C\right) = \dfrac{1}{V}\dfrac{dn_C}{dt}$

A partir desse exemplo, pode-se observar que, para uma dada reação química, há uma única velocidade de reação, mas tantas velocidades de consumo ou formação quantos forem seus componentes.

---

### 3.3 Velocidades em sistemas de volume constante

Para um sistema cujo volume não varia com o progresso da reação, que é o que em geral ocorre com misturas reacionais líquidas, pode-se utilizar a concentração molar expressa por $C_j = n_j/V$ (mol/L), Equação (2.2), e reescrever as equações de velocidade.

Para o caso em que no sistema esteja ocorrendo apenas uma reação elementar, a partir da Equação (3.3), tem-se:

$$\left(-R_j\right) = -\frac{1}{V}\frac{dn_j}{dt} = -\frac{1}{V}\frac{d\left(C_j V\right)}{dt} = -\frac{V}{V}\frac{dC_j}{dt} - \frac{C_j}{V}\frac{dV}{dt}$$

Como V é constante ao longo do tempo, então $dV/dt = 0$, consequentemente, tem-se:

$$\left(-R_j\right) = -\frac{dC_j}{dt} \tag{3.4}$$

A Equação (3.4) representa a velocidade de consumo de j, $(-R_j)$, em função de sua concentração $C_j$ na mistura reacional.

Para a reação $A + B \rightarrow C$ do E3.1, têm-se as seguintes velocidades, agora em função da concentração.

velocidade de consumo de A: $\left(-R_A\right) = -\dfrac{dC_A}{dt}$

velocidade de consumo de B: $\left(-R_B\right) = -\dfrac{dC_B}{dt}$

velocidade de formação de C: $\left(R_C\right) = \dfrac{dC_C}{dt}$

Para muitas aplicações que envolvem a avaliação das quantidades da mistura reacional após determinado avanço da reação, é mais conveniente expressar a velocidade de consumo de um componente j em função de sua conversão fracional ($X_j$), a qual está relacionada ao número de mols pela Equação (2.27), ou seja:

$$n_j = n_{j0}\left(1 - X_j\right) \tag{3.5}$$

onde $n_{j0}$ e $n_j$ representam as quantidades em mol inicial e final de j, respectivamente.

Substituindo-se a Equação (3.5) na Equação (3.3) e realizando a derivação, tem-se:

$$\left(-R_j\right) = -\frac{1}{V}\frac{d\left[n_{j0}\left(1 - X_j\right)\right]}{dt} = \frac{n_{j0}}{V}\frac{dX_j}{dt} = C_{j0}\frac{dX_j}{dt} \tag{3.6}$$

onde $C_{j0} = n_{j0}/V$. O último termo da Equação (3.6) foi obtido levando-se em conta que o volume é constante, ou seja, $V = V_0$. A Equação (3.6) também pode ser obtida pela substituição da expressão $C_j = C_{j0}(1 - X_j)$ da Equação (2.28) na Equação (3.4) e realizando a derivação.

A Equação (3.6) fornece a velocidade de consumo de j a partir da conversão fracional, que, em geral, é determinada em relação ao reagente limitante.

Para a reação $A + B \rightarrow C$ do E3.1, têm-se as seguintes expressões de velocidade de consumo de A e B, agora em função da conversão fracional.

velocidade de consumo de A: $\left(-R_A\right) = C_{A0}\dfrac{dX_A}{dt}$

velocidade de consumo de B: $\left(-R_B\right) = C_{B0}\dfrac{dX_B}{dt}$

Ressalta-se que reações gasosas também podem ser conduzidas em sistemas de volume constante, por exemplo, um reator batelada de volume fixo. Nesse caso, as velocidades de consumo de um reagente ou formação de um produto podem ser expressas em termos de pressão parcial do componente correspondente.

Substituindo-se $n_j$ obtido da Equação (2.10) na Equação (3.3), tem-se:

$$\left(-R_j\right) = -\frac{1}{V}\frac{d\left(p_j V/RT\right)}{dt} = -\frac{V}{RTV}\frac{d\left(p_j\right)}{dt} = -\frac{1}{RT}\frac{dp_j}{dt} \tag{3.7}$$

Para a reação $A + B \rightarrow C$ do E3.1, têm-se as seguintes velocidades de consumo de A e B e a formação de C em função das pressões parciais desses componentes.

velocidade de consumo de A: $\left(-R_A\right) = -\frac{1}{RT}\frac{dp_A}{dt}$

velocidade de consumo de B: $\left(-R_B\right) = -\frac{1}{RT}\frac{dp_B}{dt}$

velocidade de formação de C: $\left(R_C\right) = \frac{1}{RT}\frac{dp_C}{dt}$

onde $p_A$, $p_B$ e $p_C$ são as pressões parciais de A, B e C, respectivamente.

Então a velocidade de consumo de um dado reagente j em um sistema reacional de volume constante pode ser expressa em termos de número de mols, Equação (3.3), concentração, Equação (3.4), conversão fracional, Equação (3.6) e, para reações gasosas, pressões parciais, Equação (3.7).

São diversas as unidades possíveis para as velocidades de reação, consumo ou formação; por exemplo, no Sistema Internacional de Unidades (SI), tais velocidades podem ser expressas em $(mol/m^3 \cdot s)$, $(mol/L \cdot s)$ ou $(mol/L \cdot min)$.

## 3.4 Velocidades em sistemas de volume variável

De acordo com as definições apresentadas anteriormente, as velocidades de reação são grandezas intensivas e dependem do volume da mistura reacional. Então, se houver variação de volume com o avanço da reação, isso vai influenciar a velocidade.

Velocidades de uma reação química **103**

Para essas situações, a igualdade apresentada na Equação (3.4) não é mais verdadeira, pois $dV/dt \neq 0$, ou seja:

$$\left(-R_j\right) = -\frac{1}{V}\frac{dn_j}{dt} = -\frac{dC_j}{dt} - \frac{C_j}{V}\frac{dV}{dt} \Rightarrow -\frac{1}{V}\frac{dn_j}{dt} \neq -\frac{dC_j}{dt} \qquad (3.8)$$

Para levar em conta a influência da variação de volume sobre a velocidade de consumo de dado componente j, é necessário introduzir na equação de velocidade a função de V com o avanço da reação, por exemplo, aquela fornecida pela Equação (2.49).

Substituindo-se $n_j$ dado pela Equação (3.5) e V dado pela Equação (2.49) na Equação (3.3) e realizando as operações necessárias, para o reagente A, obtém-se:

$$\left(-R_j\right) = -\frac{1}{V}\frac{dn_A}{dt} = -\frac{1}{V_0\left(1+\in_A X_A\right)}\frac{d\left[n_{A0}\left(1-X_A\right)\right]}{dt} =$$

$$\frac{n_{A0}}{V_0\left(1+\in_A X_A\right)}\frac{dX_A}{dt} = \frac{C_{A0}}{\left(1+\in_A X_A\right)}\frac{dX_A}{dt} \qquad (3.9)$$

A Equação (3.9) fornece a velocidade de consumo de um reagente A em função da conversão $X_A$ para uma mistura reacional cujo volume varia apenas com o avanço da reação. A Equação (2.49) é uma equação simplificada para uma mistura gasosa ideal, em sistema isotérmico e com pressão constante. Observa-se que, para o caso em que o volume do sistema é constante, $\in_A = 0$, a Equação (3.9) é reduzida à Equação (3.6).

De forma semelhante, as Equação (3.5) e (2.49) podem ser combinadas com a Equação (3.2) para gerar uma expressão de velocidade de formação de um dado produto j em um sistema de volume variável.

## 3.5 Relações estequiométricas entre velocidades de uma reação

As velocidades de reação, consumo de reagentes ou formação de produtos estão relacionadas entre si pela estequiometria da reação.

Combinando-se as Equações (2.30), (3.1) e (3.2), obtém-se uma relação entre as velocidades de reação e de formação ou consumo de j.

$$R_j = \frac{1}{V}\frac{dn_j}{dt} = \frac{v_j}{V}\frac{d\xi}{dt} = v_j \cdot r \qquad (3.10)$$

Como foi definida pela Equação (3.1), a velocidade de reação r é uma grandeza positiva e independente de quaisquer espécies presentes na mistura reacional, mas, de acordo com a Equação (3.10), $R_j$ depende do sinal de $v_j$, o qual por convenção é positivo para produtos, negativo para reagentes e nulo para componentes que não participam da reação.

A partir da Equação (3.10), podem-se obter relações entre as velocidades de reação, consumo e formação dos diversos componentes de uma reação.

Por exemplo, para a reação elementar aA + bB → cC, a partir das Equações (3.1) e (3.10), podem ser obtidas as seguintes relações estequiométricas entre as velocidades de reação, consumo e formação.

$$R_A = v_A \cdot r = -a \cdot r = -\frac{a}{V}\frac{d\xi}{dt} \Rightarrow (-R_A) = \frac{a}{V}\frac{d\xi}{dt}$$

$$R_B = v_B \cdot r = -b \cdot r = -\frac{b}{V}\frac{d\xi}{dt} \Rightarrow (-R_B) = \frac{b}{V}\frac{d\xi}{dt}$$

$$R_C = v_C \cdot r = c \cdot r = \frac{c}{V}\frac{d\xi}{dt} \Rightarrow R_C = \frac{c}{V}\frac{d\xi}{dt}$$

$$\frac{(-R_A)}{a} = \frac{(-R_B)}{b} = \frac{R_C}{c} = \frac{1}{V}\frac{d\xi}{dt} = r \qquad (3.11)$$

A Equação (3.11) fornece relações entre as velocidades de uma reação química e possibilita, a partir do conhecimento da velocidade de consumo de um dado reagente, o cálculo da velocidade de consumo ou formação dos demais componentes do sistema a partir de relações estequiométricas.

As velocidades de consumo de A, $(-R_A)$, consumo de B, $(-R_B)$ e formação de C, $R_C$, só são iguais entre si quando os coeficientes estequiométricos a, b e c são iguais, e elas só são iguais entre si e iguais a r quando a = b = c = 1.

Em geral, em estudos cinéticos, acompanha-se a variação de concentração de um ou de vários componentes da mistura reacional, e são avaliadas as velocidades de consumo ou formação, em razão disso, em cálculos com reações químicas, especialmente em análise e projeto de reatores, pode-se trabalhar apenas com essas velocidades, não sendo necessário se preocupar com a velocidade de reação.

## 3.6 Tipos de reações quanto à velocidade

No que diz respeito à velocidade, as reações variam desde aquelas muito rápidas, que podem ser completadas em microssegundos ou menos, como é o caso da reação entre os íons $H_3O^+(aq)$ e $OH^-(aq)$, que é praticamente instantânea, até aquelas muito lentas, que podem levar semanas ou anos para se completar, que é o caso da conversão de diamante em grafite que parece nunca ocorrer.

De acordo com Wright (2004), o limite entre as reações rápidas e as demais é indistinto, mas é consenso geral que reações rápidas são aquelas que ocorrem em um segundo ou menos; reações mais lentas que isso são consideradas de velocidades convencionais e podem ser acompanhadas por técnicas convencionais, enquanto o acompanhamento de reações rápidas requer técnicas especiais.

Na Tabela 3.1 está apresentada uma classificação que considera a velocidade necessária para a realização completa da reação ou para atingir a meia-vida.

**Tabela 3.1** – Classificação de reações baseada na velocidade (WRIGHT, 2004).

| tipo de reação | conversão completa | meia-vida |
| --- | --- | --- |
| muito rápida | microssegundos ou menos | $10^{-12}$ a $10^{-6}$ segundos |
| rápida | segundos | $10^{-6}$ a 1 segundo |
| moderada | minutos ou horas | 1 a 3 segundos |
| lenta | semanas | $10^3$ a $10^6$ segundos |
| muito lenta | semanas ou anos | $> 10^6$ segundos |

## 3.7 Lei da velocidade para reações elementares

Uma das principais leis cinéticas, a lei da ação das massas, foi formulada pelos cientistas suecos C. M. Guldberg e P. Waage no final do século XIX. Essa lei estabelece que a velocidade de uma reação química elementar é proporcional ao produto das concentrações das moléculas participantes.

Esses cientistas se basearam em um conceito simples: para iniciar a reação, as moléculas devem colidir entre si, e a probabilidade de colisão é proporcional ao produto de suas concentrações. Assim, a velocidade de reação deve ser proporcional ao produto das concentrações das moléculas participantes dela.

De forma genérica, para uma reação elementar, essa lei pode ser expressa como:

$$r = kC_1^{\beta_1}C_2^{\beta_2}C_3^{\beta_3}\ldots = k\prod_{j=1}^{N} C_j^{\beta_j} \tag{3.12}$$

onde r é a velocidade de reação, $C_j$ é a concentração do componente j que está participando da reação, $\beta_j$ é a ordem de reação em relação ao componente j e k é uma constante de proporcionalidade da reação denominada *constante específica de velocidade de reação*, ou simplesmente *constante de velocidade*, que envolve a influência da temperatura. A soma algébrica dos diversos valores de $\beta_j$ é chamada *ordem global da reação*.

A Equação (3.12) representa a dependência da velocidade de reação das concentrações dos diversos componentes do sistema e da constante de velocidade; essa dependência é denominada *lei de velocidade de reação* ou *lei cinética*.

O mesmo raciocínio usado para obter a Equação (3.12) também é aplicável para as velocidades de consumo $(-R_j)$ ou formação $R_j$ de um dado componente j. Para o consumo de j, tem-se:

$$\left(-R_j\right) = k_j C_1^{\beta_1}C_2^{\beta_2}C_3^{\beta_3}\ldots = k_j\prod_{j=1}^{N} C_j^{\beta_j} \tag{3.13}$$

onde $k_j$ é a constante de velocidade que se refere ao consumo do componente j. Para a formação de j, apenas substitui-se $(-R_j)$ da Equação (3.13) por $R_j$ e $k_j$ passa a ser a constante de velocidade de formação de j.

Então, a lei da velocidade ou lei cinética é expressa por uma equação obtida experimentalmente, que relaciona a velocidade de reação ou as velocidades de consumo ou formação de um componente j às concentrações dos componentes participantes e à constante de velocidade.

Na análise e no projeto de processos químicos, as leis de velocidade são muito importantes pelas seguintes razões:

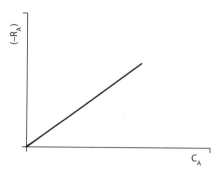

**Figura 3.2** – $(-R_A) = f(C_A)$ para uma reação de primeira ordem.

### 3.7.3 Reações de segunda ordem do tipo ($2A \xrightarrow{k} B$)

Assim como foi feito nos casos anteriores, a partir das Equações (3.12) e (3.13), tem-se:

$$r = kC_A^2 \tag{3.25}$$

$$(-R_A) = k_A C_A^2 \tag{3.26}$$

$$R_B = k_B C_A^2 \tag{3.27}$$

Comparando-se as Equações (3.25) a (3.27), como foi feito na Equação (3.18), verifica-se que, nesse caso, as constantes de velocidade não são iguais entre si, mas apresentam a seguinte relação:

$$\frac{(-R_A)}{a} = \frac{R_B}{b} = r$$

$$\frac{k_A C_A^2}{2} = \frac{k_B C_A^2}{1} = kC_A^2$$

$$k_A = 2k_B = 2k$$

Para reações de segunda ordem desse tipo, as velocidades variam com o quadrado da concentração do reagente A. Desse modo, ao duplicar, triplicar ou quadruplicar a concentração desse reagente, as velocidades vão ficar multiplicadas por quatro, nove e dezesseis, respectivamente.

De acordo com a Equação (3.18), $k_A = k_B = k$.

Para as reações de ordem zero, não importa o quanto a concentração de reagentes varia ao longo do tempo, as velocidades vão permanecer constantes, pois independem dela. Na Figura 3.1 está mostrada a variação da velocidade de consumo do reagente A em função de sua concentração.

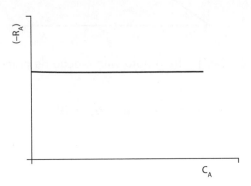

**Figura 3.1** – $(-R_A) = f(C_A)$ para uma reação de ordem zero.

### 3.7.2 Reações de primeira ordem ($A \xrightarrow{k} B$)

A partir do mesmo procedimento seguido para a reação de ordem zero, tem-se:

$$r = kC_A^1 = kC_A \tag{3.22}$$

$$(-R_A) = k_A C_A \tag{3.23}$$

$$R_B = k_B C_A \tag{3.24}$$

Nesse caso, também se tem $k_A = k_B = k$. Como se observa nas Equações (3.22) a (3.24), para reações de primeira ordem, as velocidades variam linearmente com a concentração do reagente A. Desse modo, se a concentração for duplicada, triplicada ou quadruplicada, as velocidades também sofrerão essas mesmas alterações.

Na Figura 3.2, apresenta-se a variação de $(-R_A) = f(C_A)$ para uma reação elementar irreversível de primeira ordem.

$$\frac{k_A C_A^a C_B^b}{a} = \frac{k_B C_A^a C_B^b}{b} = \frac{k_C C_A^a C_B^b}{c} = k C_A^a C_B^b$$

$$\frac{k_A}{a} = \frac{k_B}{b} = \frac{k_C}{c} = k \tag{3.18}$$

A partir da Equação (3.18), verifica-se que as constantes $k_A$, $k_B$ e $k_C$ só são iguais entre si quando os coeficientes estequiométricos são iguais e só são iguais entre si e iguais a k quando a = b = c = 1. A partir da Equação (3.18) também observa-se que, na representação de resultados de velocidade de reação, podem surgir ambiguidades; por isso, recomenda-se escrever a equação estequiométrica, seguida pela expressão completa de velocidade, indicando as unidades da constante de velocidade.

Para uma dada reação elementar, a equação da velocidade de reação é obtida diretamente da Equação (3.12) e as velocidades de consumo ou formação da Equação (3.13) e suas formas vão depender da ordem da reação. Por exemplo, para uma reação de ordem zero as velocidades independem da concentração de reagentes; para uma reação de primeira ordem variam linearmente com a concentração de reagente; e para uma reação de segunda ordem com um único reagente; variam com o quadrado de sua concentração.

### 3.7.1 Reações de ordem zero ($A \xrightarrow{k} B$)

A expressão da velocidade de reação é obtida a partir da Equação (3.12).

$$r = k C_A^0 = k \tag{3.19}$$

A expressão da velocidade de consumo de A é obtida a partir da Equação (3.13).

$$\left(-R_A\right) = k_A C_A^0 = k_A \tag{3.20}$$

E, finalmente, a expressão da velocidade de formação de B também é obtida a partir da Equação (3.13), mas com o sinal positivo, porque se trata de um produto.

$$R_B = k_B C_A^0 = k_B \tag{3.21}$$

Velocidades de uma reação química

a) conhecendo-se a lei cinética e as constantes de velocidade de determinada reação, pode-se prever as velocidades em diferentes condições operacionais de temperatura e concentração;
b) a forma da lei da velocidade fornece informações sobre o mecanismo da reação, que, por sua vez, possibilita uma melhor compreensão do sistema reacional;
c) o conhecimento da lei da velocidade possibilita a separação dos termos que dependem da concentração daqueles que dependem da temperatura.

Para as reações elementares, a lei cinética é obtida diretamente da equação estequiométrica e, se essas reações ocorrerem em um único sentido, denominadas reações irreversíveis, suas velocidades são expressas apenas para consumo de dado reagente ou formação de dado produto.

Por exemplo, para uma reação elementar irreversível genérica de equação estequiométrica $aA + bB \rightarrow cC$, tem-se:

$$r = kC_A^a C_B^b \tag{3.14}$$

$$\left(-R_A\right) = k_A C_A^a C_B^b \tag{3.15}$$

$$\left(-R_B\right) = k_B C_A^a C_B^b \tag{3.16}$$

$$R_C = k_C C_A^a C_B^b \tag{3.17}$$

onde $k$, $k_A$, $k_B$ e $k_C$ são as constantes de velocidade de reação, consumo de A, consumo de B e formação de C, respectivamente. As Equações (3.15) a (3.17) mostram que a constante de velocidade está relacionada ao componente definido pela velocidade correspondente.

Os valores dessas constantes não são necessariamente iguais, mas dependem da estequiometria da reação e estão relacionados entre si pela Equação (3.11), ou seja:

$$\frac{\left(-R_A\right)}{a} = \frac{\left(-R_B\right)}{b} = \frac{R_C}{c} = r$$

Substituindo-se as expressões fornecidas pelas Equações (3.14) a (3.17) nessas relações, tem-se:

Na Figura 3.3, está apresentada a variação da velocidade de consumo do reagente A em função de sua concentração para uma reação elementar irreversível de segunda ordem.

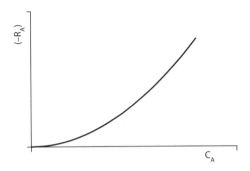

**Figura 3.3** – $(-R_A) = f(C_A)$ para uma reação de segunda ordem.

### Exemplo 3.2  Cálculo de velocidade de uma reação.

Calcule as velocidades de reação, consumo de A e formação de B da reação de segunda ordem do tipo $2A \xrightarrow{k} B$, para a qual se tem $k_A = 1,88 \cdot 10^{-3}$ dm³/(mol s) e $C_A = 0,015$ mol/dm³.

**Solução:**
A partir da Equação (3.26), tem-se:

$$(-R_A) = k_A C_A^2 = 1,88 \cdot 10^{-3} \frac{dm^3}{mol \cdot s} \cdot (0,015)^2 \left(\frac{mol}{dm^3}\right)^2 = 4,23 \cdot 10^{-7} \frac{mol}{dm^3 \cdot s}$$

Para a reação dada, a partir da Equação (3.11), tem-se:

$$\frac{(-R_A)}{2} = \frac{R_B}{1} = r$$

$$R_B = r = \frac{(-R_A)}{2} = \frac{4,23 \cdot 10^{-7}}{2} = 2,115 \cdot 10^{-7} \frac{mol}{dm^3 \cdot s}$$

### 3.7.4 Leis de velocidade em termos de pressões parciais

Para reações gasosas, as velocidades de reação, de consumo ou de formação de dado componente j são mais apropriadamente expressas em termos de pressões parciais, e as Equações (3.12) e (3.13) passam para as seguintes formas:

$$r = kp_1^{\beta_1}p_2^{\beta_2}p_3^{\beta_3}\ldots = k\prod_{j=1}^{N}p_j^{\beta_j}$$

(3.28)

$$\left(-R_j\right) = k_j p_1^{\beta_1}p_2^{\beta_2}p_3^{\beta_3}\ldots = k_j\prod_{j=1}^{N}p_j^{\beta_j}$$

(3.29)

respectivamente, onde $p_j$ é a pressão parcial do componente j.

Em um estudo cinético onde se realiza experimentos em reatores descontínuos ou batelada com volume constante, em geral, acompanha-se a variação da pressão total com o avanço da reação. Assim, para tornar possível o uso da Equação (3.28) ou da Equação (3.29), é necessário relacionar a pressão parcial do componente j com a pressão total.

Para uma reação gasosa genérica do tipo $aA + bB \rightleftarrows cC$, na qual se tem uma quantidade de inertes $n_I$, a quantidade total em mol ($n_t$) após um avanço da reação $\xi$ é dado por:

$$n_t = n_A + n_B + n_C + n_I =$$

$$n_{A0} + \nu_A\xi + n_{B0} + \nu_B\xi + n_{C0} + \nu_C\xi + n_I = n_{t0} + \xi\sum_{j=1}^{3}\nu_j$$

(3.30)

onde $n_j = n_{j0} + \nu_j\xi$, Equação (2.31), com j assumindo as identidades A, B ou C, e $n_{t0} = n_{A0} + n_{B0} + n_{C0} + n_I$ = número total inicial de mols.

A partir da Equação (3.30), tem-se:

$$\xi = \frac{n_t - n_{t0}}{\sum\nu_j}$$

(3.31)

Ao combinar a Equação (2.31) com a (2.2), obtém-se a seguinte expressão para a concentração do componente j na mistura reacional gasosa:

Velocidades de uma reação química

$$C_j = \frac{n_j}{V} = \frac{n_{j0} + \nu_j \xi}{V} \qquad (3.32)$$

Substituindo-se a Equação (3.31) na Equação (3.32), tem-se:

$$C_j = \frac{n_{j0}}{V} + \frac{\nu_j}{\sum \nu_j} \cdot \left( \frac{n_t - n_{t0}}{V} \right) \qquad (3.33)$$

Admitindo-se que o reagente gasoso j se comporte como um gás ideal, então sua pressão parcial é obtida pela expressão $p_j = C_j RT$, a qual, ao ser combinada com a Equação (3.33), fornece o seguinte resultado:

$$p_j = \frac{n_{j0}RT}{V} + \frac{\nu_j}{\sum \nu_j} \cdot \frac{(n_t - n_{t0})RT}{V} = p_{j0} + \frac{\nu_j}{\sum \nu_j} (P_t - P_{t0}) \qquad (3.34)$$

onde $p_j$ é a pressão parcial de j em qualquer momento, $p_{j0}$ é a pressão parcial inicial de j, $P_t$ é a pressão total em qualquer momento e $P_{t0}$ é a pressão total inicial. A Equação (3.34) possibilita o cálculo da pressão parcial de um dado componente j da mistura gasosa reacional a partir dos dados da pressão total inicial e da pressão total avaliada em qualquer momento em que o grau de avanço é $\xi$.

Uma vez calculados os valores das pressões parciais dos componentes, pode-se usar a Equação (3.28) para calcular a velocidade de reação ou a Equação (3.29) para obter a velocidade de consumo do componente j.

## Exemplo 3.3    Cálculo de velocidade de uma reação gasosa.

Ao realizar a reação elementar $C_2H_5NH_2(g) \rightarrow C_2H_4(g) + NH_3(g)$ em um sistema fechado a 500 °C e 1 atm, partindo-se de reagente puro, obteve-se $k = 0,0015$ $min^{-1}$. Calcule a velocidade de reação e de consumo de $C_2H_5NH_2(g)$ na pressão total igual a 1,2 atm.

### Solução:

A reação do problema, representada por $A \rightarrow B + C$, é de primeira ordem e tem as velocidades de reação e de consumo de A dadas pelas Equações (3.22) e (3.23), respectivamente. Essas equações estão expressas em termos de $C_A$, e o problema fornece pressão total. Desse modo, é necessário obter uma relação entre essas duas variáveis. Substituindo j por A na Equação (3.34), observando-se que $v_A = -1$, $v_B = v_C = +1$ e levando-se em conta que o reagente A está puro no início da reação, ou seja, $p_{A0} = P_{t0} = 1$ atm, obtém-se:

$$p_A = p_{A0} + \frac{-1}{1+1-1}\left(P_t - P_{t0}\right) = p_{A0} - P_t + P_{t0} = 2 - P_t \qquad (E3.3.1)$$

Admitindo-se que a mistura gasosa reacional se comporte como gases ideais, a partir da relação $p_A V = n_A RT$ e da Equação (E3.3.1), tem-se:

$$C_A = \frac{n_A}{V} = \frac{p_A}{RT} = \frac{2 - P_t}{RT} \qquad (E3.3.2)$$

Substituindo-se $C_A$ da Equação (E3.3.2) e os dados fornecidos no problema na Equação (3.22), obtém-se:

$$r = kC_A = k\left(\frac{2 - P_t}{RT}\right) =$$

$$0,0015 \frac{1}{\min} \frac{(2-1,2)\text{atm}}{0,0821 \text{ L atm/mol K}\left(500+273,16\right)\text{K}} = 1,89 \cdot 10^{-5} \frac{\text{mol}}{\text{L min}}$$

De acordo com a Equação (3.11), a velocidade de consumo de A é igual à velocidade de reação, ou seja, $(-R_A) = r = 1,89 \cdot 10^{-5}$ mol/L min.

---

## 3.8   Leis de velocidade para reações reversíveis

As reações reversíveis são reações compostas de duas etapas elementares, uma direta e outra reversa, e a lei de velocidade ou a lei cinética expressa pela Equação (3.13) pode ser aplicada a ambas as etapas. Durante uma reação reversível, um dado componente que é consumido pela reação direta é formado pela reação reversa e outro que é formado pela reação direta é consumido pela reação reversa. Por esse motivo, além das velocidades das reações direta e reversa, têm-se as velocidades resultantes ou líquidas.

Velocidades de uma reação química

A velocidade resultante de consumo de um dado reagente j ou de formação de um dado produto j ($R_j$) é obtida pela soma das velocidades das reações direta e reversa.

$$\frac{R_j}{v_j} = k_1 \prod_{\text{reag.}} C_j^{\beta_j} - k_2 \prod_{\text{prod.}} C_j^{\beta_j} \tag{3.35}$$

onde $v_j$, $k_1$ e $k_2$ são o número estequiométrico de j e as constantes de velocidade das reações direta e reversa, respectivamente. Para a velocidade resultante de consumo de um reagente j, o primeiro termo do segundo membro da Equação (3.35) refere-se à velocidade de consumo de reagentes pela reação direta e o segundo termo corresponde à velocidade de formação de reagentes pela reação reversa. No primeiro termo, $C_j$ e $\beta_j$ são a concentração e a ordem de reação em relação ao reagente j; no segundo refere-se ao produto j.

Por exemplo, uma reação reversível, com reações ou etapas direta e reversa elementares, é representada pela seguinte equação estequiométrica:

$$A + B \underset{k_2}{\overset{k_1}{\rightleftarrows}} C + D \tag{3.36}$$

As expressões das velocidades resultantes de consumo do reagente A ($-R_A$) e formação do componente C ($R_C$) podem ser obtidas diretamente da Equação (3.35). Para a reação da Equação (3.36), tem-se $v_A = -1$, $v_C = +1$ e $\beta_A = \beta_B = \beta_C = \beta_D = 1$, então, a partir da Equação (3.35), obtêm-se as expressões solicitadas:

$$\left(-R_A\right) = k_1 C_A C_B - k_2 C_C C_D \tag{3.37a}$$

$$\left(R_C\right) = k_1 C_A C_B - k_2 C_C C_D \tag{3.37b}$$

Ressalta-se que, no capítulo 6, no qual são abordadas as reações compostas, eventuais dúvidas relacionadas à lei de velocidade resultante de uma reação reversível, Equação (3.35), são devidamente esclarecidas.

## 3.9 Influência da temperatura sobre a velocidade de reação

A lei cinética discutida até o momento para alguns tipos de reações elementares expressa a velocidade de reação em função da concentração e de um parâmetro k, denominado constante de velocidade. Esse parâmetro é denominado constante porque independe da composição, mas, de fato, só é constante em condições operacionais isotérmicas; se houver variação de temperatura, haverá variação da velocidade de reação. Isso ocorre porque, ao aumentar a temperatura, as ligações das moléculas reagentes vibram com maior força, a energia cinética aumenta, as colisões tornam-se mais frequentes e mais efetivas e, consequentemente, a probabilidade de reação aumenta. Como regra geral, pode-se dizer que a velocidade de reação de uma única etapa ou reação aumenta com o aumento da temperatura.

Para quantificar essa influência, foram propostas diferentes relações matemáticas entre k e a temperatura. A seguir, discute-se a equação de Arrhenius.

### 3.9.1 Equação de Arrhenius

No final do século XIX, mais precisamente em 1889, o químico sueco Svante Arrhenius apresentou uma equação matemática para relacionar a influência da temperatura sobre a velocidade de uma reação química. Essa equação é conhecida como equação de Arrhenius e tem a seguinte forma:

$$k = Ae^{(-E/RT)} \qquad (3.38)$$

onde:
- k = constante de velocidade de reação (diversas unidades);
- A = fator de frequência ou fator pré-exponencial da reação (as mesmas unidades de k);
- E = energia de ativação (J/mol);
- T = temperatura absoluta (K);
- R = constante dos gases ideais, cujo valor é 8,3145 J/mol K.

A Equação (3.38) fornece a variação da constante de velocidade k com a variação da temperatura e, como se pode observar, não depende da concentração. A constante de velocidade é uma característica do processo químico envolvido na transformação de reagentes em produtos e pode ser usada para quantificar as reações e compará-las. Além disso, se seu valor e a ordem de reação forem conhecidos, pode-se calcular a velocidade em qualquer concentração.

A equação de Arrhenius – Equação (3.38) – com os valores de A e E praticamente constantes, é aplicável tanto às reações elementares como às reações compostas e, por causa de sua eficácia na representação da influência da temperatura sobre a velocidade de uma reação em intervalos de temperatura convencionais, tem sido usada para muitas reações.

Por exemplo, na Figura 3.4 está representada a variação de k com o aumento da temperatura para a reação $CH_3COOH \rightarrow CH_4 + CO_2$, cujos dados experimentais obtidos na faixa de temperatura de 733 K a 868 K e pressão de 1333 Pa a 53300 Pa foram ajustados pela equação de Arrhenius (BLAKE; JACKSON, 1968).

$$k = 1,32 \cdot 10^{11} (s^{-1}) \exp\left[-244(kJ/mol)/RT\right]$$

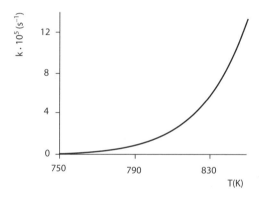

**Figura 3.4** – k = f (T) para a reação $CH_3COOH \rightarrow CH_4 + CO_2$.

De acordo com a equação de Arrhenius, a variação de k com a variação de T depende da ordem de grandeza de E. Nesse exemplo, a reação tem uma energia de ativação $E_a$ = 244000 J/mol, que pode ser considerado um valor alto.

Dispondo-se de uma relação matemática entre k e T, pode-se combiná-la, por exemplo, com a Equação (3.12) para obter uma expressão que fornece a influência da temperatura sobre a velocidade de reação. Ressalta-se que a expressão obtida a partir da Equação (3.12) só é aplicável a uma reação elementar; se a reação for composta de várias etapas, o comportamento da velocidade com a variação da temperatura pode ser bem diferente. Por exemplo, para uma reação reversível endotérmica, o comportamento da velocidade com a variação da temperatura é diferente daquele de uma reação reversível exotérmica.

As unidades da constante de velocidade (k) dependem da ordem global (β) da reação e podem ser obtidas isolando-se k da Equação (3.12).

$$k = \frac{r\left(mol/volume \cdot tempo\right)}{C_j^\beta \left(mol/volume\right)^\beta} \tag{3.39}$$

De acordo com a Equação (3.39), para diferentes ordens, têm-se diferentes unidades de k.

- reação de ordem zero ($\beta = 0$): [k] = mol/L s;
- reação de primeira ordem ($\beta = 1$): [k] = 1/s;
- reação de segunda ordem ($\beta = 2$): [k] = L/mol s;
- reação de terceira ordem ($\beta = 3$): [k] = (L/mol)$^2$/s.

### 3.9.2 Avaliação dos parâmetros E e A

A avaliação experimental dos parâmetros E e A é necessária e indispensável para a obtenção de um modelo cinético.

A energia de ativação (E) é a energia mínima necessária para a ocorrência de uma reação química, e o fator de frequência ou fator pré-exponencial (A) está relacionado ao número total de colisões entre as espécies químicas reagentes por segundo, as quais podem ou não resultar em reação.

Observa-se experimentalmente que, dentro de pequenos intervalos de temperatura, tanto a energia de ativação como o fator de frequência permanecem constantes. Sendo esse o caso, na Equação (3.38), E e A podem ser considerados parâmetros de ajuste dessa equação aos dados experimentais que, uma vez determinados, possibilitam a avaliação da sensibilidade da velocidade de reação à variação da temperatura.

Dispondo-se de dados experimentais da constante de velocidade em diversas temperaturas, k = f(T), pode-se calcular os parâmetros E e A por meio de uma regressão não linear da Equação (3.38), de uma regressão linear da equação obtida pela transformação da Equação (3.38) em uma forma linear ou a partir de dois valores de k obtidos em duas temperaturas diferentes.

Para realizar a regressão não linear da Equação (3.38), recomenda-se programas computacionais (MSExcel, Polymath etc.). A forma linearizada é obtida tomando-se o logaritmo de ambos os membros da Equação (3.38).

$$\ln k = \ln A - \frac{E}{R} \cdot \frac{1}{T} \tag{3.40}$$

De acordo com a Equação (3.40), ao colocar em um gráfico ln (k) = f(1/T), o resultado deve ser uma reta – Figura 3.5 –, cujo coeficiente angular é –E/R e o linear é ln (A), de onde se têm os valores de E e A.

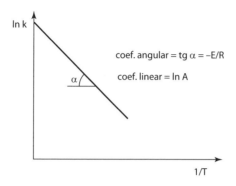

**Figura 3.5** – Representação de ln k = f (1/T), Equação (3.40).

Para avaliar os parâmetros A e E a partir de dois valores de k, $k_1$ e $k_2$, obtidos em duas temperaturas diferentes, $T_1$ e $T_2$, respectivamente, admite-se que A e E sejam constantes no intervalo de temperatura de $T_1$ a $T_2$. A partir da Equação (3.38), tem-se:

$$k_1 = Ae^{(-E/RT_1)}$$

$$k_2 = Ae^{(-E/RT_2)}$$

Dividindo-se $k_2$ por $k_1$, tem-se:

$$\frac{k_2}{k_1} = e^{(E/RT_1 - E/RT_2)}$$

Tomando-se o logaritmo natural de ambos os membros dessa equação, tem-se:

$$\ln\left(\frac{k_2}{k_1}\right) = \frac{E}{R} \cdot \left(\frac{1}{T_1} - \frac{1}{T_2}\right) \qquad (3.41)$$

O valor de E é calculado a partir da Equação (3.41) substituindo-se os valores de R, $k_1$ e $k_2$ e os valores correspondentes de $T_1$ e $T_2$. Uma vez calculado o valor de

E, pode-se calcular o parâmetro A, substituindo-se o valor de E e os valores de $k_1$ e $T_1$ ou de $k_2$ e $T_2$ na Equação (3.38). Os valores assim obtidos, em geral, são menos precisos que aqueles obtidos a partir da análise de regressão com diversos valores de k.

A equação de Arrhenius ajustada a determinados dados experimentais pode ser usada para representar a influência da temperatura sobre a velocidade de determinada reação, mas é recomendável que seja aplicada apenas ao intervalo de temperatura dentro do qual os dados experimentais foram obtidos.

## Exemplo 3.4 Cálculo da energia de ativação (E).

Calcule a energia de ativação (E) para a decomposição do HI a partir dos seguintes dados:

| T (K): | 580 | 620 | 660 | 700 | 740 |
|---|---|---|---|---|---|
| k (L/mol · s): | $5,02 \cdot 10^{-6}$ | $5,87 \cdot 10^{-5}$ | $5,10 \cdot 10^{-4}$ | $3,46 \cdot 10^{-3}$ | $1,91 \cdot 10^{-2}$ |

### Solução:
Calculam-se os valores de 1/T e ln (k) e elabora-se o gráfico de ln (k) = f(1/T), Figura E3.4.1. Ajustam-se os dados por regressão linear a uma reta, cujo coeficiente angular fornece E e coeficiente linear fornece A. Os cálculos, o gráfico e a regressão linear foram feitos pela planilha de cálculo MSExcel.

| $(1/T) \cdot 10^3$: | 1,724 | 1,613 | 1,515 | 1,429 | 1,351 |
|---|---|---|---|---|---|
| ln (k): | –12,201 | –9,742 | –7,581 | –5,667 | –3,960 |

energia de ativação: coeficiente angular

$$-E/R = -22106,917 \text{ K}$$

$$E = 8,3144 \cdot 22106,917 = 183805,75 \text{ J/mol ou } 183,81 \text{ kJ/mol}$$

fator de frequência: coeficiente linear

$$\ln A = 25,914$$

$$A = \exp(25,914) = 17,96 \cdot 10^{10} \, L/mol \cdot s$$

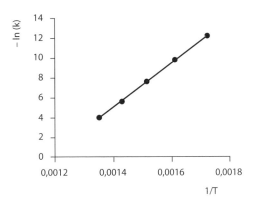

**Figura E3.4.1** – Representação gráfica de –ln (k) = f (1/T) do E3.4.

equação de Arrhenius ajustada: forma exponencial

$$k = 17,96 \cdot 10^{10} \cdot \exp(22106,917/T)$$

equação de Arrhenius ajustada: forma linearizada

$$\ln k = 25,914 - 22106,917/T$$

onde k é expressa em L/mol · s e T é a temperatura absoluta (K).

Essa equação pode ser usada para calcular valores de k em temperaturas diferentes daquelas usadas nos experimentos, mas tais temperaturas devem estar dentro do intervalo experimental.

### 3.9.3 Verificação da regra dos dez graus

A regra dos dez graus estabelece que, para muitas reações comuns à temperatura ambiente, a velocidade duplica a cada acréscimo de 10 °C na temperatura. De acordo com a Equação (3.12) a velocidade de uma reação é diretamente proporcional à constante de velocidade k, ou seja, ao duplicar o valor de k, duplica-se o valor de r. Como a Equação (3.41) fornece uma relação entre os valores de k e T, então essa regra pode ser avaliada pela análise dessa equação.

A Equação (3.41) mostra que o valor da relação $k_2/k_1$ depende de E e das temperaturas $T_1$ e $T_2$, ou seja, o valor da relação $k_2/k_1$ só vai ser igual a 2 para um aumento de dez graus na temperatura em determinados valores de E e de $T_1$ e $T_2$.

Por exemplo, se a temperatura aumentar de $T_1 = 300$ K para $T_2 = 310$ K, o valor da relação $k_2/k_1$ só vai ser igual a 2, ou seja, a velocidade de reação só vai duplicar se a energia de ativação E tiver o seguinte valor:

$$E = \frac{T_1 T_2}{T_2 - T_1} R \ln\left(k_2/k_1\right) = \frac{300 \cdot 310}{310 - 300} 8,3144 \ln\left(2k_1/k_1\right) = 53596,86 \text{ J/mol}$$

Para esses valores de temperatura, o resultado mostra que a regra da duplicação da velocidade para um aumento de dez graus na temperatura só se verifica em uma reação cujo valor de E é igual a 53596,86 J/mol.

Por outro lado, para um dado valor de E, digamos E = 50000 J/mol, o aumento de dez graus na temperatura só vai duplicar a velocidade de reação para os seguintes valores de $T_1$ e $T_2$:

$$50000 = \frac{T_1\left(T_1 + 10\right)}{\left(T_1 + 10\right) - T_1} \cdot 8,3145 \cdot \ln\left(2k_1/k_1\right)$$

Resolvendo-se essa equação, tem-se $T_1 = 289,5$ K e $T_2 = 289,5 + 10 = 299,5$ K. Da mesma forma se podem calcular outros valores: para uma reação com E = 80000 J/mol, os valores das temperaturas devem ser $T_1 = 367,5$ K e $T_2 = 377,5$K, e para uma reação com E = 100000 J/mol, $T_1 = 411$ K e $T_2 = 421$ K.

Para esses valores de E e para quaisquer outros valores de $T_1$ e $T_2$, a duplicação da velocidade não será verificada. Por exemplo, para uma reação com valor de E = 80000 J/mol, se $T_1 = 300$ K e $T_2 = 310$ K, o valor da relação $k_2/k_1$ é:

$$\frac{k_2}{k_1} = \exp\left[\frac{80000}{8,3144}\left(\frac{310 - 300}{300 \cdot 310}\right)\right] = 2,81$$

A partir desses resultados, pode-se concluir que a regra que estabelece que a velocidade duplica a cada acréscimo de 10 °C na temperatura tem utilidade bastante limitada.

### 3.9.4 Análise da ordem de grandeza de E para reações irreversíveis

A energia de ativação (E) é a energia mínima necessária para a ocorrência de uma reação química. Na Figura 3.6 está mostrada a variação da energia com o avanço de uma reação irreversível endotérmica, destacando-se a energia de ativação e a variação de entalpia.

Uma análise da influência da ordem de grandeza da energia de ativação em diferentes valores da temperatura sobre a velocidade de reação pode ser feita utilizando-se a equação de Arrhenius, Equação (3.38).

Para uma reação irreversível genérica do tipo nA → produtos, pode-se combinar o resultado da aplicação da Equação (3.12) com a Equação (3.38) para obter:

$$r = kC_A^n = Ae^{-E/RT}C_A^n \qquad (3.42)$$

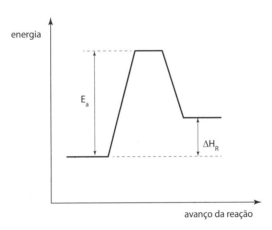

**Figura 3.6** – Energia = f(avanço), reação irreversível endotérmica.

De acordo com a Equação (3.42), a velocidade de reação r depende:
- do fator de frequência;
- da energia de ativação;
- da concentração de reagentes;
- da temperatura.

As variáveis temperatura e energia de ativação estão em uma exponencial; em virtude disso, para determinado valor de E, variações de temperatura vão provocar aumentos maiores em r que os outros fatores.

Para se ter uma ideia da ordem de grandeza dessa exponencial, foram calculados alguns valores para ela por meio de valores de E tipicamente baixos e altos em duas temperaturas, 300 K, que é próxima à temperatura ambiente, e 600 K, que pode ser considerada elevada (Tabela 3.2). Nos cálculos adotou-se o valor de R igual a 8,3145 J/mol · K.

**Tabela 3.2** – Variação de exp(–E/RT) com a variação de E e T.

| E (J/mol) | exp (–E/RT) | |
| --- | --- | --- |
| | 300 K | 600 K |
| 10000 | $1,81 \cdot 10^{-2}$ | $1,35 \cdot 10^{-1}$ |
| 50000 | $1,97 \cdot 10^{-9}$ | $4,44 \cdot 10^{-5}$ |
| 100000 | $3,88 \cdot 10^{-18}$ | $1,97 \cdot 10^{-9}$ |

A partir dos dados da Tabela 3.2, verifica-se que, a 300 K, quando a energia de ativação varia de 10000 J/mol a 50000 J/mol, a exponencial varia de um fator de $10^7$, que passa para $10^{16}$ quando o valor de E passa para 100000 J/mol.

Então, nesse nível de temperatura, o efeito da exponencial sobre a velocidade de reação é tão elevado que os efeitos do fator de frequência ou da concentração tornam-se insignificantes. A 600 K, para as mesmas variações nas energias de ativação, as variações da exponencial são menores, $10^4$ e $10^8$, respectivamente. Nesse caso, dependendo da ordem de grandeza do fator de frequência e da concentração, seus efeitos sobre r podem tornar-se significativos.

A partir dessa análise, pode-se tirar as seguintes conclusões:

a) a sensibilidade e a influência da temperatura sobre a velocidade de reação dependem da ordem de grandeza da energia de ativação;

b) para reações irreversíveis, a velocidade de reação aumenta com o aumento da temperatura.

### Exemplo 3.5 Influência de T sobre r de uma reação irreversível.

Para determinada reação irreversível e de primeira ordem, a constante de velocidade k em função da temperatura (K) é dada pela seguinte equação:

$$k = 10^{14} \cdot \exp(-10000/T)(1/h)$$

Apresente a expressão da velocidade (r) dessa reação em função da temperatura e um gráfico de r = f(T).

***Solução:***
Combinando-se a Equação (3.12) aplicada a uma reação elementar de primeira ordem com a equação de k fornecida no problema, tem-se:

$$r = kC_A = (-R_A) = 10^{14} \cdot \exp(-10000/T) C_{A0}(1 - X_A)(mol/L \cdot h)$$

Para $C_{A0}$ = 1 mol/L e $X_A$ = 0,8 tem-se o gráfico da Figura E3.5.1.

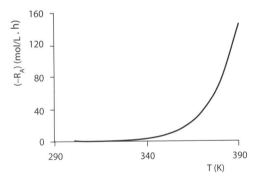

**Figura E3.5.1** – Representação de $(-R_A)$ = f (T) para o E3.5.

A partir do Exemplo 3.5, verifica-se que, na faixa de temperatura usada, a exponencial tem um grande impacto sobre a velocidade de reação. Tendo isso em vista, pode-se comparar as velocidades de diferentes reações com base apenas na ordem de grandeza de suas energias de ativação. Essa comparação pode ser feita calculando-se os valores relativos de k a partir da Equação (3.41) em diferentes valores de E e T (Tabela 3.3).

## Tabela 3.3 – Relação $k_2/k_1$ [Equação (3.41)] em função de E e T.

| E (J/mol) | $k_2/k_1$ [Equação (3.41)] | |
| --- | --- | --- |
| | $T_1 = 300\ K$ $T_2 = 350\ K$ | $T_1 = 600\ K$ $T_2 = 650\ K$ |
| 10000 | 1,77 | 1,17 |
| 50000 | 17,53 | 2,16 |
| 100000 | 307,14 | 4,67 |

Para exemplificar como esses cálculos são feitos, calcula-se $k_2/k_1$ a partir da Equação (3.41) e dos seguintes dados: $E = 10000$ J/mol, $T_1 = 300$ K e $T_2 = 350$ K.

$$\frac{k_2}{k_1} = \exp\left[\frac{E}{R} \cdot \left(\frac{1}{T_1} - \frac{1}{T_2}\right)\right] = \exp\left[\frac{10000}{8,3144} \cdot \left(\frac{1}{300} \cdot \frac{1}{350}\right)\right] = 1,77$$

A partir dos resultados apresentados na Tabela 3.3, observa-se que:

a) para uma reação com $E = 10000$ J/mol, uma variação de temperatura de 300 K a 350 K ($\Delta T = 50$ K) provoca um aumento de 1,77 na velocidade de reação e, para essa mesma reação, uma variação de temperatura de 600 K a 650 K ($\Delta T = 50$ K) provoca aumento de 1,17. Para uma reação com $E = 50000$ J/mol, com as mesmas variações de temperatura, os aumentos na velocidade de reação são de 17,53 e 2,16, e para uma reação com $E = 100000$ J/mol, tais aumentos na velocidade de reação são 307,14 e 4,67, respectivamente. Conclusão: qualquer reação química irreversível é mais sensível à variação de temperatura em temperaturas mais baixas que em temperaturas mais altas.

b) para uma reação com $E = 10000$ J/mol, uma variação de temperatura de 300 K a 350 K provoca um aumento de 1,77 na velocidade de reação, mas, para uma reação com $E = 100000$ J/mol, a mesma variação de temperatura provoca um aumento de 307,14 na velocidade de reação.

Para essas mesmas reações, quando a variação de temperatura é de 600 K a 650 K, os aumentos são de 1,17 e 4,67, respectivamente.

Conclusão: reações químicas com energia de ativação maior são mais sensíveis à variação de temperatura.

### 3.9.5 Análise da ordem de grandeza de E para reações reversíveis

De acordo com a Equação (3.35), a velocidade resultante de consumo de um dado reagente em uma reação reversível aumenta com o aumento da constante de velocidade da reação direta $k_1$ e diminui com o aumento da constante de velocidade da reação reversa $k_2$. Assim, para avaliar a influência da temperatura sobre a velocidade de reação, deve-se avaliar o comportamento de ambas as constantes de velocidade com a variação de temperatura.

As Figuras 3.7 (a) e (b) a seguir apresentam as relações entre a variação de entalpia ($\Delta H_R$) e as energias de ativação das reações direta ($E_d$) e reversa ($E_r$) de uma reação reversível endotérmica (a) e exotérmica (b).

Analiticamente, a relação entre $\Delta H_R$ e $E_d$ e $E_r$, para uma reação reversível do tipo $A \rightleftarrows B$, pode ser obtida utilizando-se a Equação (3.35), como segue:

$$(-R_A) = k_1 f(C_A) - k_2 f(C_B) \tag{3.43}$$

No equilíbrio, as velocidades das reações direta e reversa se igualam; consequentemente, a soma delas é igual a zero, ou seja: $(-R_A) = 0$.

$$K = \frac{k_1}{k_2} = \frac{f(C_B)}{f(C_A)} \tag{3.44}$$

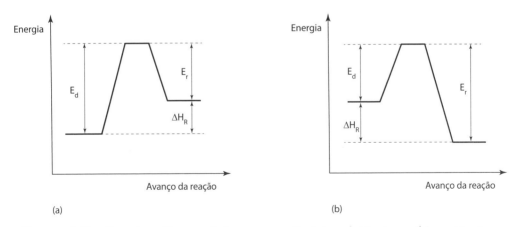

**Figura 3.7** – Energia = f(avanço) de uma reação (a) endotérmica e (b) exotérmica.

Escrevendo-se a Equação (3.44) na forma logarítmica e derivando-se todos os termos em relação à temperatura, tem-se:

$$\frac{d\ln K}{dT} = \frac{d\ln k_1}{dT} - \frac{d\ln k_2}{dT} \tag{3.45}$$

O primeiro termo da Equação (3.45) é dado pela equação de Van't Hoff, $(d\ln K/dT) = (\Delta\hat{H}_R/RT^2)$, e o segundo e o terceiro termos são as derivadas em relação à temperatura das equações obtidas pela aplicação da Equação (3.38) às constantes $k_1$ e $k_2$, ou seja, $(d\ln k_1/dT) = (E_d/RT^2)$ e $(d\ln k_2/dT) = (E_r/RT^2)$. Substituindo-se essas relações na Equação (3.45) e simplificando-se o resultado, tem-se:

$$\Delta\hat{H}_R = E_d - E_r \tag{3.46}$$

onde $\Delta\hat{H}_R$, $E_d$ e $E_r$ são a variação de entalpia e as energias de ativação das reações direta e reversa, respectivamente. Assim, pode-se analisar a influência da temperatura sobre a velocidade de uma reação reversível a partir do valor de $\Delta\hat{H}_R$.

Para reações endotérmicas, $\Delta\hat{H}_R > 0$ e, de acordo com a Equação (3.46), $E_d - E_r > 0$ ou $E_d > E_r$. Isso significa que a velocidade da reação direta é maior que a velocidade da reação reversa; consequentemente, a velocidade resultante de consumo do reagente A $(-R_A)$ – Equação (3.43) – vai aumentar com o aumento de temperatura até que um equilíbrio seja atingido.

Para ilustrar, apresenta-se na Figura 3.8 $(-R_A) = f(T)$, para uma reação reversível A $\rightleftarrows$ B, cujos dados são:

$$k_1 = 1,5 \cdot 10^{18} \cdot \exp[-14000/T] \ (1/\text{min})$$

$$k_2 = 1,5 \cdot 10^6 \cdot \exp[-5000/T] \ (1/\text{min})$$

$$(-R_A) = k_1 C_{A0}(1 - X_A) - k_2 C_{A0} X_A$$

$$C_{A0} = 1 \ \text{mol/L} \ \text{e} \ X_A = 0,4$$

Para reações exotérmicas, $\Delta\hat{H}_R < 0$ e, de acordo com a Equação (3.46), $E_d - E_r < 0$ ou $E_d < E_r$. Isso significa que, ao aumentar a temperatura, inicialmente, a velocidade resultante de consumo de A $(-R_A)$ aumenta, mas, à medida que a reação avança e a velocidade da reação reversa adquire maior relevância, $(-R_A)$ tende a aumentar menos até atingir um valor máximo, a partir do qual começa a diminuir até que um equilíbrio seja atingido.

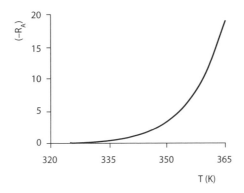

**Figura 3.8** – $(-R_A) = f(T)$ para uma reação reversível endotérmica.

Para ilustrar, apresenta-se na Figura 3.9 a variação da velocidade resultante de consumo de reagente A na reação reversível A $\rightleftarrows$ B, cujos dados são:

$$k_1 = 1,5 \cdot 10^6 \cdot \exp[-5000/T] \ (1/\min)$$

$$k_2 = 1,5 \cdot 10^{18} \cdot \exp[-14000/T] \ (1/\min)$$

$$(-R_A) = k_1 C_{A0}(1-X_A) - k_2 C_{A0} X_A$$

$$C_{A0} = 1 \ \text{mol/L} \ \text{e} \ X_A = 0,4$$

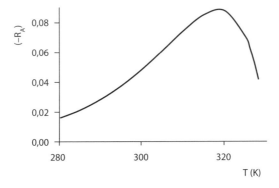

**Figura 3.9** – $(-R_A) = f(T)$ para uma reação reversível exotérmica.

## Exemplo 3.6 Cálculo do fator de frequência (A) de reação reversível.

Em dadas condições reacionais e temperatura de 50 °C, Noureddini e Zhu (1997) apresentaram os valores das constantes específicas $k_1 = 0,05$ L/mol $\cdot$ min e $k_2 = 0,11$ L/mol $\cdot$ min e das energias de ativação $E_1 = 13145$ cal/mol e $E_2 = 9932$ cal/mol para as reações direta e reversa, respectivamente, da primeira etapa da transesterificação de óleo de soja pelo metanol catalisada por hidróxido de sódio. Utilizando a equação de Arrhenius, calcule o fator de frequência (A) e obtenha a equação de k = f(T) para ambas as reações. Dado: R = 1,987 cal/mol $\cdot$ K.

### *Solução:*

A primeira etapa da reação de transesterificação de óleos é dada por:

$$T + A \underset{k_2}{\overset{k_1}{\rightleftarrows}} E + D$$

onde T, A, E e D são triglicerídeo, álcool, éster e diglicerídeo, respectivamente.

Para calcular os fatores de frequência das reações direta e reversa, utiliza-se a Equação (3.38).

### Reação direta:

$$k_1 = A\exp\left(-E/RT_1\right) \tag{E3.6.1}$$

onde $T_1 = 50 + 273,16 = 323,16$ K. Substituindo-se os dados do problema na Equação (E3.6.1), tem-se:

$$0,05 = A \cdot \exp(-13145/1,987 \cdot 323,16) \Rightarrow A = 38863017,02 \text{ L/mol} \cdot \text{min}$$

$$k_1 = 38863017,02 \cdot \exp\left[-13145/(1,987 \cdot T)\right] \tag{E3.6.2}$$

### Reação reversa:

$$k_2 = A\exp\left(-E/RT_2\right) \tag{E3.6.3}$$

onde $T_2 = T_1 = 323,16$ K. Substituindo-se os dados do problema na Equação (E3.6.3), tem-se:

$$0,11 = A \cdot \exp\left(-9932/1,987 \cdot 323,16\right) \Rightarrow A = 573931,29 \, \text{L/mol} \cdot \text{min}$$

$$k_2 = 573931,29 \cdot \exp\left[-9932/(1,987 \cdot T)\right] \qquad \text{(E3.6.4)}$$

As Equações (E3.6.2) e (E3.6.4) podem ser usadas para reproduzir valores de k em diferentes valores de T dentro do intervalo experimental.

---

### 3.9.6 Influência da temperatura nos parâmetros E e A

A equação de Arrhenius – Equação (3.38) – foi desenvolvida em bases puramente empíricas e, em pequenos intervalos de temperatura dentro de valores convencionais, representa satisfatoriamente a função de k com T para muitas reações. Nesses casos, de acordo com a Equação (3.40), ln(k) varia linearmente com o inverso da temperatura (1/T) – Figura 3.4 –, e pode-se verificar que os parâmetros A e E são independentes da temperatura.

Há casos com intervalos longos de temperatura, nos quais a variação de logaritmo natural de k (lnk) com o inverso de T (1/T) não é linear e é necessária outra equação para representar a variação de k com a temperatura de forma mais precisa.

A teoria molecular da cinética prevê que a constante de velocidade k pode ser expressa em termos do produto de um fator pré-exponencial por uma exponencial, como mostrado na Equação (3.38), mas, em contraste com a equação de Arrhenius, o fator pré-exponencial e a energia de ativação são dependentes da temperatura. A equação da teoria molecular é apresentada como:

$$k = BT^n e^{(-E'/RT)} \qquad (3.47)$$

onde n é um parâmetro de ajuste, normalmente da ordem de um, mas que pode ser positivo ou negativo. Diferentemente da equação de Arrhenius, um gráfico ln(k) = f(1/T) gerado a partir da Equação (3.47) resulta em uma linha levemente curva em razão da dependência de T dos parâmetros B e E′, que é levemente diferente de E, Figura 3.10.

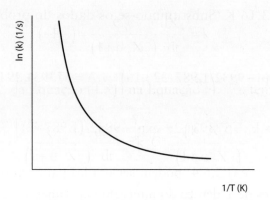

**Figura 3.10** – Representação de ln(k) = f (1/T) pela Equação (3.47).

Por exemplo, no estudo da reação de pirólise do etanol ($C_2H_5OH \rightarrow C_2H_4 + H_2O$), em temperaturas variando de 300 K a 2500 K e pressão de $1,01 \cdot 10^{-5}$ Pa, obteve-se a seguinte relação (LI; KAZAKOV; DRYER, 2004):

$$k = 1,21 \cdot 10^{14} \cdot [s^{-1}] \cdot (T/298\,K)^{-11,92} \cdot e^{-262\,[kJ/mole]/RT}$$

Como se observa, essa equação segue a Equação (3.47), ou seja, para esse caso, os dados não se ajustaram bem à equação de Arrhenius.

Ressalta-se que, neste livro, os sistemas químicos e os intervalos de temperatura são convencionais, para os quais a equação de Arrhenius – Equação (3.38) – atende satisfatoriamente a dependência da velocidade com relação à temperatura.

## Referências

BLAKE, P. G.; JACKSON, G. E. The thermal decomposition of acetic acid. **J. Chem. Soc. B.** p. 1153-1155, 1968.

CARR, R. W. **Chemical kinetics:** modeling of chemical reactions. v. 42. Oxford: Elsevier, 2007. 297 p.

DENISOV, E. T.; SARKISOV, O. M.; LIKHTENSHTEIN, G. I. **Chemical kinetics:** fundamentals and new developments. Amsterdam: Elsevier Science B.V., 2003. 566 p.

GREEN, D. W.; PERRY, R. H. **Perry's chemical engineers' handbook.** 8. ed. New York: McGraw-Hill Co., 2008.

HELFFERICH, F. G. **Comprehensive chemical kinetics:** kinetics of homogeneous multistep reactions. v. 38. 1. ed. Oxford: Elsevier, 2001. 426 p.

HOUSE, J. E. **Principles of chemical kinetics.** 2. ed. San Diego: Academic Press/Elsevier, 2007. 336 p.

LAIDLER, K. J. **Chemical kinetics.** 3. ed. New Jersey: Prentice Hall, 1987. 531 p.

LEVENSPIEL, O. **Chemical reaction engineering.** 3. ed. New York: John Wiley & Sons, 1999. 688 p.

LI, J.; KAZAKOV, A.; DRYER, F. L. Experimental and numerical studies of ethanol decomposition reactions. **The Journal of Physical Chemistry,** Washington, v. 108, p. 7671-7680, 2004.

MORTIMER, M.; TAYLOR, P. **The molecular world:** chemical kinetics and mechanism. Milton Keynes: The Open University, 2002. 262 p.

NOUREDDINI, H.; ZHU, D. Kinetics of transesterification of soybean oil. **Journal of the American Oil Chemists' Society,** v. 74, n. 11, p. 1457-1463, 1997.

UPADHYAY, S. K. **Chemical kinetics and reaction dynamics.** New Delhi: Anamaya Publishers, 2006. 256 p.

WRIGHT, M. R. **An introduction to chemical kinetics.** West Sussex: John Wiley & Sons Ltd., 2004. 462 p.

# CAPÍTULO 4

# CARACTERIZAÇÃO MATEMÁTICA DE REAÇÕES ELEMENTARES

Uma reação química elementar pode ser caracterizada por uma equação diferencial ou por uma equação algébrica. No entanto, essas características matemáticas são muito variadas e dependem da ordem da reação, das condições reacionais e do comportamento do volume do sistema com o progresso da reação.

A caracterização matemática é feita pela combinação da equação da lei da velocidade com a equação da definição de velocidade, que gera uma equação diferencial, denominada equação cinética. Essa equação caracteriza matematicamente a reação e descreve como a velocidade de reação varia em função de diferentes variáveis de processo. Para as reações elementares, exceto para reações de ordem zero, essas variáveis são a temperatura e a concentração dos componentes que delas participam.

A integração da equação cinética resulta numa equação algébrica que fornece a variação da concentração ou conversão fracional de um dado componente do sistema em função do tempo e da temperatura, a partir da qual, em conjunto com dados experimentais, podem-se avaliar os parâmetros cinéticos. Em geral, essa integração só é possível para reações elementares; os casos de reações compostas que envolvem várias etapas dependem de soluções numéricas.

Neste capítulo são deduzidas equações cinéticas e feitas suas integrações para diversos tipos de reações elementares, considerando sistemas reacionais homogêneos com volumes constante e variável.

## 4.1 Reações irreversíveis em reator descontínuo de volume constante

Volume constante refere-se à condição na qual, durante a reação, não se observa aumento nem diminuição de volume da mistura reacional. Tal condição pode ser encontrada tanto em sistemas fechados, reatores descontínuos ou batelada, como em sistemas abertos, reatores contínuos ou semicontínuos, quando são realizadas reações líquidas em condições operacionais brandas ou moderadas, pois os líquidos são praticamente incompressíveis. Também é possível encontrar essa condição em sistemas fechados com reações gasosas, desde que o reator descontínuo seja fabricado de tal forma que seu volume permaneça constante durante a reação e, caso haja variação na quantidade de mols de reagentes e/ou produtos, o reator suporte variações de pressão.

### 4.1.1 Reações irreversíveis de ordem zero

Para reações de ordem zero, a velocidade de reação independe da concentração de reagentes, mas isso não significa que a reação pode ocorrer com concentração de reagentes igual a zero. Ordem zero em relação a um reagente A pode indicar que a reação global requer várias etapas elementares e que a etapa limitante da velocidade não envolve o reagente A. Nesses casos, a velocidade de reação pode ser determinada por fatores como a intensidade de radiação em reações fotoquímicas ou pela velocidade de difusão e área superficial ativa em reações catalisadas por sólidos.

A equação cinética para uma reação de ordem zero é obtida pela combinação do resultado da aplicação das Equações (3.4) e (3.13) ao componente A. De acordo com a Equação (3.10), para esse caso tem-se $k_A = k$, então se pode usar tanto uma como a outra constante.

$$\left(-R_A\right) = -\frac{dC_A}{dt} = k_A C_A^0 = k_A = k$$

$$-\frac{dC_A}{dt} = k \tag{4.1}$$

A Equação (4.1), denominada equação cinética da reação de ordem zero, mostra que, para um reator batelada isotérmico, a velocidade de reação é independente da composição da mistura reacional. Integrando-se a Equação (4.1) desde um tempo inicial t = 0 com concentração inicial $C_{A0}$ até um tempo qualquer t em que a concentração é $C_A$, tem-se:

$$\int_{C_{A0}}^{C_A} dC_A = -\int_0^t k\, dt$$

$$C_A = C_{A0} - kt \tag{4.2}$$

A Equação (4.2) pode ser escrita em termos de conversão fracional combinando-a com a expressão $C_A = C_{A0}(1 - X_A)$ obtida da Equação (2.28), quando esta é aplicada ao componente A.

$$C_A = C_{A0}\left(1 - X_A\right) = C_{A0} - kt$$

$$X_A = \frac{k}{C_{A0}} t \tag{4.3}$$

As Equações (4.2) e (4.3) representam as variações da concentração e da conversão fracional em função do tempo, respectivamente, e são características de uma reação elementar de ordem zero. Ambas as variáveis, $C_A$ e $X_A$, são funções lineares do tempo e estão representadas graficamente na Figura 4.1.

Os coeficientes angulares das retas geradas pela alocação dos dados experimentais possibilitam o cálculo do parâmetro k. A partir da Figura 4.1a, $C_A = f(t)$, tem-se –k e da Figura 4.1b, $X_A = f(t)$, tem-se $k/C_{A0}$. Ressalta-se que esses dados experimentais só gerarão uma reta se a reação for de ordem zero; caso contrário, isso não ocorrerá.

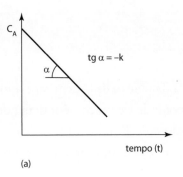 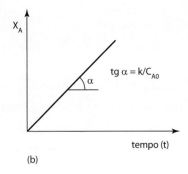

**Figura 4.1** – (a) $C_A = f(t)$ e (b) $X_A = f(t)$ para uma reação de ordem zero.

Exemplos de reações de ordem zero:

a) reação fotoquímica entre hidrogênio e cloro:

$$H_2(g) + Cl_2(g) \xrightarrow{h\nu} 2HCl(g)$$

$$r = k\left(C_{H_2}\right)^0 \left(C_{Cl_2}\right)^0 = k$$

Essa reação ocorre através de um mecanismo de reação em cadeia no qual a velocidade de reação independe da concentração dos gases $H_2$ e $Cl_2$ e torna-se dependente da quantidade de energia luminosa.

b) reação de decomposição de $N_2O$ na superfície de um catalisador sólido:

$$2N_2O \xrightarrow{Pt} 2N_2 + O_2$$

$$r = k\left(C_{N_2O}\right)^0 = k$$

Essa reação ocorre na superfície do catalisador de platina (Pt), a qual fica completamente coberta com moléculas de $N_2O$ adsorvidas. Assim, um aumento na concentração de $N_2O$ na fase gasosa não causa nenhum efeito na velocidade de reação, pois somente as moléculas adsorvidas podem reagir.

c) reação de decomposição de $NH_3$ catalisada pela platina (Pt):

$$2NH_3(g) \xrightarrow{Pt} N_2(g) + 3H_2(g)$$

Caracterização matemática de reações elementares

$$r = k\left(C_{NH_3}\right)^0 = k$$

Nesse caso também, em determinadas condições reacionais, a superfície do catalisador torna-se saturada com moléculas de $NH_3$. Uma vez que isso acontece, o aumento da concentração de gás não eleva a quantidade de moléculas adsorvidas e, consequentemente, não afeta a velocidade de reação, sendo por isso uma reação de ordem zero.

### 4.1.2 Reações irreversíveis de primeira ordem

As reações irreversíveis de primeira ordem a volume constante podem ser representadas pela equação estequiométrica A ⟶ B, e sua equação cinética é obtida pela combinação das Equações (3.4) e (3.13) aplicadas ao reagente A. De acordo com a Equação (3.10), também se tem, nesse caso, $k_A = k$.

$$\left(-R_A\right) = -\frac{dC_A}{dt} = k_A C_A^1 = k_A C_A = kC_A$$

$$\left(-R_A\right) = -\frac{dC_A}{dt} = kC_A \tag{4.4}$$

A Equação (4.4) fornece a variação da velocidade de consumo do reagente A em função da concentração desse reagente quando a reação de primeira ordem é conduzida em um reator batelada isotérmico. A integração da Equação (4.4), desde um tempo $t = 0$ em que a concentração inicial é $C_{A0}$ até um determinado tempo t em que a concentração é $C_A$, fornece uma equação de $C_A = f(t)$ que é característica dessa reação.

$$\int_{C_{A0}}^{C_A} \frac{dC_A}{C_A} = -\int_0^t k\,dt \tag{4.5}$$

A integral do segundo membro da Equação (4.5) é imediata, pois k é constante; a integral do primeiro membro pode ser resolvida pela aplicação do seguinte modelo de integração:

$$\int_{x_1}^{x_2} \frac{dx}{ax+b} = \frac{1}{a}\ln\left(\frac{ax_2+b}{ax_1+b}\right) \quad (4.6)$$

Ao aplicar a Equação (4.6) à Equação (4.5), tem-se a = 1, b = 0, $x_1 = C_{A0}$ e $x_2 = C_A$ e o seguinte resultado:

$$\ln\frac{C_A}{C_{A0}} = -kt$$

$$C_A = C_{A0}e^{-kt} \quad (4.7)$$

A Equação (4.7) pode ser expressa em termos de conversão fracional combinando-a com a Equação (2.28) aplicada ao componente A, ou seja:

$$C_A = C_{A0}(1-X_A) = C_{A0}e^{-kt}$$

$$X_A = 1 - e^{-kt} \quad (4.8)$$

De acordo com as Equações (4.7) e (4.8), as variáveis $C_A$ e $X_A$ são funções exponenciais do tempo t, mas $-\ln(C_A/C_{A0})$ e $-\ln(1-X_A)$ variam linearmente com t, Figura 4.2. Nesse caso, também se deve ressaltar que a alocação dos valores experimentais de $-\ln(C_A/C_{A0})$ ou $-\ln(1-X_A)$ em função do tempo só vai gerar uma reta (como mostra a Figura 4.2) se a reação for de primeira ordem; caso contrário, isso não vai ocorrer.

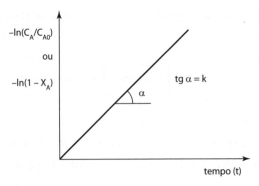

**Figura 4.2** – $[-\ln(C_A/C_{A0})]$ ou $[-\ln(1-X_A)] = f(t)$, reação de 1ª ordem.

Exemplos de reações de primeira ordem:

a) reação de decomposição do pentóxido de nitrogênio ($N_2O_5$):

$$N_2O_5(g) \rightarrow 2NO_2(g) + \frac{1}{2}O_2(g)$$

$$\left(-R_{N_2O_5}\right) = kC_{N_2O_5}$$

b) reação de decomposição do nitrito de amônio ($NH_4NO_2$) em solução aquosa:

$$NH_4NO_2 \rightarrow N_2 + H_2O$$

$$\left(-R_{NH_4NO_2}\right) = kC_{NH_4NO_2}$$

c) reação de decomposição da água oxigenada ($H_2O_2$) na presença de íons $I^-$:

$$2H_2O_2(aq) \rightarrow 2H_2O(\ell) + O_2(g)$$

$$\left(-R_{H_2O_2}\right) = kC_{H_2O_2}$$

d) reação de isomerização do ciclopropano ($C_3H_6$) a propileno ($CH_3CHCH_2$):

$$C_3H_6(g) \rightarrow CH_3CHCH_2(g)$$

$$r = kC_{C_3H_6}$$

Do ponto de vista matemático, a equação cinética de uma reação de primeira ordem e sua integração são bastante simples e, frequentemente, ocorrem simultaneamente com reações de outras ordens, fazendo parte de um mecanismo global. Algumas vezes, esses processos químicos mais complexos são ajustados de tal forma que a velocidade de reação global torna-se dependente da concentração de apenas um reagente. As reações que permitem tal simplificação recebem a denominação de reações de pseudoprimeira ordem.

Por exemplo, a hidrólise do nitrato de metila, cuja equação estequiométrica é $CH_3ONO_2 + H_2O \rightarrow CH_3OH + HNO_3$, é uma reação de segunda ordem, mas, como a concentração de água é bem superior à de nitrato e permanece aproximadamente constante durante a reação, pode ser simplificada para uma equação cinética de pseudoprimeira ordem.

$$-\frac{dC_A}{dt} = kC_A C_B = k^* C_A \qquad (4.9)$$

onde A e B representam o nitrato de metila e a água, respectivamente, e $k^* = kC_B$, que é denominada pseudoconstante de velocidade. Nesse caso, a pseudoconstante específica de velocidade $k^*$ tem como unidade [tempo$^{-1}$], mas a constante de velocidade intrínseca ou verdadeira k tem unidades de uma reação de segunda ordem, [volume/(mol $\cdot$ tempo)].

A Equação (4.9) é semelhante à Equação (4.4), e o resultado de sua integração é semelhante à Equação (4.7), em termos de concentração, ou à Equação (4.8), em termos de conversão fracional, bastando substituir k por $k^*$.

### 4.1.3 Reações irreversíveis de segunda ordem

Há dois tipos principais de reações de segunda ordem: no primeiro tipo (tipo I), a velocidade é proporcional ao produto da concentração de duas espécies químicas diferentes; e, no segundo tipo (tipo II), a velocidade é proporcional ao quadrado da concentração de uma única espécie química.

Para as reações do tipo I são encontradas duas situações distintas: na primeira, as concentrações iniciais dos dois reagentes são diferentes, ou seja, $C_{A0} \neq C_{B0}$ ou $M = C_{B0}/C_{A0} \neq 1$; na segunda, tais concentrações são iguais, ou seja, $C_{A0} = C_{B0}$ ou $M = 1$. A seguir, esses dois tipos de reação são tratados separadamente.

**Tipo I (M ≠ 1):**

Esse tipo de reação de segunda ordem pode ser representado pela equação estequiométrica A + B → produtos, na qual dois reagentes A e B interagem de tal forma que a velocidade de reação é proporcional à primeira potência do produto de suas respectivas concentrações.

A equação cinética que caracteriza esse tipo de reação é obtida pela combinação entre a Equação (3.4) aplicada ao componente A e a Equação (3.13) aplicada

Caracterização matemática de reações elementares

aos componentes A e B. De acordo com a estequiometria dessa reação – Equação (3.10) –, tem-se $k_A = k_B = k$, ou seja, as constantes de velocidade de consumo de A ou B são iguais à constante de velocidade, o que possibilita o uso indistinto delas.

$$\left(-R_A\right) = -\frac{dC_A}{dt} = kC_A C_B \tag{4.10}$$

A Equação (4.10) é a equação cinética que caracteriza uma reação de segunda ordem do tipo I e mostra que a velocidade de consumo de A, para uma operação isotérmica, altera-se com a variação das concentrações dos reagentes A e B.

Para resolver essa equação diferencial – Equação (4.10) – e obter a variação da concentração de A ou a conversão fracional em função do tempo, é necessário expressar $C_B$ em função de $C_A$ ou expressar ambas as concentrações $C_A$ e $C_B$ em função de $X_A$; a seguir, apresenta-se a segunda alternativa.

As expressões de $C_A$ e $C_B$ em função de $X_A$ são obtidas diretamente da Equação (2.38) quando ela é aplicada aos componentes A e B.

$$C_A = C_{A0}\left(\frac{C_{A0}}{C_{A0}} - \frac{-1}{-1}X_A\right) = C_{A0}\left(1 - X_A\right) \tag{4.11a}$$

$$C_B = C_{A0}\left(\frac{C_{B0}}{C_{A0}} - \frac{-1}{-1}X_A\right) = C_{A0}\left(M - X_A\right) \tag{4.11b}$$

onde $M = C_{B0}/C_{A0}$ e, para a reação $A + B \rightarrow$ produtos, $\nu_A = \nu_B = -1$.

Substituindo-se as expressões de $C_A$ e $C_B = f(X_A)$, Equação (4.11a) e (4.11b), na Equação (4.10) e combinando-se o resultado com a Equação (3.6) aplicada ao componente A, obtém-se a equação cinética em termos da conversão fracional $X_A$.

$$\left(-R_A\right) = C_{A0}\frac{dX_A}{dt} = kC_{A0}^2\left(1 - X_A\right)\left(M - X_A\right) \tag{4.12}$$

A Equação (4.12) pode ser integrada desde $t = 0$, em que se tem $X_A = 0$, até uma conversão $X_A$ num dado tempo qualquer t.

$$\int_0^{X_A}\frac{dX_A}{\left(1 - X_A\right)\left(M - X_A\right)} = \int_0^t kC_{A0}\,dt = kC_{A0}t \tag{4.13}$$

A integral do primeiro membro da Equação (4.13) pode ser resolvida pela decomposição do denominador em frações parciais para gerar integrais mais simples.

$$\frac{1}{\left(1-X_A\right)\left(M-X_A\right)} = \frac{p}{\left(1-X_A\right)} + \frac{q}{\left(M-X_A\right)} \qquad (4.14)$$

onde p e q são constantes a serem determinadas a partir do princípio da identidade de polinômios.

$$Mp - pX_A + q - qX_A = 1$$

Igualam-se os coeficientes de mesma potência de $X_A$ nos dois membros e obtêm-se os valores de p e q.

$$Mp + q = 1 \qquad e \qquad p + q = 0$$

$$p = \frac{1}{M-1} \qquad e \qquad q = \frac{1}{1-M}$$

Substituindo-se os valores de p e q na Equação (4.14) e o resultando na Equação (4.13), tem-se:

$$\int_0^{X_A} \frac{dX_A}{\left(1-X_A\right)} - \int_0^{X_A} \frac{dX_A}{\left(M-X_A\right)} = (M-1)kC_{A0}t \qquad (4.15)$$

As duas integrais do primeiro membro da Equação (4.15) são equivalentes à integral do primeiro membro da Equação (4.13) e podem ser resolvidas aplicando-se o modelo apresentado na Equação (4.6). Para a primeira integral, tem-se a = −1, b = 1, para a segunda, a = −1, b = M e para ambas $x_1 = 0$ e $x_2 = X_A$. Integrando e rearranjando a equação obtida, chega-se a:

$$\ln \frac{\left(M-X_A\right)}{M\left(1-X_A\right)} = (M-1)kC_{A0}t \ (M \neq 1) \qquad (4.16)$$

A integral do primeiro membro da Equação (4.13) também pode ser resolvida pela aplicação do seguinte modelo:

$$\int_{x_1}^{x_2} \frac{dx}{(ax+b)(px+q)} = \frac{1}{bp-aq} \ln\left[\left(\frac{px_2+q}{ax_2+b}\right)\left(\frac{ax_1+b}{px_1+q}\right)\right] \quad (4.17)$$

onde a = –1, b = 1, p = –1, q = M e os valores dos extremos são $x_1 = 0$ e $x_2 = X_A$. É claro que o resultado é o mesmo já apresentado na Equação (4.16).

A Equação (4.16) também pode ser expressa em termos de $C_A$ e $C_B$.

$$\ln\frac{C_B C_{A0}}{C_{B0} C_A} = \ln\frac{C_B}{MC_A} = (M-1)kC_{A0}t \quad (M \neq 1) \quad (4.18)$$

A Equação (4.16) representa a lei de velocidade integrada para uma reação de segunda ordem do tipo I. Ela fornece a variação da conversão fracional $X_A$ em função do tempo para k constante e para determinado valor de M, excetuando-se o valor de M = 1.

Para essas condições, observa-se que o primeiro membro da Equação (4.16) varia linearmente com o tempo de reação, Figura 4.3.

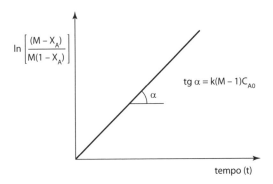

**Figura 4.3** – $\ln[(M - X_A)/M(1 - X_A)] = f(t)$, reação de segunda ordem com $M \neq 1$.

**Tipo I (M = 1):**

O valor de M = 1 representa a condição em que $C_{A0} = C_{B0}$, ou seja, uma mistura reacional inicialmente com quantidades estequiométricas de A e B. Se for usado esse valor na Equação (4.16), verifica-se uma indeterminação. Assim, essa equação não pode ser usada para representar a variação de $X_A$ com o tempo de reação. Para resolver esse problema e obter uma equação integrada que seja aplicável ao caso em que M = 1, parte-se da Equação (4.12) já com esse valor de M.

$$C_{A0} \frac{dX_A}{dt} = kC_{A0}^2 (1 - X_A)(1 - X_A) = kC_{A0}^2 (1 - X_A)^2 \qquad (4.19)$$

Para obter a variação da concentração ou a conversão de A em função do tempo, integra-se a Equação (4.19) desde t = 0, em que se tem conversão zero ($X_A = 0$) até uma conversão $X_A$ num dado tempo t.

$$\int_0^{X_A} \frac{dX_A}{(1 - X_A)^2} = \int_0^t kC_{A0}\, dt = kC_{A0}t \qquad (4.20)$$

A integral do primeiro membro da Equação (4.20) é resolvida a partir do seguinte modelo:

$$\int_{x_1}^{x_2} \frac{dx}{(ax + b)^2} = -\left[ \frac{1}{a(ax_2 + b)} - \frac{1}{a(ax_1 + b)} \right] \qquad (4.21)$$

onde a = –1, b = 1, $x_1 = 0$ e $x_2 = X_A$.

$$\frac{X_A}{1 - X_A} = kC_{A0}t \qquad (4.22)$$

A Equação (4.22) pode ser expressa em termos de concentração do reagente A substituindo-se a relação entre $X_A$ e $C_A$ dada pela Equação (2.38).

$$\frac{1}{C_A} - \frac{1}{C_{A0}} = kt \qquad (4.23)$$

As Equações (4.22) e (4.23) fornecem a variação da conversão e da concentração em função do tempo para k constante; ambas as equações são aplicáveis ao caso de M = 1.

Ao alocar dados experimentais de $X_A/(1 - X_A)$, Equação (4.22), ou $1/C_A$, Equação (4.23), em função do tempo, obtêm-se retas como as mostradas na Figura 4.4.

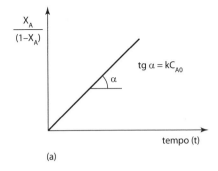 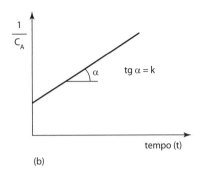

**Figura 4.4** – (a) $X_A/1-X_A = f(t)$ e (b) $1/C_A = f(t)$, reação de segunda ordem com $M = 1$.

Exemplos de reações de segunda ordem do tipo I:

a) reação de saponificação de um éster (A) com NaOH (B):

$$CH_3COOC_2H_5 + NaOH \rightarrow CH_3COONa + C_2H_5OH$$

$$r = kC_A C_B$$

b) reação entre $H_2$ e $I_2$ para formar o HI:

$$H_2 + I_2 \rightarrow 2HI$$

$$r = kC_{H_2} C_{I_2}$$

c) reação entre o dióxido de nitrogênio ($NO_2$) e o gás flúor ($F_2$) para formar fluoreto de nitrosila:

$$2NO_2(g) + F_2(g) \rightarrow 2NO_2F(g)$$

$$r = kC_{NO_2} C_{F_2}$$

Como se observa na equação cinética, a reação é de primeira ordem em relação aos componentes $NO_2$ e $F_2$ e de segunda ordem global.

**Tipo II:**

O segundo tipo de reação de segunda ordem é aquele que envolve duas moléculas do mesmo tipo reagindo entre si e pode ser representado pela equação estequiométrica $2A \rightarrow$ produtos. A velocidade de reação é diretamente proporcional ao quadrado da concentração do reagente A, e a equação cinética que caracteriza esse tipo de reação é obtida pela combinação das Equações (3.4), (3.6) e (3.13) quando elas são aplicadas ao componente A.

$$\left(-R_A\right) = -\frac{dC_A}{dt} = C_{A0}\frac{dX_A}{dt} = k_A C_A^2 \tag{4.24}$$

De acordo com a Equação (3.10), para esse caso, $k_A = 2k$. Assim, não é possível usar k no lugar de $k_A$ sem levar em conta essa diferença; por conveniência, aqui se usa a constante $k_A$.

Ao substituir $C_A = C_{A0}(1 - X_A)$ – Equação (2.38) – na Equação (4.24), obtém-se uma equação quase idêntica à Equação (4.19), exceto pelo fato de que no lugar de k está $k_A$. Com isso, a solução é a mesma e os resultados também são quase os mesmos da Equação (4.19), exceto pelo uso de $k_A$ no lugar de k, como já foi dito. Alternativamente, a Equação (4.24) pode ser integrada em termos de concentração.

$$-\int_{C_{A0}}^{C_A} \frac{dC_A}{C_A^2} = \int_0^t k_A\, dt = k_A t \tag{4.25}$$

A integral do primeiro membro da Equação (4.25) pode ser resolvida a partir do seguinte modelo:

$$\int_{x_1}^{x_2} x^n\, dx = \frac{x_2^{n+1} - x_1^{n+1}}{n+1} \qquad (n \neq -1) \tag{4.26}$$

onde $n = -2$, $x_1 = C_{A0}$ e $x_2 = C_A$.

$$\frac{1}{C_A} - \frac{1}{C_{A0}} = k_A t \tag{4.27}$$

Substituindo-se a relação $C_A = C_{A0}(1 - X_A)$ obtida pela aplicação da Equação (2.38) ao componente A na Equação (4.27), obtém-se:

$$\frac{X_A}{1 - X_A} = k_A C_{A0} t \qquad (4.28)$$

As Equações (4.27) e (4.28) são quase idênticas às Equação (4.23) e (4.22), respectivamente, exceto que, nas primeiras, ressaltando-se uma vez mais, a constante de velocidade de consumo de A é $k_A$, enquanto no caso anterior a constante de velocidade de reação é k.

Sobre a caracterização de uma reação de segunda ordem, devem ser ressaltados os seguintes fatos:

a) para as reações do tipo I, se a concentração inicial do componente B for muito maior que a concentração inicial do componente A, a concentração de B vai permanecer aproximadamente constante durante a reação e, se isso acontecer, como já ficou demonstrado no item 4.1.2, a reação de segunda ordem pode ser tratada como uma reação de pseudoprimeira ordem;

b) a forma da equação integrada depende da estequiometria da reação. Por exemplo, uma reação do tipo $A + 2B \rightarrow$ produtos com a seguinte equação cinética:

$$\left(-R_A\right) = -\frac{dC_A}{dt} = C_{A0}\frac{dX_A}{dt} = kC_A C_B \qquad (4.29)$$

Apesar da Equação (4.29) ser parecida com a Equação (4.10), o resultado de sua integração não é aquele dado na Equação (4.16). Isso ocorre porque, para essa reação, $\nu_A = -1$ e $\nu_B = -2$. Com isso, a partir da Equação (2.38), tem-se:

$$C_B = C_{A0}\left(\frac{C_{B0}}{C_{A0}} - \frac{-2}{-1}X_A\right) = C_{A0}\left(M - 2X_A\right) \qquad (4.30)$$

onde $M = C_{B0}/C_{A0}$. A expressão de $C_A = f(X_A)$ é a mesma dada pela Equação (4.11a); com isso, a equação cinética para essa reação é:

$$C_{A0}\frac{dX_A}{dt} = kC_{A0}^2\left(1 - X_A\right)\left(M - 2X_A\right) \qquad (4.31)$$

O resultado da integração da Equação (4.31) é o seguinte:

$$\ln\frac{(M-2X_A)}{M(1-X_A)}=(M-2)kC_{A0}t \qquad (M \neq 2)$$

(4.32)

A Equação (4.32) pode ser escrita em termos de concentração, ou seja:

$$\ln\frac{C_B C_{A0}}{C_{B0} C_A}=(M-2)kC_{A0}t \qquad (M \neq 2)$$

(4.33)

Como se observa, nesse caso, a restrição é $M \neq 2$, o que significa que, se a mistura reacional tiver, inicialmente, quantidades estequiométricas de A e B, ou seja, $M = 2$, as Equações (4.32) e (4.33) não podem ser usadas para descrever a variação da conversão ou concentrações em função do tempo de reação. Para essa situação, usa-se $M = 2$ na Equação (4.31) para obter as equações cinéticas. Para o reagente A, tem-se:

$$-\frac{dC_A}{dt}=C_{A0}\frac{dX_A}{dt}=2kC_{A0}^2\left(1-X_A\right)^2$$

(4.34)

A integração da Equação (4.34) fornece o seguinte resultado:

$$\frac{1}{C_A}-\frac{1}{C_{A0}}=\frac{1}{C_{A0}}\frac{X_A}{1-X_A}=2kt$$

(4.35)

A Equação (4.35) fornece a variação de $1/C_A$ ou $X_A/(1-X_A) = f(t)$ para a reação $A + 2B \rightarrow$ produtos quando $M = 2$ ou $C_{B0} = 2C_{A0}$.

São exemplos de reações de segunda ordem do tipo II:

a) reação de decomposição do dióxido de nitrogênio:

$$2NO_2 \rightarrow 2NO+O_2$$

$$r=kC_{NO_2}^2$$

Caracterização matemática de reações elementares

b) decomposição térmica do monóxido de cloro:

$$2Cl_2O \rightarrow 2Cl_2 + O_2$$

$$r = kC_{Cl_2O}^2$$

### 4.1.4 Reações irreversíveis de terceira ordem

Uma reação de terceira ordem pode ocorrer a partir de um, dois ou três reagentes e, se houver mais de um reagente, suas concentrações iniciais podem ser iguais ou diferentes, o que vai criar diferentes possibilidades.

- um reagente: $3A \rightarrow$ produtos;
- dois reagentes: $2A + B \rightarrow$ produtos, com $C_{A0} = C_{B0}$ ou $C_{A0} \neq C_{B0}$;
- três reagentes: $A + B + C \rightarrow$ produtos, com $C_{A0} = C_{B0} = C_{C0}$, $C_{A0} = C_{B0} \neq C_{C0}$, $C_{A0} = C_{C0} \neq C_{B0}$, $C_{A0} \neq C_{B0} = C_{C0}$ e $C_{A0} \neq C_{B0} \neq C_{C0}$.

Em soluções, essas reações são tão raras que poucos exemplos podem ser encontrados na literatura. A seguir, são desenvolvidas as equações cinéticas e realizadas suas integrações para três situações distintas: um, dois e três reagentes.

**Um reagente:**

Uma reação de terceira ordem com um reagente envolve três moléculas do mesmo tipo e pode ser representada por $3A \rightarrow$ produtos. A velocidade de consumo do reagente A é diretamente proporcional à concentração de A elevada ao cubo, e a equação cinética que caracteriza esse tipo de reação é obtida pela combinação das Equações (3.4), (3.6) e (3.13) quando estas são aplicadas ao componente A.

$$\left(-R_A\right) = -\frac{dC_A}{dt} = C_{A0}\frac{dX_A}{dt} = k_A C_A^3 \tag{4.36}$$

De acordo com a Equação (3.10), para esse caso, $k_A = 3k$, e aqui se usa a constante $k_A$. A Equação (4.36) pode ser integrada em termos de concentração.

$$-\int_{C_{A0}}^{C_A} \frac{dC_A}{C_A^3} = \int_0^t k_A \, dt = k_A t \qquad (4.37)$$

A integral do primeiro membro da Equação (4.37) pode ser resolvida a partir do modelo apresentado na Equação (4.26); nesse caso, tem-se $n = -3$, $x_1 = C_{A0}$ e $x_2 = C_A$.

$$\frac{1}{C_A^2} = \frac{1}{C_{A0}^2} + 2k_A t \qquad (4.38)$$

Substituindo-se, a partir da Equação (2.28), a relação $C_A = C_{A0}(1 - X_A)$ na Equação (4.38), obtém-se:

$$\frac{1}{(1-X_A)^2} = 1 - 2k_A C_{A0}^2 t \qquad (4.39)$$

As Equações (4.38) e (4.39) expressam, respectivamente, as variações da concentração e a conversão fracional do reagente A em função do tempo de reação em dada temperatura. O primeiro membro da Equação (4.38) varia linearmente com o tempo (Figura 4.5).

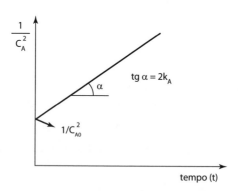

**Figura 4.5** – $1/C_A^2 = f(t)$, reação de terceira ordem, um único reagente.

**Dois reagentes A e B:**

Uma reação de terceira ordem com dois reagentes pode ser representada pela equação estequiométrica $2A + B \rightarrow$ produtos. Sendo uma reação elementar, sua equação cinética é:

Caracterização matemática de reações elementares

$$\left(-R_A\right) = -\frac{dC_A}{dt} = C_{A0}\frac{dX_A}{dt} = k_A C_A^2 C_B \tag{4.40}$$

A Equação (4.40) mostra que a velocidade de consumo de A varia com o quadrado da concentração do reagente A e com a primeira potência da concentração do reagente B. De acordo com a Equação (3.10), para esse caso, $k_A = 2k_B = 2k$ (por conveniência usa-se a constante $k_A$).

A Equação (4.40) pode ser integrada em termos de concentração, mas para isso é necessário expressar $C_B$ em função de $C_A$. Para essa reação $v_A = -2$ e $v_B = -1$, então, a partir da Equação (2.34), tem-se:

$$C_B = C_{B0} + \frac{v_B}{v_A}\left(C_A - C_{A0}\right) = C_{B0} + \frac{-1}{-2}\left(C_A - C_{A0}\right) = C_{B0} + \frac{C_A}{2} - \frac{C_{A0}}{2} \tag{4.41}$$

Substituindo-se $C_B$ dada pela Equação (4.41) na Equação (4.40), separando as variáveis e realizando a integração, obtém-se:

$$-\int_{C_{A0}}^{C_A} \frac{dC_A}{C_A^2\left(C_{B0} + \dfrac{C_A}{2} - \dfrac{C_{A0}}{2}\right)} = k_A \int_0^t dt = k_A t \tag{4.42}$$

A integral do primeiro membro da Equação (4.42) pode ser resolvida pelo seguinte modelo de integração:

$$-\int_{x_1}^{x_2} \frac{dx}{x^2\left(ax+b\right)} = \left(-\frac{1}{bx_2} + \frac{a}{b^2}\ln\frac{ax_2+b}{x_2}\right) - \left(-\frac{1}{bx_1} + \frac{a}{b^2}\ln\frac{ax_1+b}{x_1}\right) \tag{4.43}$$

onde $a = \frac{1}{2}$, $b = C_{B0} - C_{A0}/2$, $x_1 = C_{A0}$ e $x_2 = C_A$.

$$\frac{1}{\left(C_{B0} - \frac{C_{B0}}{2}\right)C_A} + \frac{1}{2\left(C_{B0} - \frac{C_{A0}}{2}\right)^2}\ln\left(\frac{\frac{C_A}{2} + C_{B0} - \frac{C_{A0}}{2}}{C_A}\right) +$$

$$\frac{1}{\left(C_{B0} - \frac{C_{A0}}{2}\right)C_{A0}} - \frac{1}{2\left(C_{B0} - \frac{C_{A0}}{2}\right)^2}\ln\frac{C_{B0}}{C_{A0}} = k_A t$$

$$\frac{2}{\left(2C_{B0} - C_{A0}\right)}\left(\frac{1}{C_A} - \frac{1}{C_{A0}}\right) -$$

$$\frac{2}{\left(2C_{B0} - C_{A0}\right)^2}\left(\ln\frac{C_A + 2C_{B0} - C_{A0}}{2C_{B0}} - \ln\frac{C_A}{C_{A0}}\right) = k_A t \tag{4.44}$$

A Equação (4.44) relaciona a concentração do reagente A com o tempo de reação para dada temperatura. Sua representação gráfica é um pouco mais difícil que a dos casos anteriores, mas, se for colocado o primeiro membro nas ordenadas e o tempo (t) nas abscissas, obtém-se uma reta que passa pela origem dos eixos cartesianos cujo coeficiente angular é $k_A$.

**Três reagentes A, B e C com $C_{A0} \neq C_{B0} \neq C_{C0}$:**

Para esse caso, tem-se:

Equação estequiométrica: A + B + C → produtos

Equação cinética:

$$\left(-R_A\right) = -\frac{dC_A}{dt} = C_{A0}\frac{dX_A}{dt} = k_A C_A C_B C_C \tag{4.45}$$

A Equação (4.45) mostra que a velocidade de consumo de A varia com a primeira potência das concentrações dos reagentes A, B e C para $k_A$ constante. Nesse caso, de acordo com a Equação (3.10), as constantes de velocidade de consumo $k_A$, $k_B$ e $k_C$ e a constante de velocidade k são iguais entre si, $k_A = k_B = k_C = k$, sendo indiferente usar qualquer uma delas.

Caracterização matemática de reações elementares **155**

Para resolver a Equação (4.45) é necessário expressar $C_B$ e $C_C$ em função de $C_A$, o que é feito a partir da Equação (2.34), ou seja:

$$C_B = C_{B0} + \frac{-1}{-1}(C_A - C_{A0}) = C_{B0} + C_A - C_{A0} \tag{4.46}$$

$$C_C = C_{C0} + \frac{-1}{-1}(C_A - C_{A0}) = C_{C0} + C_A - C_{A0} \tag{4.47}$$

Substituindo-se as Equações (4.46) e (4.47) na Equação (4.45), separando as variáveis e integrando, tem-se:

$$-\int_{C_{A0}}^{C_A} \frac{dC_A}{C_A\left(C_{B0} + C_A - C_{A0}\right)\left(C_{C0} + C_A - C_{A0}\right)} = k\int_0^t dt = kt \tag{4.48}$$

A integral do primeiro membro da Equação (4.48) pode ser resolvida pela decomposição do denominador em frações parciais para gerar integrais mais simples.

$$-\frac{1}{C_A\left(C_{B0} + C_A - C_{A0}\right)\left(C_{C0} + C_A - C_{A0}\right)} =$$

$$\frac{p}{C_A} + \frac{q}{\left(C_{B0} + C_A - C_{A0}\right)} + \frac{r}{\left(C_{C0} + C_A - C_{A0}\right)} \tag{4.49}$$

onde p, q e r são constantes a serem determinadas a partir do princípio da identidade de polinômios, como foi feito para a Equação (4.14).

$$p = \frac{-1}{\left(C_{B0} - C_{A0}\right)\left(C_{C0} - C_{A0}\right)}$$

$$q = \frac{-1}{\left(C_{B0} - C_{A0}\right)\left(C_{B0} - C_{C0}\right)}$$

$$r = \frac{-1}{\left(C_{B0} - C_{C0}\right)\left(C_{C0} - C_{A0}\right)}$$

Substituindo-se os valores de p, q e r na Equação (4.49) e o resultado na Equação (4.48), obtêm-se integrais que podem ser resolvidas por meio do modelo apresentado na Equação (4.6), ou seja:

$$\frac{1}{\left(C_{B0}-C_{A0}\right)\left(C_{C0}-C_{A0}\right)}\ln\frac{C_{A0}}{C_A}+\frac{1}{\left(C_{A0}-C_{B0}\right)\left(C_{C0}-C_{B0}\right)}\ln\frac{C_{B0}}{C_B}+$$

$$\frac{1}{\left(C_{A0}-C_{C0}\right)\left(C_{B0}-C_{C0}\right)}\ln\frac{C_{C0}}{C_C}=kt \qquad (4.50)$$

Substituindo-se as expressões de $C_B$ e $C_C$ dadas pelas Equações (4.46) e (4.47), respectivamente, na Equação (4.50), obtém-se uma equação que fornece a variação da concentração $C_A$ em função do tempo de reação.

Como exemplo de reação de terceira ordem, tem-se a reação de oxidação do monóxido de nitrogênio.

$$2NO(g)+O_2(g) \rightarrow 2NO_2(g)$$

$$r = k\left(C_{NO}\right)^2 C_{O_2}$$

Como se pode observar pela equação cinética, a reação é de segunda ordem em relação ao NO, de primeira ordem em relação ao $O_2$ e de terceira ordem global.

### 4.1.5  Reações irreversíveis de ordem genérica n

Foram estudadas diferentes situações, mas ainda assim é interessante apresentar e discutir o caso de reações de ordem genérica n, pois reações de ordem fracionária são bem comuns.

Equação estequiométrica: $nA \rightarrow$ produtos

Equação cinética:

$$\left(-R_A\right)=-\frac{dC_A}{dt}=C_{A0}\frac{dX_A}{dt}=k_A C_A^n \qquad (4.51)$$

Para resolver a Equação (4.51), é preciso separar as variáveis e usar o modelo apresentado na Equação (4.26) para fazer a integração do primeiro membro da equação obtida, ou seja:

$$-\int_{C_{A0}}^{C_A} \frac{dC_A}{C_A^n} = \int_0^t k_A\, dt = k_A t$$

$$C_A^{1-n} - C_{A0}^{1-n} = (n-1)k_A t \qquad (n \neq 1) \tag{4.52}$$

Substituindo-se a relação $C_A = C_{A0}(1 - X_A)$ obtida da Equação (2.28) na Equação (4.52), obtém-se uma expressão que fornece a variação da conversão fracional $X_A$ em função do tempo de reação.

$$\left[(1 - X_A)^{1-n} - 1\right] = C_{A0}^{n-1}(n-1)k_A t \qquad (n \neq 1) \tag{4.53}$$

As Equações (4.52) e (4.53) são expressões genéricas que podem ser aplicadas a qualquer reação do tipo genérico $nA \rightarrow$ produtos, com $n \neq 1$.

## 4.2 Reações irreversíveis em reatores de volume variável

A variação de volume normalmente ocorre em reações gasosas conduzidas em um sistema aberto, como é o caso de reatores contínuos, em que a soma dos números de mols de reagentes e produtos são diferentes. Tal variação de volume também pode ocorrer em sistemas fechados, como um reator batelada, caso ele seja fabricado de forma que seu volume possa se expandir ou ser contraído livremente.

Para caracterizar matematicamente essas reações, deve-se levar em conta a variação do volume da mistura reacional com o avanço da reação, como foi discutido no item 2.11, e apresentado, de forma simplificada, na Equação (2.49) para reatores descontínuos.

Assim como foi feito para os sistemas de volume constante, a seguir são apresentados, para alguns casos mais comuns, o procedimento para obter equações cinéticas e suas integrações, que visam às expressões que representam a concentração ou a conversão fracional em função do tempo.

### 4.2.1 Reações gasosas irreversíveis de ordem zero

Para obter a equação cinética de uma reação irreversível de ordem zero a volume variável, combinam-se as Equações (3.9) e (3.13).

$$(-R_A) = \frac{C_{A0}}{(1+\epsilon_A X_A)}\frac{dX_A}{dt} = k \tag{4.54}$$

Integrando-se a Equação (4.54), tem-se:

$$\int_0^{X_A} \frac{dX_A}{1+\epsilon_A X_A} = \frac{k}{C_{A0}}t \tag{4.55}$$

A integral do primeiro membro da Equação (4.55) é resolvida pela aplicação do modelo da Equação (4.6), para o qual se tem: $a = \epsilon_A$, $b = 1$, $x_1 = 0$ e $x_2 = X_A$. Levando-se em conta a relação $(1 + \epsilon_A X_A) = V/V_0$ obtida da Equação (2.49), o resultado da integração da Equação (4.55) é:

$$\ln(1+\epsilon_A X_A) = \ln\frac{V}{V_0} = \left(\frac{\epsilon_A k}{C_{A0}}\right)t \tag{4.56}$$

A partir da Equação (4.56), tem-se:

$$X_A = \frac{1}{\epsilon_A}\left[1 - \exp\left(\frac{\epsilon_A k}{C_{A0}}t\right)\right] \tag{4.57}$$

$$V = V_0 \exp\left(\frac{\epsilon_A k}{C_{A0}}t\right) \tag{4.58}$$

As Equações (4.57) e (4.58) representam, respectivamente, a variação da conversão fracional $X_A$ e do volume da mistura reacional V em função do tempo de reação. Ambas as equações dependem do valor do fator $\epsilon_A$; se houver uma expansão de volume, tem-se $\epsilon_A > 0$ e se houver uma contração, $\epsilon_A < 0$.

Ao alocar em um gráfico $\ln(1 + \epsilon_A X_A) = f(t)$, para valores $\epsilon_A > 0$, obtém-se uma reta que passa pela origem e tem coeficiente angular igual a $k\epsilon_A/C_{A0}$. Para valores de $\epsilon_A < 0$, o resultado também é uma reta de mesmo coeficiente angular, porém ela está no quarto quadrante (Figura 4.6).

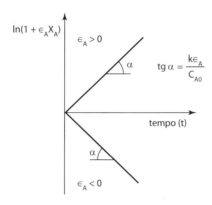

**Figura 4.6** – $[\ln(1 + \epsilon_A X_A)] = f(t)$, reação gasosa irreversível de ordem zero.

### 4.2.2 Reações gasosas irreversíveis de primeira ordem

Para obter a equação cinética de uma reação irreversível de primeira ordem de volume variável, segue-se o mesmo procedimento do caso anterior, ou seja, combinam-se as Equações (3.10) e (3.14).

$$(-R_A) = \frac{C_{A0}}{(1+\epsilon_A X_A)} \frac{dX_A}{dt} = kC_A \qquad (4.59)$$

Para realizar a integração da Equação (4.59) e obter $X_A = f(t)$, pode-se usar a Equação (2.51), que fornece $C_A = f(X_A)$ para uma operação isotérmica ($T = T_0$) à pressão constante ($P = P_0$).

$$\frac{C_{A0}}{(1+\epsilon_A X_A)} \frac{dX_A}{dt} = kC_{A0} \frac{(1-X_A)}{(1+\epsilon_A X_A)}$$

$$\frac{dX_A}{dt} = k(1-X_A) \qquad (4.60)$$

A Equação (4.60) é idêntica àquela obtida para uma reação de primeira ordem conduzida em um sistema de volume constante. Portanto, sua integração fornece o mesmo resultado já apresentado na Equação (4.8). Ressalta-se que esse é o único exemplo em que as equações de um sistema de volume constante são aplicáveis ao sistema de volume variável.

Nesse caso, por se tratar de volume variável, pode-se usar a Equação (2.49) para que a variação do volume ao longo do tempo de reação seja obtida.

$$V = V_0 \left( 1 + \in_A X_A \right) \Rightarrow X_A = \frac{V - V_0}{\in_A V_0} = \frac{\Delta V}{\in_A V_0} \tag{4.61}$$

$$\ln \left( 1 - X_A \right) = \ln \left( 1 - \frac{\Delta V}{\in_A V_0} \right) = -kt$$

$$\Delta V = \in_A V_0 \left[ 1 - \exp(-kt) \right] \tag{4.62}$$

A Equação (4.62) fornece a variação de volume em função do tempo de reação para dado valor de $\in_A$ para uma reação gasosa irreversível de primeira ordem, conduzida em um sistema de volume variável.

### 4.2.3 Reações gasosas irreversíveis de segunda ordem

Para as reações gasosas irreversíveis de segunda ordem, também são tratados separadamente os dois tipos principais apresentados no item 4.1.3.

**Tipo I (M ≠ 1):**

Esse é o caso geral em que os reagentes não estão inicialmente em quantidades equimolares, ou seja, $n_{A0} \neq n_{B0}$. Para esse caso, a equação cinética pode ser obtida pela combinação das Equações (3.10) e (3.14).

$$\left( -R_A \right) = -\frac{1}{V} \frac{dn_A}{dt} = \frac{C_{A0}}{\left( 1 + \in_A X_A \right)} \frac{dX_A}{dt} = kC_A C_B \tag{4.63}$$

Para resolver a Equação (4.63), é necessário expressar $C_A$ e $C_B$ em função de $X_A$. Para um reator batelada, em operação isotérmica ($T = T_0$) e pressão constante ($P = P_0$), isso é feito a partir da Equação (2.50).

$$C_A = \frac{n_A}{V} = \frac{C_{A0}\left(n_{A0}/n_{A0} - \nu_A/\nu_A X_A\right)}{\left(1 + \in_A X_A\right)} = \frac{C_{A0}\left(1 - X_A\right)}{\left(1 + \in_A X_A\right)} \tag{4.64}$$

$$C_B = \frac{n_B}{V} = \frac{C_{A0}\left[n_{B0}/n_{A0} - (-1/-1)X_A\right]}{\left(1 + \in_A X_A\right)} = \frac{C_{A0}\left(M - X_A\right)}{\left(1 + \in_A X_A\right)} \tag{4.65}$$

Nesse caso, $M = n_{B0}/n_{A0}$. Substituindo-se $C_A$ e $C_B$ dadas pelas Equações (4.64) e (4.65) na Equação (4.63), tem-se:

$$\frac{C_{A0}}{\left(1 + \in_A X_A\right)} \frac{dX_A}{dt} = kC_{A0}^2 \frac{\left(1 - X_A\right)\left(M - X_A\right)}{\left(1 + \in_A X_A\right)^2}$$

$$\frac{dX_A}{dt} = kC_{A0} \frac{\left(1 - X_A\right)\left(M - X_A\right)}{\left(1 + \in_A X_A\right)} \tag{4.66}$$

Para realizar a integração da Equação (4.66), segue-se o mesmo procedimento de casos anteriores, obtendo-se integrais mais simples por meio da separação em frações parciais, ou seja:

$$\frac{\left(1 + \in_A X_A\right)}{\left(1 - X_A\right)\left(M - X_A\right)} = \frac{p}{\left(1 - X_A\right)} + \frac{q}{\left(M - X_A\right)}$$

$$p = \frac{1 + \in_A}{M - 1} \qquad e \qquad q = \frac{1 + M \in_A}{1 - M}$$

$$\left(\frac{1 + \in_A}{M - 1}\right) \int_0^{X_A} \frac{dX_A}{1 - X_A} + \left(\frac{1 + M \in_A}{1 - M}\right) \int_0^{X_A} \frac{dX_A}{M - X_A} = kC_{A0}t \tag{4.67}$$

As duas integrais do primeiro membro da Equação (4.67) são resolvidas pela aplicação do modelo de integração apresentado na Equação (4.6).

$$\ln\frac{(M-X_A)}{M(1-X_A)}+M\in_A\ln\frac{(M-X_A)}{M}-\ln(1-X_A)=(M-1)kC_{A0}t \qquad (4.68)$$

**Tipo I (M = 1):**

Esse é o caso em que as quantidades iniciais de A e B são iguais, ou seja, $n_{A0}=n_{B0}$, e a Equação (4.68) não pode ser usada porque, para $M=1$, resulta indeterminada. Com esse valor de M, a Equação (4.66) passa para a seguinte forma:

$$\frac{dX_A}{dt}=kC_{A0}\frac{(1-X_A)^2}{(1+\in_A X_A)} \qquad (4.69)$$

$$\int_0^{X_A}\frac{(1+\in_A X_A)dX_A}{(1-X_A)^2}=kC_{A0}t \qquad (4.70)$$

A integral do primeiro membro da Equação (4.70) é resolvida da mesma forma que casos anteriores, ou seja, é simplificada pela separação do denominador do primeiro membro em frações parciais.

$$\frac{(1+\in_A X_A)}{(1-X_A)^2}=\frac{p}{(1-X_A)}+\frac{q}{(1-X_A)^2}$$

$$p=\in_A \qquad e \qquad q=1+\in_A$$

$$\int_0^{X_A}\frac{\in_A dX_A}{1-X_A}+\int_0^{X_A}\frac{(1+\in_A)dX_A}{(1-X_A)^2}=kC_{A0}t \qquad (4.71)$$

A primeira integral do primeiro membro da Equação (4.71) é resolvida pelo modelo da Equação (4.6), e a segunda, pela utilização do seguinte modelo:

Caracterização matemática de reações elementares **163**

$$\int_{x_1}^{x_2} \frac{dx}{(ax+b)^2} = -\left[ \frac{1}{a(ax_2+b)} - \frac{1}{a(ax_1+b)} \right] \tag{4.72}$$

Realizando-se essas operações matemáticas, obtém-se o seguinte resultado:

$$\frac{(1+\in_A)X_A}{1-X_A} + \in_A \ln(1-X_A) = kC_{A0}t \tag{4.73}$$

**Tipo II:**

Esse tipo de reação gasosa irreversível de segunda ordem envolve um único reagente e pode ser representado pela equação estequiométrica $2A \to$ produtos. A equação cinética que caracteriza esse tipo de reação é obtida pela combinação das Equações (3.10) e (3.14).

$$(-R_A) = -\frac{1}{V}\frac{dn_A}{dt} = \frac{C_{A0}}{(1+\in_A X_A)}\frac{dX_A}{dt} = k_A C_A^2 \tag{4.74}$$

Ao substituir $C_A$ da Equação (4.64) na Equação (4.74), tem-se:

$$\frac{dX_A}{dt} = k_A C_{A0}\frac{(1-X_A)^2}{(1+\in_A X_A)} \tag{4.75}$$

A Equação (4.75) é quase idêntica à Equação (4.69), exceto no tipo de constante de velocidade. Portanto, a solução é a mesma e o resultado é:

$$\frac{(1+\in_A)X_A}{1-X_A} + \in_A \ln(1-X_A) = k_A C_{A0}t \tag{4.76}$$

Ressalta-se que se pode usar k no lugar de $k_A$, mas é preciso levar em conta que pela estequiometria da reação $k_A = 2k$.

### 4.2.4 Reações gasosas irreversíveis de ordem genérica n

Uma reação gasosa de ordem genérica n pode ser representada por $nA \to$ produtos e sua equação cinética é obtida pela combinação das Equações (3.10) e (3.14).

$$(-R_A) = \frac{C_{A0}}{(1 + \epsilon_A X_A)} \frac{dX_A}{dt} = k_A C_A^n \tag{4.77}$$

Ao substituir $C_A$ da Equação (4.51) na Equação (4.77), tem-se:

$$\frac{C_{A0}}{(1 + \epsilon_A X_A)} \frac{dX_A}{dt} = k_A C_{A0}^n \frac{(1 - X_A)^n}{(1 + \epsilon_A X_A)^n} \tag{4.78}$$

$$\int_0^{X_A} \frac{(1 + \epsilon_A X_A)^{n-1} dX_A}{(1 - X_A)^n} = k_A C_{A0}^{n-1} t \tag{4.79}$$

De acordo com o valor n, pode-se realizar a integração da Equação (4.79) para obter $X_A = f(t)$ para determinado valor de $\epsilon_A$.

## Referências

GREEN, D. W.; PERRY, R. H. **Perry's chemical engineers' handbook**. 8. ed. New York: McGraw-Hill Co., 2008.

HOFFMAN, J. D. **Numerical methods for engineers and scientists**. 2. ed. New York: Marcel Dekker Inc., 2001. 840 p.

HOUSE, J. E. **Principles of chemical kinetics**. 2. ed. San Diego: Academic Press/Elsevier, 2007. 336 p.

LAIDLER, K. J. **Chemical kinetics**. 3. ed. New Jersey: Prentice Hall, 1987. 531 p.

LEVENSPIEL, O. **Chemical reaction engineering**. 4. ed. New York: John Wiley & Sons, 1999. 688 p.

RICE, G. R.; DO, D. D. **Applied mathematics and modeling for chemical engineers**. New York: John Wiley & Sons, 1995. 706 p.

SILVEIRA, B. I. **Cinética química das reações homogêneas**. São Paulo: Blucher, 1996. 172 p.

TALLARIDA, R. J. **Pocket book of integrals and mathematical formulas**. 4. ed. Boca Raton: Chapman & Hall/CRC, 2008. 288 p.

WRIGHT, M. R. **An introduction to chemical kinetics**. West Sussex: John Wiley & Sons Ltd., 2004. 462 p.

# CAPÍTULO 5

# OBTENÇÃO E ANÁLISE CINÉTICA DE DADOS EXPERIMENTAIS

Dados experimentais de reações químicas são obtidos por meio de ensaios conduzidos em um recipiente denominado reator químico, em diferentes condições operacionais. Há uma grande variedade de tipos e configurações de reatores em que se pode realizar experimentos de laboratório e obter dados cinéticos. Entre os critérios de escolha de um ou outro tipo de reator, estão os custos e a simplicidade operacional durante o curso da reação.

Em um experimento, o avanço da reação ao longo do tempo é acompanhado pela avaliação qualitativa e quantitativa dos componentes da mistura reacional, reagentes, produtos e intermediários de reação. Uma vez disponíveis, realiza-se uma análise cinética dos dados experimentais, na qual se determinam, principalmente, a velocidade de reação, as constantes de velocidade, a energia de ativação e a ordem de reação. Essas quantidades cinéticas podem ser usadas para desenvolver a lei de velocidade e um mecanismo para a reação estudada.

Há diferentes métodos experimentais para monitorar uma reação. Em grande parte, a escolha de um ou outro método está relacionada à velocidade da reação. Reações com velocidade baixa ou moderada são acompanhadas com técnicas convencionais, mas para as reações rápidas são necessárias técnicas específicas.

Também há diferentes métodos para avaliar a composição da mistura reacional, acompanhar o avanço da reação e realizar a análise cinética. Não é possível nem se tem a intenção de tratar de todos os métodos envolvidos em todas as etapas de um estudo cinético.

Neste capítulo, são decritos três tipos básicos de reatores experimentais: tanque descontínuo, tanque contínuo e tubular contínuo; descreve-se também os reatores ideais. Apresentam-se considerações gerais sobre a aquisição de dados experimentais e métodos convencionais para acompanhar e determinar a velocidade de reação. Finalmente, expõem-se os procedimentos usados para a determinação de parâmetros cinéticos por meio dos seguintes métodos: diretos, integral, diferencial, isolamento, velocidades iniciais, meias-vidas e mínimos quadrados.

## 5.1 Reatores experimentais

Na realização de experimentos com reações homogêneas, são usados três tipos básicos de reatores: tanque descontínuo, ou batelada; tanque agitado contínuo e tubular contínuo. A escolha de um ou outro tipo de reator depende das condições reacionais, da disponibilidade de equipamentos e de interesses específicos.

O conhecimento do reator químico e a habilidade em seu manejo são decisivos para obter dados cinéticos experimentais de qualidade e sucesso com os resultados. Durante a realização de experimentos, em geral, são admitidas como válidas algumas hipóteses simplificadoras do comportamento do fluido reacional no interior do equipamento, que resultam os reatores ideais. A seguir, nos subitens de 5.1.1 a 5.1.3, faz-se uma breve descrição de cada um dos três tipos de reatores e no subitem 5.1.4 são descritos os reatores ideais.

### 5.1.1 Reator descontínuo ou batelada

*Reator descontínuo* ou *batelada*, conhecido como BR (do inglês *batch reactor*), é um tanque com operação descontínua e conteúdo reacional, geralmente, agitado durante todo o tempo que a reação está sendo conduzida. Em razão de sua simplicidade operacional, são muito usados para ensaios de laboratório, de onde, frequentemente, faz-se a mudança de escala.

Um reator batelada em operação recebe todos os reagentes, qualquer substância adicional como catalisador e outras substâncias no início da operação; o tanque é fechado e a mistura reacional permanece em condições operacionais fixas por um tempo de reação bem definido, durante o qual os produtos são formados e, no final, removidos. No curso desse processo, a composição do conteúdo reacional varia continuamente, isto é, o reator opera em estado transiente ou não estacionário.

O volume ou a densidade de cada batelada pode variar ou não à medida que a reação avança. Se o reator estiver operando com uma mistura reacional líquida, pode-se assumir que a massa por unidade de volume, ou seja, a densidade do material, permaneça constante, mas se for uma mistura gasosa ou se houver geração de vapor durante a reação, esse poderá não ser o caso.

Normalmente, esses reatores são fabricados em forma de tanque cilíndrico; na instalação são orientados verticalmente e, ao serem carregados com misturas reacionais líquidas, a altura do líquido é, aproximadamente, igual ao diâmetro. Para favorecer a mistura dos componentes da reação, o tanque cilíndrico deve ter o fundo arredondado. Em razão dos fortes efeitos térmicos de algumas reações, normalmente, são equipados com sistemas de troca térmica, camisas, serpentinas ou tubos internos para circulação de fluidos que podem fornecer ou remover energia do sistema reacional. Geralmente, esses reatores são construídos com material resistente à maioria dos líquidos corrosivos. Isso os torna flexíveis para diferentes finalidades.

Quando comparados com os reatores contínuos, os reatores descontínuos (BR) têm duas vantagens: viabilizam altas conversões através de longos tempos de reação e são versáteis, podendo ser usados para diferentes finalidades. No entanto, têm a desvantagem de depender de amostragens feitas diretamente do conteúdo de reação. Além disso, o controle e a regulagem de um processo transiente requerem grandes esforços e considerável instrumentação. Quando o interesse é o estudo de mecanismos de reação, podem ser necessários dados de velocidades em conversões muito baixas, e isso é mais facilmente obtido em reator batelada que em reatores contínuos.

A Figura 5.1 apresenta um desenho simplificado de um reator batelada. O sistema de troca térmica mostrado na Figura 5.1, uma camisa por onde pode circular um fluido térmico, é apenas uma das formas usadas para adicionar ou remover energia da mistura reacional. Pode-se montar uma serpentina tubular dentro da própria mistura reacional ou pelas paredes do vaso, ou ainda fornecer o calor por meio de um banco de resistências elétricas ou fogo direto.

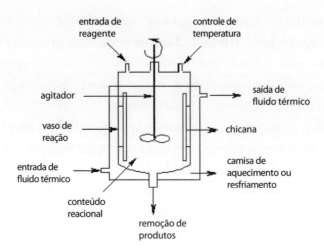

**Figura 5.1** – Esboço de um reator batelada.

O sistema de agitação, cuja finalidade é promover a homogeneização da mistura em termos de concentração dos diferentes componentes da reação e da temperatura, é constituído de um motor, que não está mostrado na Figura 5.1, de um ou mais conjuntos de palhetas e de um eixo que transfere o torque do motor às palhetas e ao fluido.

As chicanas ou defletores são placas instaladas na parede do vaso para ajudar o sistema de agitação a misturar o fluido. Há diferentes tipos de agitadores e a escolha do tipo, uso de chicanas, velocidade e outras características importantes estão relacionadas, principalmente, com a viscosidade e o estado físico de reagentes e produtos.

Um bom projeto do sistema de agitação é essencial para proporcionar uma mistura eficiente.

### 5.1.2 Reator tanque contínuo

*Reator tanque contínuo*, conhecido como CSTR (do inglês *continuous stirred tank reactor*), é um equipamento em forma de tanque com operação contínua, no qual, durante a realização de uma reação química, ocorrem adição e remoção contínua de matéria simultaneamente ao reator. Seu conteúdo reacional é agitado durante todo o tempo que a reação está sendo conduzida; a massa não é necessariamente fixa, a densidade pode não ser constante, ou seja, a densidade da corrente de entrada pode ser diferente da densidade da corrente de saída e o sistema pode funcionar tanto em estado estacionário como não estacionário ou transiente.

As características físicas e de transferência de calor de um reator CSTR são semelhantes às de um reator BR, já que o CSTR também tem forma de tanque. Porém, deve ter um sistema de alimentação e remoção de material de forma contínua.

Os reatores CSTRs são equipamentos próprios para a condução de reações em fase líquida, em médias e baixas pressões e com altos tempos de residência. Também conduz reações com fluidos viscosos, por exemplo, reações de polimerização, isso porque são facilmente acessados para limpeza e outras atividades operacionais.

Embora sejam tanques, por operarem de forma contínua, são preferidos no lugar de reatores batelada, pois a manutenção da temperatura constante é mais fácil. Isso ocorre porque, sendo a velocidade de reação função da concentração e da temperatura, para reações com altos efeitos térmicos, quanto maior a velocidade, maior o nível de conversão por unidade de volume e maior a dificuldade em distribuir uniformemente o calor no conteúdo do reator. O que ocorre em um reator CSTR é que a reação é realizada em níveis de concentração média bem inferiores aos praticados em reatores BR; além disso, o fluxo contínuo ajuda na introdução e na remoção de energia do sistema reacional. Outra vantagem sobre o reator batelada é vista no processo de amostragem, em que amostras podem ser retiradas da corrente de saída, e não do conteúdo do reator. A desvantagem é que um experimento realizado em um CSTR fornece apenas informações sobre um único nível de conversão, enquanto um experimento realizado em um BR fornece dados de toda a abrangência da conversão.

A Figura 5.2 apresenta um esboço de um reator CSTR individual.

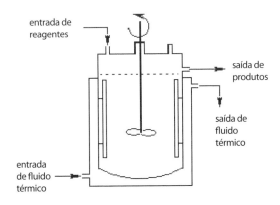

**Figura 5.2** – Esboço de um reator CSTR individual.

### 5.1.3 Reator tubular contínuo

*Reatores tubulares* são reatores que têm forma de tubos pelos quais entram reagentes por uma extremidade, escoam, reagem e, transformados em produtos, saem pela outra extremidade. A massa no interior do reator não é necessariamente fixa, a densidade da mistura reacional pode variar na direção do fluxo, o sistema pode funcionar em estado estacionário e não estacionário e a adição ou remoção de calor ao conteúdo reacional pode ser feita pelas paredes do tubo. Portanto, os reatores tubulares contínuos, por trocarem massa com o meio externo, são sistemas abertos e podem funcionar em operação isotérmica e não isotérmica.

Para sistemas homogêneos, há dois tipos básicos de reatores tubulares: um com tubo simples (Figura 5.3); outro com tubo e casco (Figura 5.4).

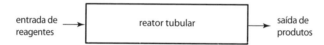

**Figura 5.3** – Esboço de um reator tubular com tubo simples.

Os reatores tubulares simples, apesar de serem de fácil fabricação e montagem, só são convenientes quando a reação apresenta pequenos efeitos térmicos, não sendo necessário aquecimento ou resfriamento da mistura reacional, pois esses reatores apresentam baixa relação entre a área de troca térmica e o volume reacional. Já os reatores tubulares com casco apresentam relação entre a área de troca térmica e o volume bem superior à relação nos tubos simples, por isso são mais usados em reações com altos efeitos térmicos.

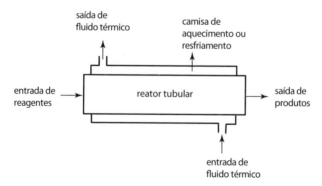

**Figura 5.4** – Esboço de um reator tubular com tubo e casco.

Obtenção e análise cinética de dados experimentais

### 5.1.4 Reatores ideais

*Reatores ideais* são aqueles projetados ou analisados com base nos modelos ideais. Um modelo de reator é uma representação ou interpretação simplificada de um reator real, que facilita e direciona uma compreensão e uma visualização dos fenômenos observados em seu conteúdo durante a reação.

*Reator batelada ideal* é aquele cujo conteúdo reacional é uniforme em termos de composição e temperatura. Isso quer dizer que, em certo momento, a concentração de um reagente ou produto e a temperatura apresentam os mesmos valores em todos os pontos do conteúdo reacional do reator. Como a velocidade de reação depende da temperatura e da composição, então, em dado momento, a velocidade de consumo ou formação de certo componente é a mesma em todos os pontos dentro do reator, ou seja, a velocidade independe de seu volume.

Durante a execução de um experimento, deve-se promover a mistura dos reagentes e, à medida que os produtos vão sendo formados, eles também devem ser misturados aos demais componentes. Portanto, o sistema de agitação deve ser altamente eficiente para atingir a uniformidade de composição em todo o conteúdo do reator, como é imaginado pelo modelo ideal.

Se a reação tiver efeitos térmicos elevados, ou seja, liberar ou absorver grandes quantidades de energia, além de um sistema de agitação eficiente, é preciso ter um sistema de troca térmica também eficiente para fornecer (no caso de reações endotérmicas) ou remover (no caso de reações exotérmicas) a energia necessária para manter a temperatura constante durante todo o experimento. Não é por acaso que, na operação de um reator batelada experimental, o fornecimento ou a remoção da quantidade de calor adequada para manter a temperatura de reação constante constitui um dos principais problemas.

*Reator CSTR ideal*, também denominado *reator de mistura completa*, é aquele no qual a agitação é tão eficiente que a concentração de um reagente ou produto e a temperatura tem os mesmos valores em todos os pontos do conteúdo reacional do reator. A velocidade de reação depende da temperatura e da composição e estas, para um CSTR ideal, não dependem do volume; consequentemente, como ocorre no reator BR ideal, seu valor é o mesmo em todos os pontos do conteúdo reacional do reator. Sendo uma operação contínua, a velocidade de reação, além de ser a mesma em todos os pontos dentro do reator, também é igual à velocidade na saída dele.

Essa homogeneidade da mistura reacional pode ser conseguida com um sistema de agitação altamente eficiente e com fluidos de viscosidade relativamente baixa. Em geral, os experimentos realizados em um reator CSTR são baseados nesse modelo de escoamento ideal, mas, se a viscosidade da mistura for elevada ou se o sistema de agitação for ineficiente, surgem gradientes de concentração e de temperatura dentro do reator e o comportamento do conteúdo do reator desvia do modelo ideal.

*Reator tubular ideal*, conhecido como PFR (do inglês *piston flow reactor* ou *plug flow reactor*), é aquele reator cuja operação é realizada com base na hipótese de escoamento ideal da mistura reacional pelo tubo.

Um modelo ideal de reator tubular (PFR) deve apresentar as seguintes características:

- a velocidade axial é independente do raio e da posição radial, mas pode ser função do comprimento do tubo;
- há uma mistura completa em dada seção transversal do tubo, de tal forma que as propriedades do fluido reagente, como a concentração, podem variar continuamente apenas na direção axial. A velocidade linear da mistura reacional é a mesma em todos os pontos de dada seção transversal perpendicular à direção do fluxo;
- a vazão volumétrica pode variar na direção do fluxo, em razão da variação da densidade;
- não há qualquer mistura na direção axial;
- todos os elementos de fluido têm o mesmo tempo de residência.

Portanto, o reator tubular ideal (PFR) é aquele em que os elementos do fluido entram e se movem ao longo do tubo como um pistão de material que preenche completamente a seção transversal do reator. O conteúdo de um pistão elemental de fluido reacional dentro do reator apresenta composição e temperatura uniformes.

Em geral, em estudos cinéticos, admite-se a hipótese de idealidade; ressalta-se, no entanto, que atingir esse comportamento nem sempre é uma tarefa fácil. No caso do reator batelada e do CSTR, as dificuldades podem surgir quando a viscosidade da mistura reacional é elevada, como ocorre com reações de polimerização, cuja viscosidade aumenta à medida que a reação avança. Já no caso do reator PFR, escoamentos em regime laminar provocam desvios consideráveis das hipóteses apresentadas.

## 5.2 Considerações gerais sobre a aquisição de dados cinéticos

Tendo em vista que o reator descontínuo ou batelada é aquele mais amplamente usado em experimentos com reações homogêneas, as considerações gerais que são feitas dizem respeito a esse tipo de reator.

A execução de um experimento envolve diversas etapas. A seguir, são apresentados comentários sobre algumas delas.

*Iniciação da reação*: a agitação da mistura reacional que conduz à uniformização da composição e da temperatura não é suficiente para iniciar uma reação. Em geral, usa-se a iniciação térmica, mas há casos em que se usa a iniciação fotoquímica. Na iniciação térmica, mantendo-se a agitação da mistura, eleva-se a temperatura para aumentar a energia cinética das moléculas reagentes até atingir a energia mínima necessária para que o choque entre elas seja efetivo e gere os produtos. Na iniciação fotoquímica, a energia mínima, ou energia de ativação, é obtida pelo acúmulo de radiação.

*Detecção, identificação e avaliação*: uma vez iniciada a reação, começa a formação de outras espécies químicas, produtos, intermediários de reação etc. Para detectar, identificar e avaliar as concentrações de todas as espécies químicas presentes na mistura reacional, são usadas três técnicas principais: cromatográficas, eletroquímicas e espectroscópicas, embora exista uma grande variedade de outras técnicas disponíveis (WRIGHT, 2004; VAZ-JÚNIOR, 2010).

*Medidas e controle da temperatura*: durante a reação, é necessário não só medir, mas também controlar a temperatura. Para medir, há diferentes instrumentos, como o termômetro comum, termômetros de resistência, termopares etc. O controle, para reações em fase líquida, pode ser feito por meio de banhos termostatizados, os quais usam líquidos como a água para reações conduzidas em temperaturas abaixo de 80 °C ou fluidos térmicos como óleos especiais para reações com temperaturas acima desse valor. As reações químicas são muito sensíveis à variação de temperatura, por isso devem ser estudadas em temperatura constante, com controle exato em torno de 0,01 °C ou, de preferência, valores mais precisos. Os reagentes devem ser colocados na temperatura do experimento muito rapidamente, quando se inicia a contagem de tempo. Nesse tempo não deve ocorrer qualquer reação.

*Medidas e controle de pressão*: essa variável adquire maior importância quando se está trabalhando com misturas reacionais gasosas, pois os líquidos são praticamente incompressíveis. A pressão pode ser expressa como pressão absoluta e como pressão relativa ou manométrica; o tipo de instrumento usado na medição é que determina a forma de pressão avaliada.

A medida de pressão pode ser feita por meio de diferentes métodos, entre eles os métodos do elemento elástico, de coluna de líquidos e elétricos. Por exemplo, um manômetro, instrumento que usa o método elástico, com uma de suas extremidades aberta, mede a pressão manométrica ($P_{man}$), pois a referência, na extremidade aberta, é a pressão atmosférica ($P_{atm}$). Mas, se essa extremidade for fechada e se for criado um vácuo, a medida de pressão será contra o vácuo total ou contra a ausência de pressão; a pressão medida nessas condições é a pressão absoluta ($P_{abs}$), que é a pressão total em um ponto qualquer no interior de um fluido, e a pressão manométrica é a pressão medida quando se toma como referência a pressão atmosférica, que indica o quanto a pressão, nesse ponto, é maior que a pressão atmosférica.

*Medidas de tempo*: o início da reação deve ser definido de forma precisa e com exatidão. Para reações com velocidades convencionais, um cronômetro é adequado para acompanhar a reação, mas para reações rápidas ou muito rápidas deve-se utilizar dispositivos eletrônicos, os quais podem medir intervalos de até $10^{-12}$ s.

*Nível de agitação*: quando se realiza um experimento em reator batelada, supõe-se comportamento ideal, ou seja, conteúdo reacional do reator completamente misturado. Isso nem sempre ocorre, especialmente quando há algum grau de imiscibilidade entre os reagentes. Nesses casos, pode ser necessário avaliar a influência da velocidade do agitador sobre o avanço da reação.

*Amostragem e análise*: durante a amostragem, o sistema reacional não deve ser perturbado a ponto de afetar o progresso da reação. A porção retirada deve ser representativa do sistema no momento em que foi colhida para ser analisada. O método de análise deve ser muito mais rápido que a reação, tal que virtualmente nenhuma reação ocorra durante o período de determinação da concentração.

*Planejamento experimental*: o planejamento experimental é uma ferramenta importante para a obtenção e a análise de dados experimentais e sua aplicação

Obtenção e análise cinética de dados experimentais

reduz tempo e custos. Em um experimento para a aquisição de dados cinéticos, trabalha-se com diferentes variáveis, temperatura, concentração, pressão, densidade, viscosidade, nível de agitação, tipo de catalisador. No planejamento experimental, é preciso identificar as variáveis dependentes e independentes que são mais importantes e que devem ser levadas em conta na execução dos experimentos (MONTGOMERY, 1991).

## 5.3 Métodos convencionais para monitorar uma reação

Os métodos convencionais determinam diretamente a variação das concentrações de reagentes e produtos com o tempo, mas os processos de amostragem e análises são relativamente lentos, razão pela qual são usados, principalmente, para monitorar reações lentas, que demoram minutos ou horas. Para monitorar reações rápidas, reduz-se a velocidade delas pela redução da temperatura ou elas devem ser interrompidas pela adição de algum composto que reage com o reagente remanescente na amostra.

Se a reação estiver sendo conduzida em reator batelada, a concentração de um reagente A ($C_A$) diminui e a de um produto B ($C_B$) aumenta em função do tempo (Figuras 5.5a e 5.5b, respectivamente).

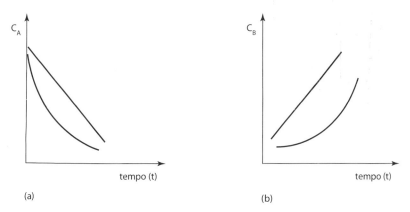

**Figura 5.5** – Gráficos lineares e não lineares de (a) $C_A = f(t)$ e (b) $C_B = f(t)$.

A reação pode ser monitorada analisando-se a concentração de reagente remanescente ou de produto que vai sendo formado na mistura reacional.

De maneira geral, os métodos convencionais para monitorar uma reação podem ser colocados em duas categorias: *químicos* e *físicos*.

### 5.3.1 Métodos químicos

Os *métodos químicos* consistem em remover uma porção do conteúdo reacional, inibir instantaneamente a reação na porção retirada, de modo que não haja formação posterior de produtos, e analisar sua composição. A inibição da reação pode ser feita pela diminuição brusca da temperatura, remoção do catalisador, adição de um inibidor etc. Por exemplo, a reação de saponificação do acetato de etila pelo hidróxido de sódio em água a 25 °C, $CH_3COOC_2H_5 + NaOH \rightarrow CH_3COONa + C_2H_5OH$, pode ser acompanhada removendo-se porções da mistura reacional, adicionando-as a uma mistura com um excesso conhecido de ácido clorídrico diluído com a finalidade de bloquear a reação e titulando-se o ácido em excesso com hidróxido de sódio.

Os métodos químicos de análise de composição mais comuns são os métodos titulométricos, que podem ser altamente precisos e, em geral, são usados para reações simples em soluções em que apenas um componente é monitorado. As reações homogêneas, tanto em fase líquida como em fase gasosa, que contêm diversos componentes, também podem ser acompanhadas pela retirada de amostras e análises por cromatografia líquida ou gasosa.

O método químico fornece valores absolutos de concentração dos diversos componentes presentes na mistura reacional, e a essência dele é a remoção de uma porção do conteúdo do reator. Ressalta-se, no entanto, que se o reator batelada for fechado, como no caso de tubos de ensaio ou bombas de reação, a conversão deve ser medida somente no final e é preciso fazer outros ensaios para avaliar a influência do tempo na conversão.

Uma grande desvantagem desses métodos químicos é que eles não fornecem informações contínuas do progresso da reação; por isso, não são adequados para estudar reações muito rápidas. Apesar de ainda serem úteis, os métodos químicos têm sido superados pelas técnicas modernas mais avançadas.

### 5.3.2 Métodos físicos

Os *métodos físicos* consistem na medição de alguma propriedade física da mistura reacional dependente da concentração durante o transcurso da reação, sem remoção de porções e sem perturbar o sistema.

Dentre os diferentes métodos utilizados, podem ser citados:

Obtenção e análise cinética de dados experimentais

- potenciometria;
- dilatometria;
- refratometria;
- espectrofotometria;
- cromatografia;
- medida de pressão ou volume;
- etc.

Nos métodos físicos, as medidas geralmente são realizadas no próprio recipiente de reação, permitindo uma avaliação contínua de seu progresso, o que é mais interessante que o método químico. Por meio desses métodos, normalmente, é mais fácil acumular dados experimentais do que por métodos químicos, sendo isso outra importante vantagem.

O grau de avanço ou a conversão fracional de uma reação pode ser determinado a partir de dados de uma propriedade física, mas é necessário que haja proporcionalidade entre a propriedade física medida e a concentração do componente que está sendo monitorado. Nesse sentido, antes que um dado método contínuo de análise seja utilizado, deve-se verificar a existência dessa proporcionalidade. As propriedades físicas mais úteis em estudos cinéticos são aquelas que são função aditiva das contribuições dos diversos componentes do sistema, sendo a contribuição de cada espécime uma função linear de sua concentração, por exemplo, pressão total, condutividade elétrica, atividade óptica etc.

## Exemplo 5.1    Monitoramento de uma reação pelo método físico.

Apresente um método físico para acompanhar a variação da concentração em função do tempo e explique as razões da escolha para as seguintes reações:

a)  $CH_3CHO(g) \rightarrow CH_4(g) + CO(g)$
b)  $NH_4^+(aq) + OCN^-(aq) \rightarrow CO(NH_2)_2(aq)$

### Solução:
Reação a): trata-se de uma reação gasosa que ocorre com aumento do número de mol, ou seja, na condição de conversão total, 1 mol de reagentes gera 2 mol de produtos.

De acordo com a equação PV = nRT, se essa reação for conduzida em um sistema aberto, o volume vai aumentar; se for em um sistema fechado, a pressão vai aumentar com o avanço da reação. Então, se for conduzida em um reator batelada de volume constante, a reação pode ser monitorada pela medida da pressão total do reator.

Reação b): trata-se de uma reação que envolve dois íons reagentes que são consumidos à medida que a reação avança, formando um produto não iônico. Assim, pode-se acompanhar a variação da concentração desses íons e, consequentemente, o avanço da reação, pelo método condutimétrico, ou seja, pela medida da condutividade da solução.

---

Ao usar um método físico, o que se obtém é a variação de uma propriedade física da mistura reacional e o que se deseja é a variação da concentração de um dos componentes que participa da reação.

Para relacionar a concentração, o grau de avanço ou a conversão fracional de uma reação com dada propriedade física ($\lambda$), considera-se que essa propriedade seja resultante das contribuições dos diversos componentes da mistura reacional.

$$\lambda = \sum_{j=1}^{n} \lambda_j \tag{5.1}$$

onde $\lambda_j$ é a contribuição do componente j, a qual deve ser uma função linear da concentração desse componente, ou seja:

$$\lambda_j = a_j + b_j C_j \tag{5.2}$$

onde $a_j$ e $b_j$ são constantes características do componente j, sendo que, normalmente, $a_j$ é igual a zero.

Por exemplo, para a reação genérica $v_A A + v_B B \rightarrow v_C C$ conduzida em um reator de volume constante, pode-se relacionar $\lambda$ com a concentração partindo-se da Equação (2.43).

$$C_j = C_{j0} + \frac{v_j}{V} \xi \tag{5.3}$$

onde $\xi$ é o grau de avanço da reação em dado tempo t.

Para essa reação, de acordo com a Equação (5.1), tem-se:

$$\lambda = \lambda_A + \lambda_B + \lambda_C + \lambda_M \tag{5.4}$$

onde $\lambda_M$ é a contribuição do solvente ou do meio no qual a reação está sendo conduzida, bem como as contribuições de qualquer espécie inerte que esteja presente. Aplicando-se a Equação (5.2) aos componentes A, B e C da reação dada e combinando-se os resultados com a Equação (5.4), obtém-se:

$$\lambda = a_A + b_A C_A + a_B + b_B C_B + a_C + b_C C_C + \lambda_M \tag{5.5}$$

A Equação (5.5) pode ser aplicada para um tempo $t = 0$, para o qual se tem $\lambda_0$, ou seja:

$$\lambda_0 = a_A + b_A C_{A0} + a_B + b_B C_{B0} + a_C + b_C C_{C0} + \lambda_M \tag{5.6}$$

Dessa forma, a variação dessa propriedade com avanço da reação é:

$$\lambda - \lambda_0 = b_A \left( C_A - C_{A0} \right) + b_B \left( C_B - C_{B0} \right) + b_C \left( C_C - C_{C0} \right) \tag{5.7}$$

Aplicando-se a Equação (5.3) a cada componente da reação dada e substituindo-se os resultados na Equação (5.7), tem-se:

$$\lambda - \lambda_0 = b_A \nu_A \frac{\xi}{V} + b_B \nu_B \frac{\xi}{V} + b_C \nu_C \frac{\xi}{V} = \frac{\xi}{V} \sum_{j=1}^{n} b_j \nu_j \tag{5.8}$$

A Equação (5.8) fornece a variação da propriedade $\lambda$ em função do grau de avanço dividido pelo volume. De maneira análoga, a variação de $\lambda$ entre o tempo infinito ($\lambda_\infty$) e o tempo zero ($\lambda_0$) é:

$$\lambda_\infty - \lambda_0 = \frac{\xi_\infty}{V} \sum_{j=1}^{n} b_j \nu_j \tag{5.9}$$

Dividindo-se a Equação (5.8) pela Equação (5.9), obtém-se:

$$\frac{\xi}{\xi_\infty} = \frac{\lambda - \lambda_0}{\lambda_\infty - \lambda_0} \qquad (5.10)$$

A Equação (5.10) fornece uma relação entre o grau de avanço da reação e a propriedade física $\lambda$. Os valores avaliados em tempo infinito podem referir-se à situação em que a reação avança até a conversão completa, no caso de reações irreversíveis, ou até o equilíbrio, no caso de reações reversíveis.

Aplicando-se a Equação (5.3) ao reagente limitante j de uma reação irreversível, para um tempo t, tem-se:

$$\frac{\xi}{V} = \frac{C_j - C_{j0}}{\nu_j} \qquad (5.11)$$

Para um tempo infinito, com avanço $\xi_\infty$, a concentração de reagente limitante em uma reação irreversível tende a zero, ou seja, $C_j = 0$.

$$\frac{\xi_\infty}{V} = -\frac{C_{j0}}{\nu_j} \qquad (5.12)$$

Dividindo-se a Equação (5.11) pela Equação (5.12), igualando-se o resultado à Equação (5.10) e combinando-se com a Equação (2.38), obtém-se uma relação entre a conversão fracional $X_j$ e a propriedade física $\lambda$.

$$\frac{\xi}{\xi_0} = \frac{C_{j0} - C_j}{C_{j0}} = X_j = \frac{\lambda - \lambda_0}{\lambda_\infty - \lambda_0} \qquad (5.13)$$

De acordo com a Equação (5.13), pelo uso dos métodos físicos, pode-se obter a concentração de um componente de uma mistura reacional a partir de medidas de uma propriedade física da mistura. Ressalta-se, no entanto, que essa forma indireta de obter a concentração está baseada na hipótese de relação linear entre a propriedade física medida e a concentração (Equação 5.2).

É importante ressaltar também que, para obter valores confiáveis a partir dessa relação, é necessária uma calibração. Para realizar a calibração, são utilizadas medidas feitas de determinada propriedade física numa série de padrões analíticos de concentrações conhecidas para construir um modelo que relaciona a propriedade física medida com a concentração do componente de interesse. Uma vez obtido, usa-se esse modelo para calcular concentrações de novas amostras a partir de valores medidos dessa propriedade física (PIMENTEL; NETO, 1996).

## 5.4 Métodos específicos para monitorar uma reação

Monitorar reações lentas é relativamente simples, mas os estudos cinéticos de reações rápidas requerem técnicas específicas, pois a mistura de reagentes, a iniciação da reação e as análises de produtos devem ser rápidas. Há diferentes métodos para se monitorar essas reações; entre eles, os métodos de relaxamento e de fluxo.

### 5.4.1  Métodos de relaxamento

Os *métodos de relaxamento* foram desenvolvidos para estudar reações reversíveis rápidas, que são as que ocorrem em uma escala de tempo de milissegundos, microssegundos ou menos e que, em dadas condições reacionais, tendem ao equilíbrio. Se uma reação se encontra em equilíbrio, então é possível identificar com precisão seu início, o que é essencial no estudo de reações rápidas. De acordo com o procedimento desse método, aplica-se uma perturbação (na pressão, temperatura, concentração etc.) a esse sistema em equilíbrio e acompanha-se seu retorno a uma nova posição de equilíbrio monitorando-se alguma de suas propriedades (por exemplo, condutividade, fluorescência etc.).

### 5.4.2  Métodos de fluxo

As técnicas de fluxo são tipicamente usadas para estudar reações que ocorrem em uma escala de tempo de segundos ou milissegundos. No método de fluxo mais simples, os reagentes são misturados em uma das extremidades de um tubo, e a composição da mistura reacional é monitorada em uma ou mais posições ao longo do eixo do tubo. Se a velocidade linear da corrente reacional for conhecida, então as medidas nas diferentes posições fornecem informações sobre as concentrações em diferentes tempos após a reação ter sido iniciada. Por ser um método contínuo, quando comparado com métodos descontínuos, apresenta a desvantagem de usar quantidades de reagentes relativamente grandes.

## 5.5 Avaliação da velocidade de reação

Não existe um método para medir diretamente a velocidade de uma reação. O que se mede, de forma direta ou indireta, em ensaios de laboratório, são as concentrações de um ou mais componentes em função do tempo de reação. Se o componente for um reagente, a concentração diminui com o avanço da reação (Figura 5.5a) e, se for um produto, a concentração aumenta (Figura 5.5b).

Pela definição apresentada no capítulo 3, a velocidade da reação é obtida a partir da relação entre a variação da concentração e a variação do tempo em que tal variação ocorreu, isto é, a partir do coeficiente angular da linha resultante da alocação gráfica dos dados de concentração em função do tempo. Se essa linha for reta, a velocidade é constante, ou seja, independe da concentração, que é o caso de reações de ordem zero. Porém, se a linha for curva, a velocidade é variável, ou seja, depende da concentração, que é o caso de reações com ordens diferentes de zero. A partir de dados cinéticos experimentais, podem ser obtidos três tipos principais de velocidade: média, instantânea e inicial.

A velocidade média em dado intervalo de tempo $t_1$ a $t_2$ para o qual a concentração de um reagente A diminui de $C_{A1}$ a $C_{A2}$ é calculada por $(C_{A2} - C_{A1})/(t_2 - t_1)$ (Figura 5.6). Ressalta-se que, por convenção, a velocidade deve ser uma grandeza positiva, então é preciso multiplicar o resultado por $(-1)$.

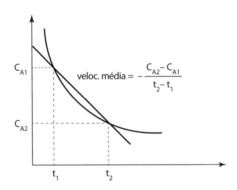

**Figura 5.6** – Ilustração do cálculo da velocidade média.

A velocidade média fornece informações limitadas e, em cinética, deseja-se a velocidade real em dada concentração de reagentes, denominada velocidade instantânea.

Essa velocidade é aquela obtida pela derivada da função em um ponto da curva, ou seja, é o coeficiente angular da linha tangente da curva naquele ponto (Figura 5.7).

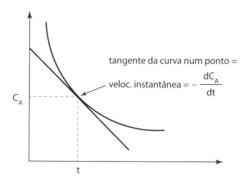

**Figura 5.7** – Ilustração do cálculo da velocidade instantânea.

Ainda se tem a velocidade inicial, a qual adquire relevância em reações que envolvem várias etapas, com reações secundárias que podem afetar a velocidade global. A velocidade inicial pode ser avaliada extrapolando-se o coeficiente angular para t = 0 (Figura 5.8).

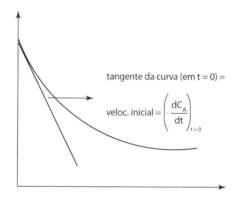

**Figura 5.8** – Ilustração do cálculo da velocidade inicial.

Em virtude de sua importância na cinética química, a velocidade instantânea é uma quantidade que deve ser avaliada e, para isso, como está mostrado na Figura 5.7, é necessário calcular o coeficiente angular de um ponto da curva. Há diferentes métodos para realizar essa tarefa, entre eles estão as diferenciações gráfica e numérica.

A diferenciação numérica pode ser feita pela diferenciação de um polinômio ajustado aos dados experimentais ou por meio de fórmulas de diferenciação numérica (FOGLER, 1999; HOFFMAN, 2001; GREEN; PERRY, 2008).

Esses procedimentos são trabalhosos e, quando realizados manualmente, a precisão dos resultados pode ficar comprometida, razão pela qual se recomenda a utilização de recursos computacionais.

### 5.5.1 Diferenciação de um polinômio ajustado

Dispondo-se de dados experimentais de concentração em função do tempo, $C_A = f(t)$, ajustam-se esses dados a um polinômio do tipo:

$$C_A = a_0 + a_1 t + a_2 t^2 + \dots + a_n t^n \tag{5.14}$$

onde $a_0$, $a_1$, $\cdots$, $a_n$ são coeficientes determinados durante o ajuste dos dados ao polinômio. Há diferentes programas computacionais que podem ser usados para atingir esse objetivo, entre eles, tem-se Polymath, MathCad e MSExcel. Uma vez realizado o ajuste, deriva-se a equação resultante – Equação (5.14) – para obter o coeficiente angular da curva ajustada e, consequentemente, a velocidade de reação ($dC_A/dt$).

$$\frac{dC_A}{dt} = a_1 + 2a_2 t + \dots + na_n t^{n-1} \tag{5.15}$$

Para cada valor de t, a partir da Equação (5.15), calcula-se o valor correspondente de $dC_A/dt$, como mostrado na Tabela 5.1. Ressalta-se, no entanto, que se A for um reagente, o coeficiente angular é negativo e tem-se a velocidade de consumo de A, a qual é dada por $(-R_A) = - dC_A/dt$; nesse caso, os valores obtidos devem ser multiplicados por $(-1)$.

Sobre esse procedimento, é necessário ressaltar que, quando se força uma expressão polinomial a se ajustar a cada ponto de uma tabela de dados experimentais, não significa necessariamente que a expressão resultante seja a melhor representação da relação entre as variáveis envolvidas. Isso é particularmente verdadeiro nesse caso, em que o interesse está na derivada do polinômio ajustado, pois pequenos e inevitáveis erros experimentais podem ser transformados em erros maiores no processo de diferenciação.

**Tabela 5.1** – Velocidade de reação através de um polinômio ajustado.

| tempo | concentração | velocidade |
|---|---|---|
| $t_0$ | $C_{A0}$ | $(-dC_A/dt)_0$ |
| $t_1$ | $C_{A1}$ | $(-dC_A/dt)_1$ |
| $t_2$ | $C_{A2}$ | $(-dC_A/dt)_2$ |
| $t_3$ | $C_{A3}$ | $(-dC_A/dt)_3$ |

Por exemplo, na Figura 5.9, verifica-se que a reta poderia ser uma boa representação dos dados, mas, quando esses mesmos dados são ajustados a um polinômio e o coeficiente angular é calculado a partir de sua derivada em dado ponto, o resultado pode ser muito diferente daquele obtido pelo coeficiente angular da reta.

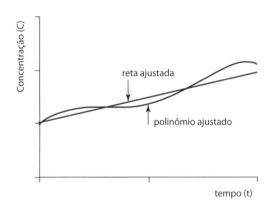

**Figura 5.9** – Dados simbólicos ajustados a uma reta e a um polinômio.

### 5.5.2 Fórmulas de diferenciação numérica

Uma forma de reduzir o erro de diferenciação de dados experimentais no cálculo da velocidade de reação é utilizar fórmulas de aproximação. Há várias aproximações, entre elas as fórmulas de interpolação de Lagrange, cujo procedimento para obter a velocidade de reação está descrito a seguir.

Para valores da variável independente igualmente espaçados ($x_{i+1} = x_i + \Delta x$), têm-se as seguintes fórmulas das diferenças aproximadas de três pontos, para o primeiro e o último pontos e para os pontos centrais:

a) primeiro ponto:

$$\left(\frac{dy}{dx}\right)_i = \frac{-3y_i + 4y_{(i+1)} - y_{(i+2)}}{2\Delta x}$$ (5.16)

b) último ponto:

$$\left(\frac{dy}{dx}\right)_i = \frac{+3y_i - 4y_{(i-1)} + y_{(i-2)}}{2\Delta x}$$ (5.17)

c) pontos centrais:

$$\left(\frac{dy}{dx}\right)_i = \frac{y_{(i+1)} - y_{(i-1)}}{2\Delta x}$$ (5.18)

onde x e y são as variáveis independente e dependente, respectivamente.

Por exemplo, se forem fornecidos os dados de concentração do reagente A em função do tempo de reação, $C_A = f(t)$, em cinco tempos igualmente espaçados $t_0$, $t_1$, $t_2$, $t_3$ e $t_4$ com $t_1 = t_0 + \Delta t$, $t_2 = t_0 + 2\Delta t$, $t_3 = t_0 + 3\Delta t$ e $t_4 = t_0 + 4\Delta t$.

| tempo: | $t_0$ | $t_1$ | $t_2$ | $t_3$ | $t_4$ |
|---|---|---|---|---|---|
| $C_A$: | $C_{A0}$ | $C_{A1}$ | $C_{A2}$ | $C_{A3}$ | $C_{A4}$ |

Então, a partir das Equações (5.16) a (5.18), têm-se as seguintes fórmulas para o cálculo das velocidades de reação (derivadas $dC_A/dt$) nos pontos dados:

a) primeiro ponto:

$$\left(\frac{dC_A}{dt}\right)_{t0} = \frac{-3C_{A0} + 4C_{A1} - C_{A2}}{2\Delta t}$$

b) último ponto:

$$\left(\frac{dC_A}{dt}\right)_{t4} = \frac{+3C_{A4} - 4C_{A3} + C_{A2}}{2\Delta t}$$

Obtenção e análise cinética de dados experimentais **187**

c) pontos centrais:

$$\left(\frac{dC_A}{dt}\right)_{t1} = \frac{C_{A2} - C_{A0}}{2\Delta t}$$

$$\left(\frac{dC_A}{dt}\right)_{t2} = \frac{C_{A3} - C_{A1}}{2\Delta t}$$

$$\left(\frac{dC_A}{dt}\right)_{t3} = \frac{C_{A4} - C_{A2}}{2\Delta t}$$

## Exemplo 5.2   Cálculo de velocidade por diferenciação numérica.

A reação de esterificação entre o ácido acético (A) e o ciclo-hexanol (B), representada por A + B → C + D, foi conduzida em um reator batelada a 40 ºC, gerando os dados mostrados na Tabela E5.2.1.

**Tabela E5.2.1** – Dados de $C_B$ = f(t) do E5.2.

| Variável t | Tempo (min) | $C_B$ (mol/L) |
|:---:|:---:|:---:|
| $t_0$ | 120 | 2,07 |
| $t_1$ | 150 | 1,98 |
| $t_2$ | 180 | 1,915 |
| $t_3$ | 210 | 1,86 |
| $t_4$ | 240 | 1,8 |
| $t_5$ | 270 | 1,736 |
| $t_6$ | 300 | 1,692 |
| $t_7$ | 330 | 1,635 |

(continua)

**Tabela E5.2.1** – Dados de $C_B = f(t)$ do E5.2 (continuação).

| Variável t | Tempo (min) | $C_B$ (mol/L) |
|---|---|---|
| $t_8$ | 360 | 1,593 |
| $t_9$ | 420 | 1,52 |
| $t_{10}$ | 480 | 1,46 |

Calcule a velocidade de consumo de B em função do tempo de reação usando a diferenciação numérica pelo polinômio ajustado e pelas fórmulas de diferenças aproximadas.

*Solução:*

A alocação dos dados experimentais fornecidos no problema, $C_B = f(t)$, em um gráfico (Figura E5.2.1), mostra que $C_B$ não é uma função linear de t, portanto a velocidade de reação é variável ao longo do tempo.

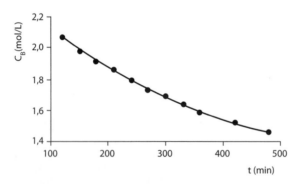

**Figura E5.2.1** – Gráfico dos dados de $C_B = f(t)$ do E5.2.

A velocidade de consumo de B ($-R_B$) é a derivada de $C_B$ em função de t e é expressa pela Equação (3.4) aplicada ao componente B.

$$(-R_B) = -\frac{dC_B}{dt} \qquad (E5.2.1)$$

a) polinômio ajustado:

Para calcular os valores de ($-R_B$) nos diversos tempos do experimento, deriva-se o polinômio ajustado aos dados $C_B = f(t)$. Realizando-se esse ajuste pelo programa Polymath, tem-se a seguinte equação como resultado:

Obtenção e análise cinética de dados experimentais

$$C_B = -5,563 \cdot 10^{-10} t^3 + 2,81 \cdot 10^{-6} t^2 - 3,194 \cdot 10^{-3} t + 2,407 \qquad \text{(E5.2.2)}$$

Derivando-se a Equação (E5.2.2) em função do tempo, obtém-se uma expressão a partir da qual são calculados os valores da velocidade de consumo de $(-R_B)$, os quais estão apresentados na Tabela E5.2.2.

$$(-R_B) = 1,669 \cdot 10^{-9} t^2 - 5,615 \cdot 10^{-6} t + 3,194 \cdot 10^{-3} \qquad \text{(E5.2.3)}$$

b) fórmulas de diferenças aproximadas:

Os valores de $(-R_B)$ também podem ser calculados pelas fórmulas de diferenças aproximadas, Equações (5.16) a (5.18).

Primeiro ponto: $t_0 = 120$ min, Equação (5.16), $\Delta t = 30$ min:

$$(-R_B)_{t0} = -\left[(-3 \cdot 2,07 + 4 \cdot 1,98 - 1,915)/(2 \cdot 30)\right] = 3,4167 \cdot 10^{-3}$$

Pontos centrais: de $t_1 = 150$ min até $t_7 = 330$ min, Equação (5.18), $\Delta t = 30$ min:

$$(-R_B)_{t1} = -\left[(1,915 - 2,07)/(2 \cdot 30)\right] = 2,583 \cdot 10^{-3}$$

$$(-R_B)_{t2} = -\left[(1,86 - 1,98)/(2 \cdot 30)\right] = 2,000 \cdot 10^{-3}$$

$$(-R_B)_{t3} = -\left[(1,8 - 1,915)/(2 \cdot 30)\right] = 1,917 \cdot 10^{-3}$$

$$(-R_B)_{t4} = -\left[(1,736 - 1,86)/(2 \cdot 30)\right] = 2,067 \cdot 10^{-3}$$

$$(-R_B)_{t5} = -\left[(1,692 - 1,8)/(2 \cdot 30)\right] = 2,583 \cdot 10^{-3}$$

$$(-R_B)_{t6} = -\left[(1,635 - 1,736)/(2 \cdot 30)\right] = 2,583 \cdot 10^{-3}$$

$$(-R_B)_{t7} = -\left[(1,593 - 1,692)/(2 \cdot 30)\right] = 2,583 \cdot 10^{-3}$$

A partir do ponto $t_8 = 360$ min, verifica-se que o espaçamento é alterado de 30 min para 60 min. Então, é possível considerá-lo o ponto inicial de uma nova sequência.

Primeiro ponto da nova sequência: $t_0 = 360$ min, Equação (5.16), $\Delta t = 60$ min.

$$\left(-R_B\right)_{t8} = -\left[\left(-3\cdot1{,}593 + 4\cdot1{,}52 - 1{,}46\right)/(2\cdot60)\right] = 1{,}325\cdot10^{-3}$$

Ponto central da nova sequência: $t_9 = 420$ min, Equação (5.18), $\Delta t = 60$ min.

$$\left(-R_B\right)_{t9} = -\left[\left(1{,}46 - 1{,}593\right)/(2\cdot60)\right] = 1{,}108\cdot10^{-3}$$

Último ponto: $t_{10} = 480$ min, Equação (5.17), $\Delta t = 60$ min:

$$\left(-R_B\right)_{t10} = -\left[\left(3\cdot1{,}46 - 4\cdot1{,}52 + 1{,}593\right)/(2\cdot60)\right] = 0{,}8917\cdot10^{-3}$$

Os dados da velocidade calculados pelos dois procedimentos estão apresentados na Tabela E5.2.2, na qual se pode observar, nas colunas quatro e cinco, que há uma boa concordância entre os valores calculados pela diferenciação do polinômio ajustado pelo programa Polymath e aqueles calculados pelas fórmulas de diferenças aproximadas.

**Tabela E5.2.2** – Dados de $(-R_B)$ calculados para o E5.2.

| Variável t | Tempo (min) | $C_B$ (mol/L) | $(-R_B)\cdot10^3$: (pol. ajustado) | $(-R_B)\cdot10^3$: (fórmulas) |
|:---:|:---:|:---:|:---:|:---:|
| $t_0$ | 120 | 2,07 | 2,746 | 3,417 |
| $t_1$ | 150 | 1,98 | 2,465 | 2,583 |
| $t_2$ | 180 | 1,915 | 2,225 | 2,000 |
| $t_3$ | 210 | 1,86 | 2,026 | 1,917 |
| $t_4$ | 240 | 1,8 | 1,870 | 2,067 |

(continua)

**Tabela E5.2.2** – Dados de $(-R_B)$ calculados para o E5.2 (continuação).

| Variável t | Tempo (min) | $C_B$ (mol/L) | $(-R_B) \cdot 10^3$: (pol. ajustado) | $(-R_B) \cdot 10^3$: (fórmulas) |
|---|---|---|---|---|
| $t_5$ | 270 | 1,736 | 1,755 | 1,800 |
| $t_6$ | 300 | 1,692 | 1,682 | 1,683 |
| $t_7$ | 330 | 1,635 | 1,650 | 1,650 |
| $t_8$ | 360 | 1,593 | 1,389 | 1,325 |
| $t_9$ | 420 | 1,52 | 1,130 | 1,108 |
| $t_{10}$ | 480 | 1,46 | 0,883 | 0,891 |

## 5.6 Avaliação de parâmetros cinéticos

Os parâmetros cinéticos, constante de velocidade (k) e ordem de reação (n), podem ser determinados pela análise de dados de concentração em função do tempo ou de velocidade de reação em função da concentração. Para reações homogêneas, essa é a forma conveniente de avaliar a influência da concentração e da temperatura sobre a velocidade e obter a equação cinética de determinada reação.

Há diversos métodos para fazer essa avaliação. A seguir, são discutidos os seguintes: diretos, integral, diferencial, isolamento, velocidades iniciais, meias-vidas e mínimos quadrados.

### 5.6.1 Métodos diretos

*Métodos diretos* são aqueles a partir dos quais se avaliam os parâmetros cinéticos pela simples inspeção de informações sobre a reação e de dados experimentais.

Sabe-se que há situações em que se trata de uma reação elementar, então, conhecendo-se a equação estequiométrica, a equação cinética também é conhecida e, consequentemente, a ordem de reação. Nesse caso, o único parâmetro a ser avaliado experimentalmente é a constante de velocidade.

Cinética química das reações homogêneas

## Exemplo 5.3  Avaliação de k de uma reação elementar.

Para a reação elementar $2A \rightarrow$ produtos, foram obtidos os seguintes dados de $(-R_A) = f(C_A)$.

| $10^3 \cdot C_A$ (mol/L): | 4 | 8 | 16 | 32 |
|---|---|---|---|---|
| $10^8 \cdot (-R_A)$(mol/L $\cdot$ s): | 3 | 12 | 48 | 192 |

Calcule os parâmetros cinéticos da reação.

### Solução:

Sendo uma reação elementar, então é conhecida a ordem de reação, que, nesse caso, é igual a dois; sua equação cinética é dada pela Equação (4.24), a partir da qual se pode calcular o valor de k para cada ponto experimental e, se for o caso, calcular seu valor médio.

$$\left(-R_A\right) = k_A C_A^2$$

$$k_A = \frac{\left(-R_A\right)}{C_A^2} = \frac{3 \cdot 10^{-8}}{\left(4 \cdot 10^{-3}\right)^2} = 1,875 \cdot 10^{-3} \text{ L/mol} \cdot \text{s}$$

Nesse caso, todos os valores de $k_A$ calculados com os outros valores de $(-R_A)$ e $C_A$ são idênticos, não sendo necessários calcular o valor médio.

---

Há outras situações em que não se sabe se a reação é ou não elementar, mas, ao inspecionar o comportamento de dados como $(-R_A) = f(C_A)$, obtém-se diretamente a ordem de reação pela comparação com reações de ordem conhecida.

## Exemplo 5.4  Avaliação de n e k pela inspeção de dados.

Para uma reação realizada em dadas condições operacionais, foram obtidos os seguintes dados de $(-R_A) = f(C_A)$.

Obtenção e análise cinética de dados experimentais

| $C_A$ (mol/L): | 0,01 | 0,02 | 0,04 | 0,12 |
|---|---|---|---|---|
| $(-R_A)$(mol/L · s): | 0,04 | 0,08 | 0,16 | 0,48 |

Calcule os parâmetros cinéticos da reação.

**Solução:**

Ao observar os dados fornecidos, verifica-se que, ao duplicar, triplicar ou quadruplicar a concentração, a velocidade aumenta na mesma proporção, ou seja, a velocidade é diretamente proporcional à concentração.

O caso em que se observa esse comportamento é a reação irreversível, elementar de primeira ordem, ou seja, a ordem de reação é 1 (n = 1) e a equação cinética é dada pela Equação (4.4), a partir da qual se pode calcular o valor de k para cada ponto experimental e, se for o caso, calcular seu valor médio.

$$\left(-R_A\right) = k_A C_A$$

$$k_A = \frac{\left(-R_A\right)}{C_A} = \frac{0,04}{0,01} = 4,0\ \mathrm{s}^{-1}$$

Nesse caso, também se obtém valores de $k_A$ iguais entre si com os demais valores de $(-R_A)$ e $C_A$, não sendo necessário calcular o valor médio.

---

Em geral, a determinação dos parâmetros cinéticos de uma reação não é tão simples como nesses dois exemplos. Muitas vezes, não se conhece a equação estequiométrica nem a equação cinética da reação; nesses casos, os parâmetros cinéticos devem ser avaliados a partir de outros procedimentos.

### 5.6.2 Método integral

Esse método fundamenta-se na integração de uma equação cinética proposta, cujo resultado é usado para calcular a concentração ou a conversão em função do tempo nas diferentes ordens assumidas, assim, verificar qual delas, se houver, fornece o melhor ajuste.

O procedimento geral de análise de dados cinéticos pela utilização do método integral consiste nas seguintes etapas:

a) plotam-se os dados experimentais, concentração ou conversão, em função do tempo e observa-se a forma do gráfico.
b) com base na forma desse gráfico, propõe-se a ordem da reação, por exemplo, para um reagente A em um sistema de volume constante pode-se propor a seguinte função de velocidade:

$$\left(-R_A\right) = -\frac{dC_A}{dt} = kf\left(C_A\right) \qquad (5.19)$$

c) separam-se as variáveis e realiza-se a integração da função proposta.

$$-\int_{C_{A0}}^{C_A} \frac{dC_A}{kf\left(C_A\right)} = t \qquad (5.20)$$

Em geral, realiza-se um conjunto de ensaios em uma temperatura fixa para a qual k é constante, por isso, pode-se escrever a Equação (5.20) como:

$$\phi\left(C_A\right) = -\int_{C_{A0}}^{C_A} \frac{dC_A}{f\left(C_A\right)} = kt \qquad (5.21)$$

Nos casos de reações elementares, faz-se a integração analítica de $f(C_A)$, mas, nos casos de reações compostas, pode ser necessária a integração gráfica ou numérica.
d) rearranja-se a equação integrada de tal forma que o termo que envolve a concentração ou a conversão seja uma função linear do tempo.
e) utilizando-se os dados experimentais, calcula-se a integral $\phi(C_A)$ – Equação (5.21) – nos tempos correspondentes àqueles medidos experimentalmente.
f) representa-se graficamente os valores de $\phi(C_A)$ em função do tempo (Figura 5.10).

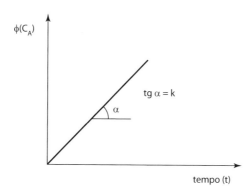

**Figura 5.10** – Variação de $\phi(C_A)$ em função do tempo de reação.

g) se os dados apresentados graficamente na Figura 5.10 reproduzirem uma reta que passa pela origem, diz-se que a expressão da velocidade de reação proposta – Equação (5.19) – é consistente com os dados cinéticos analisados. Caso isso não se verifique, propõe-se uma nova expressão de velocidade de consumo de A e repete-se o procedimento.

h) a partir do gráfico que melhor ajustou os dados, calcula-se a constante de velocidade (k); e a partir da equação obtida com os valores de n e k, agora já conhecidos, calcula-se a concentração ou a conversão para cada tempo. O erro médio entre os valores experimentais e calculados pela equação cinética obtida deve ser próximo de zero.

O valor de k obtido assim é válido para a temperatura em que o experimento foi realizado; se houver dados em outras temperaturas, uma vez determinada a ordem de reação e a equação cinética, pode-se usar a equação para calcular os valores correspondentes de k. Com diferentes valores de k obtidos em diferentes temperaturas, podem-se calcular os parâmetros A e E da equação de Arrhenius – Equação (3.38) – e obter uma equação de k = f(T). Com isso, tem-se uma equação cinética empírica para a reação dada, $(-R_A) = f(C_A, T)$ ou, na forma integrada, $C_A = f(t, T)$. Essa equação pode ser usada para gerar valores de composição ou velocidade em diferentes condições reacionais, mas dentro do intervalo experimental.

Cinética química das reações homogêneas

## Exemplo 5.5 Cálculo dos parâmetros n e k pelo método integral.

A reação química de equação estequiométrica $C_2H_5NH_2(g) \rightarrow C_2H_4(g) + NH_3(g)$ foi acompanhada medindo-se a pressão total $(P_t)$ em função do tempo. A 500 °C foram obtidos os dados mostrados na Tabela E5.5.1. Calcule a ordem da reação (n) e a constante de velocidade (k).

**Tabela E5.5.1** – Dados experimentais do E5.5.

| tempo(s) | $P_t$(mmHg) |
|:---:|:---:|
| 0 | 55 |
| 60 | 60 |
| 360 | 79 |
| 600 | 89 |
| 1200 | 102 |
| 1500 | 105 |

### Solução:

A reação ocorre em fase gasosa e, a partir da equação estequiométrica, verifica-se que há um aumento no número de mols com o avanço da reação; então, se ela estivesse ocorrendo em um sistema aberto, haveria um aumento de volume. Os dados fornecidos mostram um aumento de pressão total com o tempo de reação, evidenciando que a reação foi realizada em um sistema fechado de volume constante. Tendo em vista que a ordem da reação é desconhecida, pode-se usar a Equação (4.51).

$$\left(-R_A\right) = -\frac{dC_A}{dt} = k_A C_A^n \tag{E5.5.1}$$

onde $C_A$ é a concentração do reagente A $[C_2H_5NH_2(g)]$, $(-R_A)$ é a velocidade de consumo de A e $k_A$ é a constante de velocidade de consumo de A. O problema forneceu a variação da pressão total com o tempo, então, em primeiro lugar,

Obtenção e análise cinética de dados experimentais

deve-se relacioná-la com a pressão parcial de A ($p_A$) e, em segundo lugar, com a concentração ($C_A$).

A pressão parcial de A ($p_A$) pode ser calculada a partir da pressão total fornecida no problema pela Equação (3.34), a qual, ao ser aplicada ao componente A, fornece:

$$p_A = p_{A0} + \frac{\nu_A}{\sum \nu_j}(P_t - P_{t0})$$

(E5.5.2)

Para a reação do problema, tem-se: $\nu_A = -1$, $\Sigma\nu = 1 + 1 - 1 = 1$, $p_{A0} = y_{A0} \cdot P_{t0} = P_{t0}$. A fração molar inicial de A é igual à unidade, $y_{A0} = 1$, porque A está inicialmente puro.

Admitindo-se que A se comporte como um gás ideal, então a concentração $C_A$ pode ser calculada a partir da equação dos gases ideais, $C_A = p_A/RT$, em que $p_A$ está em mmHg, $T = 773,16$ K e $R = 62,364$ (L mmHg)/(mol K). Com isso, a partir da Equação (E5.5.2), pode-se escrever:

$$p_A = P_{t0} - P_t + P_{t0} = C_A RT$$

$$C_A = \frac{2P_{t0} - P_t}{RT}$$

(E5.5.3)

Substituindo-se a Equação (E5.5.3) na Equação (E5.5.1), obtém-se:

$$-\frac{d(2P_{t0} - P_t/RT)}{dt} = k_A \left(\frac{2P_{t0} - P_t}{RT}\right)^n$$

$$\frac{dP_t}{dt} = k_A (RT)^{1-n} (2P_{t0} - P_t)^n$$

(E5.5.4)

A Equação (E5.5.4) pode ser resolvida sem o conhecimento do valor de n, obtendo-se uma equação de $P_t = f(t)$ com duas incógnitas, n e $k_A$, as quais podem ser determinadas pelo método integral acima descrito. Também pode ser resolvida para cada valor arbitrado para n. Nesse caso, integra-se a Equação (E5.5.4) e a capacidade da equação resultante em ajustar os dados experimentais é conferida. O valor correto de n é aquele cuja equação represente satisfatoriamente os dados experimentais.

1ª tentativa: reação de ordem zero (n = 0).
A integração da Equação (E5.5.4) para n = 0 fornece o seguinte resultado:

$$\int_{P_{t0}}^{P_t} dP_t = k_A RT \int_0^t dt$$

$$P_t = P_{t0} + k_A RTt \qquad (E5.5.5)$$

De acordo com a Equação (E5.5.5), a pressão total ($P_t$) varia linearmente com o tempo (t), então plotam-se os dados experimentais $P_t = f(t)$ fornecidos no problema em um gráfico. Se isso for confirmado, a ordem de reação testada é verdadeira, caso contrário deve-se tentar outro valor de n.

A Figura E5.5.1 mostra que a variação de $P_t$ com t não é linear, portanto, a reação não é de ordem zero.

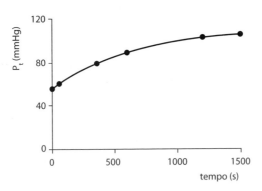

**Figura E5.5.1** – Variação de $P_t = f(t)$ para o E5.5.

2ª tentativa: reação de primeira ordem (n = 1).
Substituindo-se n = 1 na Equação (E5.5.4) e integrando-a, obtém-se:

$$\int_{P_{t0}}^{P_t} \frac{dP_t}{2P_{t0} - P_t} = k_A \int_0^t dt$$

$$-\ln\left(\frac{2P_{t0} - P_t}{P_{t0}}\right) = k_A t \qquad (E5.5.6)$$

Obtenção e análise cinética de dados experimentais

Para conferir se essa tentativa de n = 1 é ou não verdadeira, faz-se um gráfico do primeiro membro da Equação (E5.5.6) em função do tempo, $-\ln[(2P_{t0} - P_t)/P_{t0}] = f(t)$. Se o resultado for uma reta, o valor testado para n está correto. Para fazer isso é necessário calcular os valores de $-\ln[(2P_{t0} - P_t)/P_{t0}]$ para todos os tempos dados, observando-se que em t = 0 se tem $P_{t0} = 55$ mmHg (Tabela E5.5.2).

**Tabela E5.5.2** – Dados obtidos a partir da Equação (E5.5.6).

| tempo(s) | $P_t$(mmHg) | $-\ln \dfrac{110 - P_t}{55}$ |
|:---:|:---:|:---:|
| 0 | 55 | 0 |
| 60 | 60 | 0,0953 |
| 360 | 79 | 0,573 |
| 600 | 89 | 0,963 |
| 1200 | 102 | 1,928 |
| 1500 | 105 | 2,398 |

Ao plotar os dados dessa Tabela E5.5.2 e ajustá-los por regressão linear, obteve-se a linha mostrada na Figura E5.5.2. O coeficiente de correlação dessa análise de regressão é igual à unidade e, como se observa, o resultado é uma reta que passa pela origem. Portanto, a ordem testada, n = 1, é verdadeira e a reação é de primeira ordem.

O cálculo do coeficiente angular da reta da Figura E5.5.2 fornece a constante de velocidade de consumo de A, $k_A = 0,0016$ s$^{-1}$.

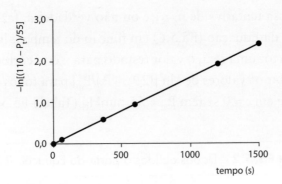

**Figura E5.5.2** – Variação de $-\ln[(2P_{t0} - P_t)/P_{t0}] = f(t)$ para o E5.5.

Desse modo, a equação cinética da reação válida dentro do intervalo experimental é:

$$(-R_A) = k_A C_A = 0{,}0016\, C_A \left(\frac{\text{mol}}{\text{L}\cdot\text{s}}\right) \quad (E5.5.7)$$

A Equação (E5.5.7) pode ser expressa em termos de pressões totais pela substituição de $C_A$ dada pela Equação (5.5.3), ou seja:

$$(-R_A) = k_A \frac{110 - P_t}{RT} = \frac{0{,}0016(s^{-1})(110 - P_t)(\text{mmHg})}{62{,}364(\text{L mmHg/mol K})773{,}16\,\text{K}} =$$

$$3{,}318 \cdot 10^{-8}(110 - P_t)\left(\frac{\text{mol}}{\text{Ls}}\right) \quad (E5.5.8)$$

Para obter uma expressão para $P_t$, pode-se integrar a Equação (E5.5.8) ou isolar $P_t$ da Equação (E5.5.6).

$$P_t = 110 - 55\exp(-0{,}0016\,t)(\text{mmHg}) \quad (E5.5.9)$$

onde t deve ser expresso em segundos e $P_t$ em mmHg. A partir da Equação (E5.5.9) pode-se calcular valores de $P_t$ para os diversos valores de t e comparar com os dados experimentais para verificar a capacidade de ajuste da equação obtida (Tabela E5.5.3). Os dados da Tabela E5.5.3 mostram que a equação ajustada – Equação (E5.5.9) – representa satisfatoriamente os valores experimentais fornecidos pelo problema.

Obtenção e análise cinética de dados experimentais

**Tabela E5.5.3** – Dados experimentais e calculados pela Equação (E5.5.9).

| tempo (s) | $P_t$ (mmHg) (exp.) | $P_t$ (mmHg) (Equação E5.5.9) | Erro |
|---|---|---|---|
| 0 | 55 | 55 | 0 |
| 60 | 60 | 60,03 | 0,03 |
| 360 | 79 | 79,08 | 0,08 |
| 600 | 89 | 88,94 | –0,06 |
| 1200 | 102 | 101,94 | –0,06 |
| 1500 | 105 | 105,01 | 0,01 |

Ressalta-se que a equação cinética – Equação (E5.5.8) – e sua forma integrada – Equação (E5.5.9) – são válidas somente na temperatura do experimento, 500 °C. Para se ter uma equação mais abrangente, seriam necessários dados experimentais em outras temperaturas.

Sobre o uso do método integral de análise de dados cinéticos, dois fatos relevantes devem ser considerados:

a) se não houver dados suficientes do avanço da reação, os gráficos para todas as ordens ficam aproximadamente lineares. Para uma distinção segura entre as diferentes ordens, recomenda-se acompanhar a reação e coletar dados até pelo menos 60% da conversão, embora haja casos em que conversões abaixo desse valor forneçam dados com precisão;
b) se a velocidade for afetada pela concentração de produtos, as expressões integradas podem fornecer conclusões completamente equivocadas.

## Exemplo 5.6 Tentativa de cálculo de n com dados insuficientes.

Calcule a ordem (n) para a reação A → B a partir dos seguintes dados experimentais de $C_A = f(t)$.

| tempo (min): | 0 | 15 | 30 | 45 | 60 |
|---|---|---|---|---|---|
| $C_A$ (mol/L): | 1,00 | 0,86 | 0,80 | 0,68 | 0,57 |

*Solução:*

De acordo com o procedimento geral do método integral, propõe-se uma ordem e testa-se a equação. Para a ordem zero, a partir da Equação (4.2), tem-se:

$$C_A = C_{A0}(1 - X_A) = C_{A0} - kt \qquad (E5.6.1)$$

De acordo com a Equação (E5.6.1), se a reação for de ordem zero, o gráfico dos dados experimentais $C_A = f(t)$ dará uma reta. Ao alocar os dados fornecidos no problema, de fato, obtém-se uma reta, Figura E5.6.1, sendo assim pode-se concluir que a reação é de ordem zero.

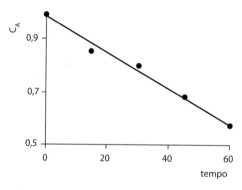

**Figura E5.6.1** – $C_A = f(t)$ para o E5.6.

Para uma reação de primeira ordem, a partir da Equação (4.7), tem-se:

$$C_A = C_{A0} e^{-kt}$$

$$-\ln C_A = -\ln C_{A0} + kt \qquad (E5.6.2)$$

De acordo com a Equação (E5.6.2), se a reação for de primeira ordem, o gráfico dos dados experimentais $-\ln(C_A) = f(t)$ dará uma reta. Ao alocar os dados fornecidos no problema, obtém-se uma reta, Figura E5.6.2, e pode-se concluir que a reação também poderia ser de primeira ordem.

A partir desses resultados, conclui-se que ambas as ordens ajustam bem os dados experimentais e não é possível saber de forma inequívoca se a reação é de ordem zero ou de primeira ordem.

Obtenção e análise cinética de dados experimentais

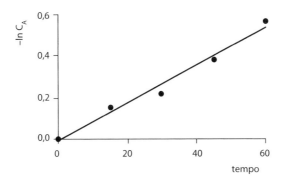

**Figura E5.6.2** – [–ln (C$_A$)] = f(t) para o E5.6.

Isso ocorreu porque a quantidade de dados não foi suficiente para gerar um modelo mais consistente, já que a reação foi monitorada até a conversão de 43%. É provável que isso se resolvesse caso a reação tivesse sido monitorada até uma conversão mais elevada, até 60% ou mais.

### 5.6.3 Método diferencial

Esse método baseia-se na diferenciação de dados experimentais expressos na forma de concentração em função do tempo, em que se propõe uma relação funcional entre a velocidade de reação e as concentrações dos componentes que dela participam e avalia-se a hipótese por meio de gráficos apropriados. O procedimento geral apresentado a seguir pode ser utilizado para avaliar os parâmetros cinéticos n e k de reações simples.

a) Propõe-se a forma da expressão da velocidade de reação ou de consumo de um dado reagente A. Por exemplo, para um sistema de volume constante, no qual as condições de reação são tais que a velocidade seja essencialmente uma função da concentração de um único reagente, pode-se propor a seguinte equação:

$$(-R_A) = -\frac{dC_A}{dt} = k_A C_A^n \tag{5.22}$$

b) A partir da diferenciação de dados experimentais obtidos em dada temperatura, $C_A$ = f(t), determina-se a velocidade de reação nos diversos tempos. Isso pode ser feito por um dos métodos apresentados no item 5.5.

c) Prepara-se uma tabela constituída de tempos, concentrações e velocidades de reação medidas nos tempos selecionados e avaliadas no item anterior.

d) Elabora-se um gráfico da velocidade de reação em função de $C_A$. Por exemplo, para a Equação (5.22), toma-se o logaritmo natural de ambos os lados da equação, para obter:

$$\ln\left(-\frac{dC_A}{dt}\right) = \ln k_A + n \ln C_A \qquad (5.23)$$

O gráfico, para esse caso, é feito plotando-se os valores de $\ln(-dC_A/dt) = f(\ln C_A)$ (Figura 5.11).

O resultado é uma reta, cujo coeficiente linear fornece a constante de velocidade (k) e o coeficiente angular fornece a ordem da reação (n), como está mostrado na Figura 5.11.

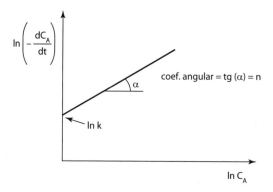

**Figura 5.11** – Variação de $\ln(-dC_A/dt)$ em função de $\ln (C_A)$.

Sobre o método diferencial, é relevante ressaltar que:

a) esse método requer a diferenciação de dados cinéticos, uma tarefa que não é muito simples e, no geral, em termos de precisão, os resultados da velocidade de reação deixam a desejar;

b) é um método que tem a vantagem de determinar ambos os parâmetros n e k simultaneamente, mas determina apenas a ordem global da reação, o que, em muitos casos, constitui um inconveniente;

c) esse método só funciona bem quando se dispõe de dados obtidos de forma contínua ou com grande quantidade de dados e alto nível de precisão;

Obtenção e análise cinética de dados experimentais

d) além da falta de precisão na determinação da velocidade, a ocorrência de outros efeitos, como a presença de *reações reversas*, pode tornar o método ineficaz. Nesses casos, é necessário utilizar o método das velocidades iniciais que será discutido mais adiante.

### Exemplo 5.7  Cálculo dos parâmetros n e k pelo método diferencial.

Calcule a ordem de reação e a constante de velocidade para a reação do E5.5 utilizando o método diferencial.

***Solução:***

Como forma da expressão da velocidade de reação pode-se propor a Equação (E5.5.4).

$$\frac{dP_t}{dt} = k_A (RT)^{1-n} (2P_{t0} - P_t)^n \quad \text{(E5.5.4)}$$

Para obter os valores de n e $k_A$ a partir da Equação (E5.5.4) é necessário realizar a diferenciação dos dados experimentais $P_t = f(t)$, o que pode ser feito pelo ajuste desses dados a um polinômio (Figura E5.7.1).

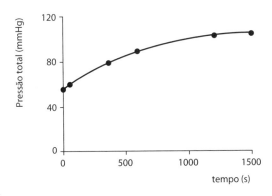

**Figura E5.7.1** – Dados de $P_t = f(t)$ do E5.5 ajustados a um polinômio.

A equação do polinômio ajustado aos dados experimentais elaborada pelo programa MSExcel é:

$$P_t = 55{,}022 + 0{,}0861t - 6{,}191 \cdot 10^{-5} t^2 + 2{,}375 \cdot 10^{-8} t^3 - 3{,}976 \cdot 10^{-12} t^4 \quad (E5.7.1)$$

Derivando-se a Equação (E5.7.1), obtém-se a velocidade de consumo de A expressa em termos de pressão total em função do tempo.

$$\frac{dP_t}{dt} = 0{,}0861 - 12{,}382 \cdot 10^{-5} t + 7{,}125 \cdot 10^{-8} t^2 - 15{,}904 \cdot 10^{-12} t^3 \quad (E5.7.2)$$

A partir da Equação (E5.7.2) e dos dados da Tabela E5.5.1, calculam-se as velocidades, a relação $(2P_{t0} - P_t)$ e seus logaritmos nos diferentes tempos experimentais (Tabela E5.7.1).

**Tabela E5.7.1** – Dados experimentais e calculados do E5.7.

| tempo(s) | $P_t$(mmHg) | $dP_t/dt$ | $(2P_{t0} - P_t)$ | $-\ln(dP_t/dt)$ | $\ln(2P_{t0} - P_t)$ |
|---|---|---|---|---|---|
| 0 | 55 | 0,086 | 55 | 2,45 | 4,01 |
| 60 | 60 | 0,079 | 50 | 2,54 | 3,91 |
| 360 | 79 | 0,050 | 31 | 3,00 | 3,43 |
| 600 | 89 | 0,034 | 21 | 3,38 | 3,04 |
| 1200 | 102 | 0,013 | 8 | 4,37 | 2,08 |
| 1500 | 105 | 0,007 | 5 | 4,96 | 1,61 |

Reescreve-se a Equação (E5.5.4) na forma logarítmica para obter:

$$-\ln\left(\frac{dP_t}{dt}\right) = -\ln\left[k_A (RT)^{1-n}\right] - n\ln\left(2P_{t0} - P_t\right) \quad (E5.7.3)$$

De acordo com a Equação (E5.7.3), ao plotar os dados experimentais $-\ln(dP_t/dt)$ $= f[\ln(2P_{t0} - P_t)]$ da Tabela E5.7.1, como está mostrado na Figura E5.7.2, deve-se obter uma reta, cujos coeficientes angular e linear fornecem os parâmetros n e k, respectivamente.

Obtenção e análise cinética de dados experimentais

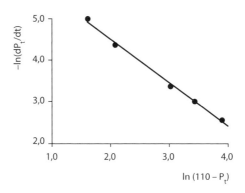

**Figura E5.7.2** – Dados de $-\ln(dP_t/dt) = f[\ln(2P_{t0} - P_t)]$ do E5.7.

- coeficiente angular: ordem de reação.

$$-n = -1{,}035 \rightarrow n = 1{,}035$$

- coeficiente linear: constante de velocidade.

$$-\ln\left[k(RT)^{1-n}\right] = 6{,}57 \rightarrow k = 0{,}00189 \ 1/s$$

Comparando-se esses valores de n e k com aqueles obtidos pelo método integral, n = 1 e k = 0,0016 s⁻¹, nota-se que estão bem próximos.

### 5.6.4 Método do isolamento

O *método do isolamento* é usado para simplificar a equação cinética nos casos em que a velocidade de reação é função da concentração de mais de um reagente. O objetivo é obter uma equação para a velocidade que seja função da concentração de um único reagente. Uma vez simplificada a lei da velocidade, pode-se usar o método integral ou diferencial para avaliar os parâmetros cinéticos.

Considere uma reação irreversível do tipo A + B → produtos conduzida em um reator batelada de volume constante, que supostamente possa ser representada pela seguinte equação:

$$(-R_A) = -\frac{dC_A}{dt} = k_A C_A^{\beta_A} C_B^{\beta_B} \qquad (5.24)$$

onde $\beta_A$ e $\beta_B$ são as ordens de reação com relação aos reagentes A e B, respectivamente.

Para avaliar os parâmetros cinéticos, primeiro conduz-se a reação com excesso de reagente B, de tal forma que sua concentração $C_B$ permaneça aproximadamente constante durante a reação. Com isso, o efeito da concentração do reagente A sobre a velocidade de reação fica isolado e a Equação (5.24) passa a ser escrita da seguinte forma:

$$\left(-R_A\right) = -\frac{dC_A}{dt} = k_A C_A^{\beta_A} C_B^{\beta_B} = k'C_A^{\beta_A} \tag{5.25}$$

onde $k' = k_A C_B^{\beta_B} = k_A C_{B0}^{\beta_B}$ e é denominada pseudoconstante de velocidade de consumo de B.

Seguindo-se o procedimento proposto para o método diferencial, determinam-se os valores de $k'$ e $\beta_A$. Repete-se o experimento, agora com excesso do reagente A, de tal forma que sua concentração $C_A$ permaneça aproximadamente constante, ou seja, isola-se o efeito da concentração a apenas ao reagente B.

$$\left(-R_A\right) = -\frac{dC_A}{dt} = k_A C_A^{\beta_A} C_B^{\beta_B} = k''C_B^{\beta_B} \tag{5.26}$$

onde $k'' = k_A C_A^{\beta_A} = k_A C_{A0}^{\beta_A}$ e é denominada pseudoconstante de velocidade de consumo de A.

Seguindo-se o mesmo procedimento anterior, determina-se $k''$ e $\beta_B$. A partir dos valores das ordens individuais de cada componente, tem-se a ordem global da reação, $\beta_A + \beta_B$. A constante de velocidade intrínseca ou verdadeira de consumo de A ($k_A$) pode ser obtida a partir de quaisquer dos valores das pseudoconstantes de velocidade $k'$ ou $k''$.

---

**Exemplo 5.8  Cálculo dos parâmetros n e k pelo método do isolamento.**

---

A reação $A + B \rightarrow$ produtos é realizada em um reator batelada em condições tais que a velocidade de reação depende da concentração de ambos os reagentes. Em um experimento com concentrações iniciais de reagentes iguais a $C_{A0} = 8 \cdot 10^{-4}$ mol/L e $C_{B0} = 0,1$ mol/L, foram obtidos os seguintes dados:

| $(-R_A)$ (mol/Lmin): | 0,0 | 4,5 | 2,0 | 0,5 |
|---|---|---|---|---|
| $10^4 \cdot C_A$ (mol/L): | 0,0 | 6,0 | 4,0 | 2,0 |

Calcule a ordem de reação e a pseudoconstante de velocidade k′.

***Solução:***
Observando-se os dados, verifica-se que o reagente B encontra-se em excesso e sua concentração pode ser considerada constante ao longo do experimento, ou seja:

$$\left(-R_A\right) = -\frac{dC_A}{dt} = k_A C_A^{\beta_A} C_B^{\beta_B} = k' C_A^{\beta_A} \tag{E5.8.1}$$

onde $k' = k_A C_B^{\beta_B} = k_A C_{B0}^{\beta_B} =$ constante. Também verifica-se que, ao duplicar, triplicar e quadruplicar $C_A$, a velocidade $(-R_A)$ fica multiplica por $2^2$, $3^2$ e $4^2$, respectivamente. Assim, a reação é de segunda ordem em relação ao reagente A, ou seja, $\beta_A = 2$. A pseudoconstante k′ é calculada para cada par de pontos experimental a partir dos dados fornecidos e da Equação (E5.8.1).

$$k' = \frac{\left(-R_A\right)}{C_A^2} = \frac{8}{\left(8\cdot10^{-4}\right)^2} = 1,25\cdot10^7 \left(\frac{L}{mol\cdot min}\right)$$

### 5.6.5 Método das velocidades iniciais

O *método das velocidades iniciais* envolve a medida da velocidade de reação em tempos muito curtos antes que ocorra qualquer mudança significativa na concentração do reagente que está sendo monitorado. O procedimento geral para avaliar os parâmetros cinéticos é o mesmo do método diferencial, exceto que são usadas baixíssimas conversões e cada medida de velocidade de reação envolve um novo experimento.

A velocidade inicial de reação é encontrada pela diferenciação dos dados experimentais de concentração em função do tempo e pela extrapolação do coeficiente angular para tempo igual a zero.

Para uma reação cuja expressão da velocidade de reação é dada pela Equação (5.24), pode-se determinar a ordem da reação de consumo do reagente A ($\beta_A$) realizando-se diversos experimentos com diferentes concentrações iniciais de A e mantendo-se a mesma concentração do reagente B.

| $C_{A0}$:      | $(C_{A0})_1$  | $(C_{A0})_2$  | $(C_{A0})_3$  | $(C_{A0})_4$  | $(C_{A0})_5$  |
|---|---|---|---|---|---|
| $(-R_{A0})$:   | $(-R_{A0})_1$ | $(-R_{A0})_2$ | $(-R_{A0})_3$ | $(-R_{A0})_4$ | $(-R_{A0})_5$ |

Dispondo-se desses dados experimentais, reescreve-se a Equação (5.24) na forma logarítmica e realiza-se uma regressão linear de $\ln(-R_{A0}) = f(\ln C_{A0})$ (Figura 5.12) para obter o coeficiente angular $\beta_A$.

$$\ln(-R_{A0}) = \ln(k_A C_B^{\beta_B}) + \beta_A \ln C_{A0} \qquad (5.27)$$

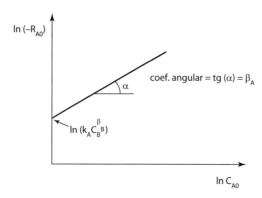

**Figura 5.12** – $[\ln(-R_{A0})] = f(\ln C_{A0})$ para avaliar $\beta_A$.

A determinação de $\beta_A$ também pode ser feita a partir de dados de apenas dois experimentos. Por exemplo, se as velocidades iniciais observadas nas concentrações iniciais $(C_{A0})_1$ e $(C_{A0})_2$ forem $(-R_{A0})_1$ e $(-R_{A0})_2$, respectivamente, têm-se as equações:

$$(-R_{A0})_1 = (k_A C_{B0}^{\beta_B})(C_{A0})_1^{\beta_A} \qquad (5.28)$$

$$(-R_{A0})_2 = (k_A C_{B0}^{\beta_B})(C_{A0})_2^{\beta_A} \qquad (5.29)$$

Obtenção e análise cinética de dados experimentais

Dividindo-se a Equação (5.28) pela Equação (5.29), obtém-se:

$$\frac{\left(-R_{A0}\right)_1}{\left(-R_{A0}\right)_2} = \left[\frac{\left(C_{A0}\right)_1}{\left(C_{A0}\right)_2}\right]^{\beta_A} \tag{5.30}$$

Passando ambos os membros da Equação (5.30) para a forma logarítmica, obtém-se a ordem de reação em relação ao componente A, $\beta_A$.

$$\beta_A = \frac{\ln\left[\dfrac{\left(-R_{A0}\right)_1}{\left(-R_{Ao}\right)_2}\right]}{\ln\left[\dfrac{\left(C_{A0}\right)_1}{\left(C_{A0}\right)_2}\right]} \tag{5.31}$$

Esse mesmo procedimento pode ser empregado para avaliar a ordem de reação com relação ao componente B, ou outros, se houver.

Conhecendo-se as ordens de reação, a partir da Equação (5.28) ou da Equação (5.29), determina-se a constante de velocidade e assim tem-se a equação cinética da reação.

## Exemplo 5.9 Cálculo de n e k pelo método das velocidades iniciais.

A reação em fase gasosa entre o diborano (A) e a acetona (B), cuja equação estequiométrica é $B_2H_6 + 4(CH_3)_2CO \rightarrow 2[(CH_3)_2CHO]_2BH$ ou $A + 4B \rightarrow 2C$, foi realizada na temperatura de 114 °C. Em dez ensaios com diferentes concentrações iniciais de A ($C_{A0}$) e B ($C_{B0}$), foram obtidos os dados de velocidade inicial de consumo de A ($-R_{A0}$) apresentados na Tabela E5.9.1.

Assumindo que ($-R_{A0}$) possa ser representada pela Equação (5.24), determine os valores dos parâmetros cinéticos $k_A$, $\beta_A$ e $\beta_B$.

## Tabela E5.9.1 – Dados de $(-R_{A0}) = f(C_{A0}, C_{B0})$ do E5.9.

| ensaio | $C_{A0} \cdot 10^4$ (mol/L) | $C_{B0} \cdot 10^4$ (mol/L) | $(-R_{A0}) \cdot 10^8$ (mol/Ls) |
|---|---|---|---|
| 1 | 2,49 | 8,28 | 2,071 |
| 2 | 3,31 | 8,28 | 2,609 |
| 3 | 4,14 | 8,28 | 3,438 |
| 4 | 4,97 | 8,28 | 4,142 |
| 5 | 6,63 | 8,28 | 5,301 |
| 6 | 4,14 | 4,14 | 1,367 |
| 7 | 4,14 | 8,28 | 3,313 |
| 8 | 4,14 | 16,56 | 6,212 |
| 9 | 4,14 | 24,85 | 9,152 |
| 10 | 4,14 | 41,41 | 13,790 |

*Solução:*

Observando-se os dados da Tabela E5.9.1, verifica-se que nos ensaios de 1 a 5 manteve-se $C_{B0}$ constante e variou-se $C_{A0}$. Nos ensaios de 6 a 10, ocorreu o contrário: manteve-se $C_{A0}$ constante e variou-se $C_{B0}$. A partir da Equação (5.24), tem-se:

**Ensaios de 1 a 5:**

$$\ln\left(-R_{A0}\right) = \ln\left(k_A C_{B0}^{\beta_B}\right) + \beta_A \ln C_{A0} \qquad (E5.9.1)$$

O valor de $\beta_A$ é obtido a partir do coeficiente angular da reta ajustada aos dados experimentais, $\ln(-R_{A0}) = f(\ln C_{A0})$, Figura E5.9.1.

**Ensaios de 6 a 10:**

$$\ln\left(-R_{A0}\right) = \ln\left(k_A C_{A0}^{\beta_A}\right) + \beta_B \ln C_{B0} \qquad (E5.9.2)$$

De maneira semelhante ao caso anterior, o valor de $\beta_B$ é obtido a partir do coeficiente angular da reta ajustado aos dados experimentais, $\ln(-R_{A0}) = f(\ln C_{B0})$ (Figura E5.9.2).

Obtenção e análise cinética de dados experimentais

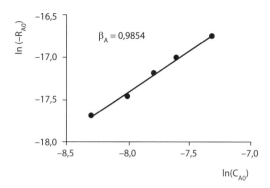

**Figura E5.9.1** – [ln(–R$_{A0}$)] = f(lnC$_{A0}$), ensaios de 1 a 5 do E5.9.

Dispondo-se dos valores de β$_A$ e β$_B$, a partir da Equação (5.24) e dos dados da Tabela E5.9.1, calculam-se os valores de k$_A$ para cada ponto experimental e, então, é calculado seu valor médio.

$$k_A = \frac{(-R_{A0})}{C_{A0}^{\beta_A} C_{B0}^{\beta_B}} = \frac{(-R_{A0})}{C_{A0}^{0,9854} C_{B0}^{0,9958}} \quad \text{(E5.9.3)}$$

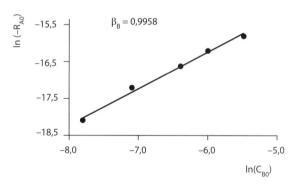

**Figura E5.9.2** – [ln(–R$_{A0}$)] = f(lnC$_{B0}$), ensaios de 6 a 10 do E5.9.

O valor médio da constante de velocidade de consumo de A é k$_A$ = 0,08058 (L/mol)$^{0,9812}$s$^{-1}$, consequentemente, a equação cinética da reação é:

$$(-R_A) = 0,08058 C_A^{0,9854} C_B^{0,9958} \; (\text{mol/L} \cdot \text{s}) \quad \text{(E5.9.4)}$$

Apesar de também depender da avaliação da velocidade de reação, esse método é mais preciso, uma vez que utiliza as concentrações iniciais e as velocidades correspondentes. Para a maioria das reações, a velocidade inicial é grande e a variação da concentração com o tempo nos primeiros instantes de reação é praticamente linear. Outra grande vantagem desse método é que para funções complexas como aquelas que aparecem em reações reversíveis, as quais podem ser de difícil integração pelo uso desse método que utiliza somente as velocidades iniciais, pode ser considerada apenas a reação direta, desprezando-se a reação reversa.

### 5.6.6  Método das meias-vidas

O desenvolvimento desse método é baseado no fato de que o tempo necessário para que certa fração de reagente limitante seja consumida depende da concentração inicial dos reagentes da forma determinada pela expressão da velocidade de reação.

A meia-vida de uma reação química é definida como o tempo necessário para que a metade da quantidade de reagente inicialmente presente na mistura reacional seja consumida. Para um sistema de volume constante, pode-se dizer que a meia-vida é o tempo necessário para que a concentração do reagente limitante seja reduzida à metade de seu valor inicial.

Para avaliar os parâmetros cinéticos n e k por meio desse método é necessário determinar a meia-vida da reação em diferentes concentrações iniciais e então realizar uma análise de regressão. Por exemplo, para uma reação genérica nA → produtos, conduzida em um reator batelada de volume constante, a partir da Equação (4.51), tem-se:

$$(-R_A) = -\frac{dC_A}{dt} = k_A C_A^n \tag{5.32}$$

A integração da Equação (5.32) já foi realizada e expressa pela Equação (4.52), a partir da qual se pode escrever:

$$t = \frac{1}{(n-1)k_A}\left(\frac{1}{C_A^{n-1}} - \frac{1}{C_{A0}^{n-1}}\right) =$$

$$\frac{1}{(n-1)k_A C_{A0}^{n-1}}\left[\left(\frac{C_{A0}}{C_A}\right)^{n-1} - 1\right] \qquad (n \neq 1) \tag{5.33}$$

Obtenção e análise cinética de dados experimentais

Substituindo-se a concentração atingida na meia-vida da reação, ou seja, $C_A = C_{A0}/2$ em $t = t_{1/2}$, na Equação (5.33), obtém-se:

$$t_{1/2} = \frac{2^{n-1} - 1}{(n-1)k_A} \left( \frac{1}{C_{A0}^{n-1}} \right) \qquad (n \neq 1) \tag{5.34}$$

Antes de prosseguir com a determinação dos parâmetros cinéticos, a partir da Equação (5.34), calculam-se as meias-vidas de algumas reações, exceto de uma reação de primeira ordem ($n = 1$), para a qual a Equação (5.34) não é aplicável.

reações de ordem zero ($n = 0$):

$$t_{1/2} = \frac{C_{A0}}{2k_A}$$

reações de segunda ordem ($n = 2$):

$$t_{1/2} = \frac{1}{k_A C_{A0}}$$

reações de primeira ordem ($n = 1$): neste caso, a Equação (5.34) não é aplicável, então se deve usar a Equação (4.7), na qual se substitui $C_A = C_{A0}/2$ e $t = t_{1/2}$, para obter o seguinte resultado:

$$\ln\left[ \left( C_{A0}/2 \right)/C_{A0} \right] = -k_A t_{1/2}$$

$$t_{1/2} = \frac{\ln 2}{k_A}$$

A partir desses resultados, verifica-se que, para uma reação de primeira ordem ($n = 1$), a meia-vida ($t_{1/2}$) independe da concentração inicial ($C_{A0}$), para $n < 1$ aumenta e para $n > 1$ diminui com o aumento de $C_{A0}$.

Para calcular os parâmetros n e k a partir de valores experimentais de $t_{1/2} = f(C_{A0})$, escreve-se a Equação (5.34) na forma logarítmica, ou seja:

$$\ln t_{1/2} = \ln\left[\frac{2^{n-1}-1}{(n-1)k_A}\right] + (1-n)\ln C_{A0} \qquad (n \neq 1) \qquad (5.35)$$

Alocam-se os dados experimentais $\ln(t_{1/2}) = f(\ln C_{A0})$ em um gráfico, realiza-se uma regressão linear, calculam-se os coeficientes angular e linear, a partir dos quais se podem calcular a ordem de reação (n) e a constante de velocidade ($k_A$) (Figura 5.13).

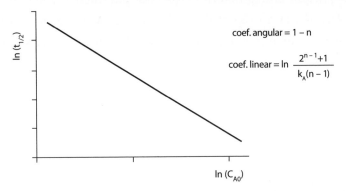

**Figura 5.13** – Variação de $\ln(t_{1/2})$ em função de $\ln(C_{A0})$.

### Exemplo 5.10 Cálculo de n e k pelo método das meias-vidas.

A reação de decomposição em fase gasosa A → B + 2C foi realizada em um reator batelada de volume constante. Foram realizados seis ensaios, os ensaios de 1 a 5 na temperatura de 100 °C e o ensaio 6 a 110 °C. Os dados da meia-vida dessa reação ($t_{1/2}$) obtidos em diferentes concentrações iniciais de A estão apresentados na Tabela E5.10.1.

**Tabela E5.10.1** – Meia-vida $(t_{1/2}) = f(C_{A0})$ do E5.10.

| Ensaio | $C_{A0}$ (mol/L) | $t_{1/2}$ (min) |
|---|---|---|
| 1 | 0,025 | 4,1 |
| 2 | 0,0133 | 7,7 |
| 3 | 0,010 | 9,8 |

(continua)

**Tabela E5.10.1** – Meia-vida $(t_{1/2}) = f(C_{A0})$ do E5.10 (continuação).

| Ensaio | $C_{A0}$ (mol/L) | $t_{1/2}$ (min) |
|---|---|---|
| 4 | 0,05 | 1,96 |
| 5 | 0,075 | 1,3 |
| 6 | 0,025 | 2,0 |

Calcule os parâmetros cinéticos n e $k_A$ e a energia de ativação (E) da reação.

*Solução:*

Por meio de uma regressão linear, ajustam-se os dados fornecidos pelos ensaios de 1 a 5 a uma reta de acordo com a Equação (5.35), Figura E5.10.1.

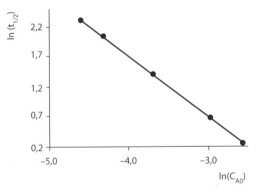

**Figura E5.10.1** – $[\ln (t_{1/2})] = f[\ln (C_{A0})]$ para o E5.10.

- coeficiente angular: ordem de reação.

$$1 - n = -1{,}013 \Rightarrow n = 2{,}013$$

- coeficiente linear: constante de velocidade.

$$\ln\left[\frac{2^{n-1}-1}{(n-1)k_{A1}}\right] = -2{,}3429$$

$$k_{A1} = 10{,}569 \, (L/mol)^{1{,}013} \, min^{-1}$$

Esse valor de $k_A$ é válido na temperatura de 100 °C ou 373,16 K, por isso, foi denominado $k_{A1}$. Dispondo-se da ordem de reação, pode-se usar a Equação (5.35) e os dados do ensaio 6 para calcular $k_A$, denominado $k_{A2}$, na temperatura de 110 °C ou 383,16 K.

$$\ln 2 = \ln\left[\frac{2^{2,013-1}-1}{(2,013-1)k_{A2}}\right] + (1-2,013)\ln 0,025$$

$$k_{A2} = 21,088(L/mol)^{1,013}\ min^{-1}$$

Dispondo-se de dois valores de $k_A$ em duas temperaturas diferentes, pode-se usar a Equação (3.64) para calcular a energia de ativação (E).

$$\ln\frac{21,088}{10,569} = \frac{E}{1,987}\cdot\left(\frac{1}{373,16}-\frac{1}{383,16}\right)$$

$$E = 19625,12\ cal/mol$$

---

O método das meias-vidas tem a vantagem de não requerer o cálculo da velocidade de reação, mas depende da realização de vários experimentos em diferentes concentrações iniciais. É um método bastante útil para fazer uma estimativa preliminar da ordem de reação, mas não é possível utilizá-lo em sistemas reacionais em que as expressões da velocidade de reação não obedecem a ordem n.

### 5.6.7 Método dos mínimos quadrados

O *método dos mínimos quadrados* consiste na otimização dos parâmetros cinéticos com a finalidade de encontrar o melhor ajuste de um conjunto de dados de velocidade de reação em função das concentrações dos diversos componentes da mistura reacional. Esse método também depende da diferenciação de dados experimentais, ou seja, de dados de velocidade de reação, e pode ser usado tanto para situações em que a velocidade é função da concentração de apenas um reagente como para situações com mais de um reagente.

Obtenção e análise cinética de dados experimentais

Para o caso que a velocidade de reação é função da concentração de apenas um reagente, de forma genérica, tem-se:

$$\left(-R_A\right) = k_A C_A^{\beta_A} \tag{5.36}$$

Tomando-se o logaritmo natural de ambos os membros da Equação (5.36), tem-se sua forma linearizada, ou seja:

$$\ln\left(-R_A\right) = \ln k_A + \beta_A \ln C_A \tag{5.37}$$

Dispondo-se de dados experimentais de $(-R_A) = f(C_A)$, os parâmetros $k_A$ e $\beta_A$ podem ser avaliados por regressão não linear da Equação (5.36) ou por regressão linear da Equação (5.36) pelo método dos mínimos quadrados.

Para o caso que a velocidade de reação é função da concentração de dois reagentes, de forma genérica, tem-se:

$$\left(-R_A\right) = k_A C_A^{\beta_A} C_B^{\beta_B} \tag{5.38}$$

Da mesma forma, tomando-se o logaritmo natural de ambos os membros da Equação (5.38), tem-se sua forma linearizada.

$$\ln\left(-R_A\right) = \ln k_A + \beta_A \ln C_A + \beta_B \ln C_B \tag{5.39}$$

Dispondo-se de dados experimentais de $(-R_A) = f(C_A, C_B)$, os parâmetros $k_A$, $\beta_A$ e $\beta_B$ podem ser avaliados por regressão não linear da Equação (5.38) ou por regressão linear múltipla da Equação (5.39) também pelo método dos mínimos quadrados.

Naturalmente, esse mesmo procedimento pode ser usado para outras situações em que se tem mais de dois reagentes.

Sobre esse método, alguns pontos devem ser destacados:

a) o ajuste de dados experimentais pelo método dos mínimos quadrados determina simultaneamente e em uma única etapa os valores de todos os parâmetros cinéticos, por exemplo, $k_A$, $\beta_A$ e $\beta_B$;

b) esse método adquire maior relevância quando três ou mais parâmetros estão envolvidos;

c) os valores dos parâmetros cinéticos estimados a partir da equação linearizada não são iguais aos valores estimados pela equação não linear original;

d) há funções que não são linearizáveis;

e) a linearização pode introduzir erros significativos nos valores dos parâmetros cinéticos e, consequentemente, no modelo matemático obtido.

Há diversos programas computacionais que podem ser usados para a realização de cálculos e determinação de parâmetros cinéticos pelo método dos mínimos quadrados, entre os quais se tem o programa Polymath. Para a versão 6.1 desse programa, o procedimento geral é o seguinte:

a) aciona-se o programa Polymath, abre-se o menu "Program" e seleciona-se a opção "REG regression" para abrir uma planilha;

b) introduzem-se nessa planilha os dados experimentais de interesse: $(-R_j) = f(C_j)$ para regressão não linear ou $[\ln (-R_j)] = f[\ln (C_j)]$ para regressão linear simples ou múltipla;

c) a partir da planilha com os dados, abre-se o menu "Regression":

c-1)  para a regressão linear – Equação (5.37) – seleciona-se a opção "Linear & Polynomial" e seleciona-se as variáveis dependente e independente (uma única);

c-2)  para a regressão linear múltipla – Equação (5.39) – seleciona-se a opção "Multiple Linear" e depois as variáveis dependente e independente (mais de uma) e

c-3)  para a regressão não linear – Equação (5.36) ou Equação (5.38) – seleciona-se a opção "Nonlinear", introduz-se o modelo – Equação (5.36) ou Equação (5.38) – digitando a equação de acordo com a sintaxe requerida pelo programa e introduz-se os valores iniciais dos parâmetros a serem avaliados;

d) aciona-se a seta para realizar os cálculos e apresentar os resultados em tabelas ou gráficos, de acordo com o interesse do usuário.

## Exemplo 5.11  Cálculo da ordem de reação por regressão não linear.

No Exemplo 5.9, as ordens de reação $\beta_A$ e $\beta_B$ foram calculadas pela regressão linear da equação cinética linearizada. Utilizando-se os mesmos dados experimentais, calcule essas ordens de reação utilizando a equação não linear original.

Obtenção e análise cinética de dados experimentais

**Solução:**

Para os dados experimentais dos ensaios de 1 a 5, $C_{B0}$ é constante, então, a partir da Equação (5.38), pode-se escrever:

$$\left(-R_{A0}\right) = \left(k_A C_{B0}^{\beta_B}\right) C_{A0}^{\beta_A} = k^* C_{A0}^{\beta_A} \qquad (E5.11.1)$$

Utilizando-se o programa Polymath, versão 6.1, e os dados experimentais de $(-R_{A0}) = f(C_{A0})$ fornecidos pelos ensaios de 1 a 5, realiza-se uma regressão não linear – Equação (E5.11.1) –, obtendo-se os seguintes resultados: $k^* = 6{,}74 \cdot 10^{-5}$ e $\beta_A = 0{,}975$.

Para avaliar $\beta_B$, utiliza-se o mesmo procedimento, mas agora usam-se os dados experimentais dos ensaios de 6 a 10, para os quais $C_{A0}$ é constante, ou seja:

$$\left(-R_{A0}\right) = \left(k_A C_{A0}^{\beta_B}\right) C_{B0}^{\beta_B} = k^{**} C_{B0}^{\beta_B} \qquad (E5.11.2)$$

A partir de uma regressão não linear de $(-R_{A0}) = f(C_{B0})$ fornecida pelos ensaios de 6 a 10 e da Equação (E5.11.2), obtém-se os seguintes resultados: $k^{**} = 1{,}85 \cdot 10^{-5}$ e $\beta_B = 0{,}891$.

Os valores das ordens obtidos no E5.9 pela regressão linear das equações linearizadas foram $\beta_A = 0{,}985$ e $\beta_B = 0{,}995$, ambos superiores aos valores obtidos pela regressão não linear da equação original.

---

**Exemplo 5.12 Cálculo de parâmetros cinéticos pelas regressões não linear e linear múltipla.**

Na pirólise de uma mistura de 2-butino ($C_2H_6$, A) e vinilacetileno ($C_4H_4$, B), forma-se o-xileno ($C_8H_{10}$, C) como produto secundário. A reação foi conduzida em um reator batelada de volume constante e os produtos foram analisados por espectrometria de massa. As velocidades iniciais de formação de C foram obtidas para diversas concentrações iniciais de A e B. A 400 °C foram obtidos dados que estão na Tabela E5.12.1.

A partir desses dados, calcule as ordens de reação em relação a A e B e a constante de velocidade por meio de uma regressão não linear da Equação (5.36) e de uma regressão linear múltipla da Equação (5.37).

**Tabela E5.12.1** – Dados de velocidade de formação de C do E5.12.

| $10^4 \cdot C_{A0}$ (mol/L) | $10^4 \cdot C_{B0}$ (mol/L) | $10^9 \cdot R_{C0}$ [mol/(L·s)] |
|:---:|:---:|:---:|
| 9,41 | 9,58 | 12,5 |
| 4,72 | 4,79 | 3,63 |
| 2,38 | 2,45 | 0,763 |
| 1,45 | 1,47 | 0,242 |
| 4,69 | 14,3 | 12,6 |
| 2,28 | 6,96 | 3,34 |
| 1,18 | 3,6 | 0,546 |
| 0,62 | 1,9 | 0,343 |
| 13,9 | 4,91 | 6,62 |
| 6,98 | 2,48 | 1,67 |
| 3,55 | 1,25 | 0,570 |
| 1,9 | 0,67 | 0,0796 |

### Solução:

De acordo com os dados do problema, a equação estequiométrica da reação é A + B → C, para a qual a Equação (5.38) é escrita como:

$$\left(R_{C0}\right) = k_A C_{A0}^{\beta_A} C_{B0}^{\beta_B} \qquad \text{(E5.12.1)}$$

Utilizando-se o programa Polymath, versão 6.1, e os dados experimentais de $(R_{C0})$ = $f(C_{A0}, C_{B0})$ fornecidos no problema, realiza-se uma regressão não linear da Equação (E5.12.1) e obtêm-se os seguintes resultados: $k_A = 6,740 \cdot 10^{-3}$ [(L/mol)$^{0,93}$ · s$^{-1}$], $\beta_A$ = 0,655 e $\beta_B$ = 1,245. Substituindo-se esses dados na Equação (E5.12.1), tem-se:

$$R_{C0} = 6,47 \cdot 10^{-3} C_{A0}^{0,655} C_{B0}^{1,245} \left[ mol/(L \cdot s) \right] \qquad \text{(E5.12.2)}$$

Assim como foi feito para obter a Equação (5.39), realiza-se a linearização da Equação (E5.12.1).

$$\ln\left(R_{C0}\right) = \ln k_A + \beta_A \ln C_{A0} + \beta_B \ln C_{B0} \qquad \text{(E5.12.3)}$$

Obtenção e análise cinética de dados experimentais

A partir dos dados fornecidos na Tabela E5.12.1, calculam-se os valores correspondentes a ln ($R_{C0}$), ln ($C_{A0}$) e ln ($C_{B0}$) e introduzem-se esses dados na planilha do programa Polymath. Seguindo o procedimento descrito no item 5.6.7, realiza-se a regressão linear múltipla da Equação (E5.12.3) e dos dados ln ($R_{C0}$) = f[ln ($C_{A0}$), ln ($C_{B0}$)]. Os resultados são os seguintes: $k_A = 19{,}58 \cdot 10^{-3}$, $\beta_A = 0{,}678$ e $\beta_B = 1{,}370$. Substituindo-se esses dados na Equação (E5.12.3), tem-se:

$$\ln\left(R_{C0}\right) = -3{,}933 + 0{,}678 \cdot \ln C_{A0} + 1{,}370 \cdot \ln C_{B0} \qquad \text{(E5.12.4)}$$

---

Sobre os métodos apresentados para a determinação de parâmetros cinéticos, ressalta-se o seguinte:

a) os métodos diferencial, isolamento, velocidades iniciais e mínimos quadrados dependem de dados de velocidade em diversas concentrações;

b) para o cálculo da velocidade, é necessário o cálculo do coeficiente angular de curvas, cujo procedimento é difícil e trabalhoso, mas com o avanço dos computadores isso praticamente não constitui mais problema;

c) quando se analisam dados cinéticos de reações compostas em que reações secundárias podem afetar a cinética, os métodos que usam velocidade em função da concentração, especialmente velocidades iniciais, em geral, são a melhor alternativa para avaliar parâmetros cinéticos. Porém, quando se dispõe da ordem de reação, a melhor forma de determinar a constante de velocidade é, sem dúvida, o método integral;

d) dados cinéticos experimentais podem ser obtidos na literatura. Por exemplo, o National Institute of Standards and Technology (NIST) mantém uma base de dados de reações elementares que é regularmente atualizada. Essa base capta dados cinéticos do mundo todo e os avalia criteriosamente antes de disponibilizá-los, o que faz dela uma fonte confiável.

## Referências

COLLINS, C. H.; BRAGA, G. L.; BONATO, P. S. **Introdução a métodos cromatográficos.** 7. ed. Campinas: Editora da Unicamp, 1997. 280 p.

FOGLER, H. S. **Elements of chemical reaction engineering.** 4. ed. New Jersey: Prentice Hall PTR, 1999. 967 p.

GREEN, D. W; PERRY, R. H. **Perry's chemical engineers' handbook.** 8. ed. New York: McGraw-Hill Co., 2008.

GREEN, N. J. B. (Org.). **Comprehensive chemical kinetics:** modeling of chemical reactions. v. 42. 1. ed. Oxford: Elsevier, 2007. 316 p.

HOFFMAN, J. D. **Numerical methods for engineers and scientists.** 2. ed. New York: Marcel Dekker Inc., 2001. 840 p.

IUPAC. **Compendium of chemical terminology:** the gold book. 2. ed. Disponivel em: <http://goldbook.iupac.org>. Acesso em: 10 set. 2013.

LEVENSPIEL, O. **Chemical reaction engineering.** 3. ed. New York: John Wiley & Sons, 1999. 688 p.

MONTGOMERY, D. C. **Design and analysis of experiments.** 5. ed. New York: John Wiley & Sons, 1991. 672 p.

NIST. **Chemical kinetics database:** standard reference database 17, Version 7.0 (Web Version). Disponível em: <http://kinetics.nist.gov/kinetics/index.jsp>. Acesso em: 20 out. 2012.

PIMENTEL, M. F.; NETO, B. B. Calibração: uma revisão para químicos analíticos. **Química Nova,** v. 19, n. 3, p. 268-277, 1996.

RANALDI, F.; VANNI, P.; GIACHETTI, E. What students must know about the determination of enzyme kinetic parameters. **Biochemical Education,** v. 27, p. 87-91, 1999.

RICE, G. R.; DO, D. D. **Applied mathematics and modeling for chemical engineers.** New York: John Wiley & Sons, 1995. 706 p.

SILVEIRA, B. I. Cinética química das reações homogêneas. São Paulo: Blucher, 1996. 172 p.

VAZ-JÚNIOR, S. Aplicando as técnicas analíticas instrumentais em controle de qualidade e em química ambiental. **Metrologia & Instrumentação,** v. 210, p. 74-82, 2010.

WRIGHT, M. R. **An introduction to chemical kinetics.** West Sussex: John Wiley & Sons Ltd., 2004. 462 p.

# CAPÍTULO 6

# REAÇÕES COMPOSTAS

*Reações compostas são* reações para as quais a expressão da velocidade de consumo de um reagente ou formação de um produto envolve constantes de velocidade de mais de uma reação elementar. Reações elementares que ocorrem em reações compostas podem ser denominadas reações ou etapas e devem ser numeradas de tal forma que todas sejam facilmente identificadas.

Para caracterizar as reações compostas, destaca-se cada reação elementar envolvida em seu mecanismo, do que resultam várias equações cinéticas, uma para cada componente, ou seja, forma-se um sistema de equações diferenciais. São poucas as reações compostas de interesse industrial que têm solução exata para esse sistema; em geral, são necessárias soluções aproximadas. Utilizando-se as equações diferenciais ou algébricas e os dados experimentais, é possível avaliar os parâmetros cinéticos de todas as etapas ou reações elementares individualmente.

Neste capítulo, os conceitos de velocidade de reação e leis de velocidade apresentados no capítulo 3 são estendidos para reações compostas, introduzindo-se o conceito de velocidade resultante. É apresentado um procedimento geral para obter equações cinéticas de uma reação composta e são deduzidas as equações para as seguintes reações homogêneas: reversíveis, paralelas ou simultâneas, série ou consecutivas e série-paralela, quando são conduzidas em reatores descontínuos ou batelada de volume constante. Essas equações são resolvidas e seus parâmetros cinéticos, avaliados a partir de dados experimentais.

## 6.1 Velocidades de reação, consumo e formação de uma reação composta

A definição de velocidade de reação para uma reação composta é a mesma apresentada para reações químicas elementares – Equação (3.1) –, mas para sua utilização introduz-se um subíndice i para denotar a reação ou a etapa à qual a equação se refere, como a seguir:

$$r_i = \frac{1}{V}\frac{d\xi_i}{dt} \tag{6.1}$$

onde $r_i$ e $\xi_i$ são a velocidade de reação e o grau de avanço da reação ou etapa i, respectivamente.

Ressalta-se que a Equação (6.1) só pode ser usada se a reação ou etapa for estequiometricamente independente do tempo, ou seja, se tiver estequiometria definida e se a equação estequiométrica permanecer válida ao longo do curso da reação.

Da mesma forma, a definição de velocidade de consumo ou formação de um componente j em dada reação ou etapa é aquela apresentada na Equação (3.2) com o subíndice i para denotar a reação ou etapa à qual a equação se refere.

Se o componente j for um reagente, tem-se:

$$\left(-R_{ij}\right) = -\frac{1}{V}\frac{dn_j}{dt} \tag{6.2}$$

onde $(-R_{ij})$ é a velocidade de consumo do reagente j na reação ou etapa i.

Se o componente j for um produto, tem-se:

$$\left(R_{ij}\right) = \frac{1}{V}\frac{dn_j}{dt} \tag{6.3}$$

onde $(R_{ij})$ é a velocidade de formação do produto j na reação ou etapa i.

Reações compostas

As velocidades de consumo ou formação – Equações (6.2) e (6.3), respectivamente – podem ser expressas em função de outras propriedades: concentração molar, conversão fracional ou pressão parcial. Se a propriedade de interesse for a concentração, deve-se levar em conta a variação ou não de volume do sistema durante a reação.

Para obter as velocidades de consumo ou formação em função da concentração molar para reações compostas conduzidas em reator batelada de volume constante, pode-se proceder da mesma forma que foi feita no capítulo 3 para a Equação (3.4). Utiliza-se a relação $n_j = C_j V$ obtida da Equação (2.2) e substitui-se nas Equações (6.2) e (6.3) para obter as seguintes formas:

$$\left(-R_{ij}\right) = -\frac{dC_j}{dt} \tag{6.4}$$

$$\left(R_{ij}\right) = \frac{dC_j}{dt} \tag{6.5}$$

As Equações (6.4) e (6.5) se referem a reagente e produto, respectivamente. Ainda se pode expressar a velocidade de consumo de um componente j em dada reação ou etapa em função de sua conversão fracional $(X_j)$. Para isso, procede-se como foi feito para obter a Equação (3.6), acrescentando um subíndice i à velocidade $(-R_{ij})$ para denotar a reação ou a etapa à qual a expressão se refere.

$$\left(-R_{ij}\right) = C_{j0}\frac{dX_j}{dt} \tag{6.6}$$

As velocidades de consumo ou formação de um componente j estão relacionadas com a velocidade de reação de determinada reação ou etapa pela sua estequiometria. Como foi feito para a Equação (3.10) aplicada às reações elementares, aqui também se utiliza uma relação entre grau de avanço e número de mols semelhante à Equação (2.42). Mas, no caso de reações compostas, um grau de avanço $\xi_i$ fica associado a cada reação ou etapa i pela relação $dn_j = v_{ij}d\xi_i$, a qual é combinada com as Equações (6.1) e (6.2).

$$R_{ij} = v_{ij}r_i \tag{6.7}$$

onde $R_{ij}$ e $\nu_{ij}$ são a velocidade de consumo ou formação de j e o número estequiométrico de j na reação ou etapa i, respectivamente.

## 6.2 Lei de velocidade ou lei cinética de uma reação composta

Para representar as leis de velocidade de reação, consumo ou formação para reações compostas, podem-se usar as Equações (3.12) e (3.13), acrescentando-lhes um subíndice i para identificar a reação ou a etapa à qual a expressão se refere.

$$r_i = k_i C_1^{\beta_{i1}} C_2^{\beta_{i2}} \dots C_N^{\beta_{iN}} = k_i \prod_{j=1}^{N} C_j^{\beta_{ij}} \qquad (6.8)$$

$$\left(-R_{ij}\right) = k_{ij} C_1^{\beta_{i1}} C_2^{\beta_{i2}} \dots C_N^{\beta_{iN}} = k_{ij} \prod_{j=1}^{N} C_j^{\beta_{ij}} \qquad (6.9)$$

onde $r_i$, $k_i$, $(-R_{ij})$, $k_{ij}$ e $\beta_{ij}$ são a velocidade de reação, a constante de velocidade, a velocidade de consumo de j, a constante de velocidade de consumo de j e a ordem de reação da reação ou etapa i com relação ao componente j, respectivamente. Para a formação de j, apenas substitui-se $(-R_{ij})$ na Equação (6.9) por $R_{ij}$, e $k_{ij}$ passa a ser a constante de velocidade de formação de j na reação ou etapa i. Para reações compostas em fase gasosa, podem-se obter as expressões correspondentes à Equação (3.28) ou à (3.29).

Nas Equações (6.8) e (6.9), em que foi usado o produtório ($\Pi$), o número de etapas ou reações pode variar, por exemplo, de 1 a r, (i = 1, 2, $\cdots$, r), e o número de componente, de 1 a N, (j = 1, 2, $\cdots$, N). Ressalta-se que, neste livro, os componentes de uma reação genérica são expressos por letras e não por números, como estão nas Equações (6.8) e (6.9). Nestas, foram usados números para facilitar a notação na equação generalizada e isso também será feito em outras equações que usam somatório ($\Sigma$). Nos exemplos que estão apresentados mais adiante (E6.1 e E6.2), o uso dessas equações fica completamente esclarecido.

## 6.3 Velocidade resultante de reações compostas

Um dado componente j de uma reação composta pode ser formado ou consumido em mais de uma etapa, pode ser consumido em uma etapa e formado em outra etc. Assim, para avaliar a velocidade de consumo ou formação desse componente, é necessária uma velocidade resultante ou líquida.

A *velocidade resultante* de consumo ou formação de um dado componente j em uma reação composta é aquela velocidade que leva em conta as velocidades de consumo e formação de todas as reações ou etapas em que o componente j contribui. Essa contabilização é feita com base no *princípio da independência*, o qual estabelece que "as reações ou etapas são estatisticamente independentes e estão ligadas apenas através de suas dependências mútuas das concentrações dos participantes que elas têm em comum".

Como consequência desse princípio, tem-se que "a forma algébrica da equação de velocidade de uma reação ou etapa e o valor de sua constante de velocidade não são afetados por qualquer outra reação ou etapa; eles são os mesmos que seriam se a etapa ou a reação estivesse ocorrendo como reação única".

Sendo independentes, então cada equação de velocidade de consumo ou formação deve consistir em contribuições de todas as reações ou etapas, ou seja, "a equação de velocidade de um participante j é obtida pela soma das contribuições de todas as reações ou etapas em que esse participante esteja envolvido".

Levando-se em conta esse princípio, a velocidade resultante de consumo ou formação de um componente j ($R_j$) em um sistema constituído de reações ou etapas elementares é obtida pela seguinte expressão:

$$R_j = R_{1j} + R_{2j} + R_{3j} + \dots + R_{rj} = \sum_{i=1}^{r} R_{ij} \tag{6.10}$$

onde i refere-se ao número da reação ou etapa e $R_{ij}$ é a velocidade de consumo ou formação de j em dada reação ou etapa i.

Substitui-se a Equação (6.7) na Equação (6.10) para obter o seguinte resultado:

$$R_j = v_{1j} \cdot r_1 + v_{2j} \cdot r_2 + v_{3j} \cdot r_3 + \dots + v_{rj} \cdot r_r = \sum_{i=1}^{r} v_{ij} \cdot r_i \tag{6.11}$$

Ressalta-se que, diferentemente de reações elementares, nesse caso, $R_j$ denota a velocidade resultante de consumo ou formação de j de todas as reações ou etapas em que j aparece: é positiva se, no final, j for formado; é negativa se j for consumido.

Destaca-se também que o princípio da independência não é geral, pois é sabido que as reações sofrem influência umas das outras, como acontece com as reações induzidas. Porém, em muitos casos se pode comprovar esse princípio experimentalmente e suas aplicações são de grande utilidade.

## 6.4 Caracterização matemática de reações compostas

A *caracterização matemática de reações compostas* é feita de maneira semelhante àquela que foi usada no capítulo 4 para reações elementares, exceto pelo fato de que, neste caso, combina-se a equação da *velocidade resultante* de consumo ou formação de determinado componente – Equação (6.10) – com a equação de definição de velocidade de consumo ou formação desse componente. A equação assim obtida também é denominada *equação cinética* do componente considerado. Considerando-se todas as reações ou etapas de uma reação composta, obtém-se um sistema de equações diferenciais: uma equação para cada componente (reagente, produto, intermediário etc.). Essas equações caracterizam matematicamente as reações compostas e descrevem como as velocidades de consumo ou formação variam em função das variáveis operacionais, as quais, em sistemas homogêneos, são concentração e temperatura.

Pode-se apresentar um procedimento geral para obter a equação cinética de um dado componente j de reações compostas:

a) escrevem-se todas as reações ou etapas separadamente, enumerando-as. Reações ou etapas em que uma espécie j não participa como reagente ou produto não contribuem para a respectiva velocidade. Uma etapa ou reação reversível é considerada como duas etapas ou reações;

b) a partir da lei de velocidade de reação ou lei cinética – Equação (6.8) –, obtém-se a expressão $(r_i)$ para cada reação ou etapa i;

c) a partir da Equação (6.7), obtém-se as velocidades de consumo ou formação de cada componente $(R_{ij})$ de cada etapa ou reação i;

d) a partir da Equação (6.10), obtém-se a equação da velocidade resultante de consumo ou formação de cada componente $(R_j)$;

e) combina-se a equação da velocidade resultante $(R_j)$ com uma equação de definição de velocidade, a qual pode ser expressa em função do número de mols, da concentração molar, de pressões parciais ou da conversão fracional. Para o caso da reação conduzida em um reator descontínuo ou batelada de volume constante, a partir da Equação (6.10) ou (6.11), tem-se a seguinte equação cinética:

$$\left(R_j\right) = \frac{dC_j}{dt} = \sum_{i=1}^{r} v_{ij} \cdot r_i \tag{6.12}$$

A equação assim obtida, Equação (6.12), denomina-se equação cinética e, nesse caso, expressa a velocidade resultante de formação de j, como mostra a Equação (6.10). Então, pode-se dizer que a Equação (6.12) expressa a variação da concentração de j em função das concentrações dos diversos componentes e das constantes de velocidade de reação das etapas ou reações em que j participa. Para a velocidade resultante de consumo de j, a Equação (6.12) deve ser escrita como:

$$\left(-R_j\right) = -\frac{dC_j}{dt} = -\sum_{i=1}^{r} v_{ij} \cdot r_i \tag{6.13}$$

A aplicação desse procedimento está ilustrada nos exemplos apresentados a seguir.

## Exemplo 6.1    Equações cinéticas de uma reação reversível.

Apresente as equações cinéticas de todos os componentes da seguinte reação reversível.

$$aA + bB \underset{k_2}{\overset{k_1}{\rightleftarrows}} cC$$

onde $k_1$ e $k_2$ são as constantes de velocidade das reações direta e reversa, respectivamente.

*Solução:*
Em reações reversíveis, há duas reações elementares, uma direta e outra reversa, as quais podem ser representadas separadamente como (1) e (2).

reação direta (1): $aA + bB \xrightarrow{k_1} cC$

reação reversa (2): $cC \xrightarrow{k_2} aA + bB$

Aplicando-se a Equação (6.8) às reações direta (1) e reversa (2), obtêm-se as expressões de velocidades de reação $r_1$ e $r_2$, respectivamente.

$$r_1 = k_1 C_A^a C_B^b \tag{E6.1.1}$$

$$r_2 = k_2 C_C^c \tag{E6.1.2}$$

A partir da Equação (6.7), obtêm-se as relações entre as velocidades de consumo e formação de todos os componentes e as velocidades de reação $r_1$ e $r_2$.

$$\frac{R_{1A}}{-a} = \frac{R_{1B}}{-b} = \frac{R_{1C}}{c} = r_1 \tag{E6.1.3}$$

$$\frac{R_{2C}}{-c} = \frac{R_{2A}}{a} = \frac{E_{2B}}{b} = r_2 \tag{E6.1.4}$$

Todos os componentes contribuem para ambas as reações, então existem velocidades resultantes de formação de todos: $R_A$ para o componente A, $R_B$ para o componente B e $R_C$ para o componente C, as quais são obtidas a partir da Equação (6.10).

$$R_A = \sum_{i=1}^{2} R_{ij} = R_{1A} + R_{2A} \tag{E6.1.5}$$

$$R_B = \sum_{i=1}^{2} R_{ij} = R_{1B} + R_{2B} \tag{E6.1.6}$$

$$R_C = \sum_{i=1}^{2} R_{ij} = R_{1C} + R_{2C} \tag{E6.1.7}$$

onde $R_{1A}$, $R_{2A}$, $R_{1B}$, $R_{2B}$, $R_{1C}$ e $R_{2C}$ são dadas pelas Equações (E6.1.1) a (E6.1.4), a partir das quais se tem:

$$R_A = -ak_1 C_A^a C_B^b + ak_2 C_C^c \qquad (E6.1.8)$$

$$R_B = -bk_1 C_A^a C_B^b + bk_2 C_C^c \qquad (E6.1.9)$$

$$R_C = ck_1 C_A^a C_B^b - ck_2 C_C^c \qquad (E6.1.10)$$

Observando-se as Equações (E6.1.8) a (E6.1.10), torna-se clara a generalização apresentada na Equação (3.35).

Os componentes A e B são consumidos na reação direta (1) e formados na reação reversa (2); por isso, no segundo membro das Equações (E6.1.8) e (E6.1.9), respectivamente, o primeiro termo ficou negativo e o segundo, positivo. Nota-se o contrário na Equação (E6.1.10), isso porque C é formado na reação direta (1) e consumido na reação reversa (2).

Em geral, as velocidades resultantes são expressas em função das constantes de velocidade de reação, como estão escritas nas Equações (E6.1.8) a (E6.1.10), mas, se for de interesse, pode-se escrevê-las em função das constantes de velocidade de consumo ou formação dos componentes envolvidos; para o presente caso, tem-se: $k_{1A} = ak_1$, $k_{2A} = ak_2$, $k_{1B} = bk_1$, $k_{2B} = bk_2$, $k_{1C} = ck_1$ e $k_{2C} = ck_2$.

Ressalta-se que ambos os componentes A e B são consumidos na reação direta (1) e formados na reação reversa (2), mas durante a reação as velocidades de consumo são maiores que as velocidade de formação; por isso, as Equações (E6.1.8) e (E6.1.9) devem representar as velocidades resultantes de consumo, ou seja, $(-R_A)$ e $(-R_B)$. O componente C é formado na reação direta (1) e consumido na reação reversa (2), mas durante a reação a velocidade de formação é maior que a velocidade de consumo, por isso, tem-se velocidade resultante de formação $(R_C)$, Equação (E6.1.10). Isso leva em conta que, por convenção, reagentes sempre estão do lado esquerdo e produtos do lado direito.

Para obter as equações cinéticas, combinam-se as Equações (E6.1.8) a (E6.1.10) com a Equação (6.12) aplicada para cada componente.

$$\frac{dC_A}{dt} = -ak_1 C_A^a C_B^b + ak_2 C_C^c \qquad \text{(E6.1.11)}$$

$$\frac{dC_B}{dt} = -bk_1 C_A^a C_B^b + bk_2 C_C^c \qquad \text{(E6.1.12)}$$

$$\frac{dC_c}{dt} = ck_1 C_A^a C_B^b - ck_2 C_C^c \qquad \text{(E6.1.13)}$$

O sistema de equações diferenciais constituído pelas Equações (E6.1.11) a (E6.1.13) caracteriza a reação reversível dada no problema e descreve como a concentração de cada componente varia em função das constantes de velocidade de reação $k_1$ e $k_2$ e das concentrações $C_A$, $C_B$ e $C_C$ ao longo do tempo de reação.

---

## Exemplo 6.2 Equações cinéticas de reações compostas.

Apresente as equações cinéticas de todos os componentes das seguintes reações compostas:

$$2A \underset{k_2}{\overset{k_1}{\rightleftarrows}} B$$

$$B + C \overset{k_3}{\rightarrow} D$$

$$D \overset{k_4}{\rightarrow} A + B$$

$$D \overset{k_5}{\rightarrow} 2E$$

onde $k_1$, $k_2$, $k_3$, $k_4$ e $k_5$ são as constantes de velocidade de reação de cada etapa do sistema reacional apresentado.

Reações compostas

*Solução:*

Em primeiro lugar enumeram-se todas as etapas, observando-se que, nesse caso, a primeira reação é reversível e deve ser representada por duas etapas.

etapa ou reação (1): $2A \xrightarrow{k_1} B$

etapa ou reação (2): $B \xrightarrow{k_2} 2A$

etapa ou reação (3): $B + C \xrightarrow{k_3} D$

etapa ou reação (4): $D \xrightarrow{k_4} A + B$

etapa ou reação (5): $D \xrightarrow{k_5} 2E$

Em segundo lugar, a partir da Equação (6.8), obtêm-se as expressões das leis de velocidade de reação para cada etapa. Em seguida, a partir da Equação (6.7), obtêm-se as velocidades de consumo e formação dos componentes de cada etapa. A partir da Equação (6.10), obtém-se a equação da velocidade resultante de consumo ou formação de cada componente $(R_j)$, e finalmente obtêm-se as equações cinéticas.

**Etapa ou reação (1):**
A partir da Equação (6.8), tem-se:

$$r_1 = k_1 C_A^2$$

A partir da Equação (6.7), tem-se:

$$\frac{R_{1A}}{-2} = \frac{R_{1B}}{1} = r_1$$

De onde se tem:

$$(-R_{1A}) = 2k_1 C_A^2 \qquad e \qquad R_{1B} = k_1 C_A^2 \qquad\qquad (E6.2.1)$$

onde $r_1$, $(-R_{1A})$ e $R_{1B}$ são as velocidades de reação, consumo de A e formação de B da etapa (1), respectivamente.

Repete-se esse mesmo procedimento para as demais etapas.

**Etapa ou reação (2):**

$$r_2 = k_2 C_B$$

$$\frac{R_{2B}}{-1} = \frac{R_{2A}}{2} = r_2$$

$$\left(-R_{2B}\right) = k_2 C_B \qquad e \qquad R_{2A} = 2k_2 C_B \qquad (E6.2.2)$$

onde $r_2$, $(-R_{2B})$ e $R_{2A}$ são as velocidades de reação, consumo de B e formação de A da etapa (2), respectivamente.

**Etapa ou reação (3):**

$$r_3 = k_3 C_B C_C$$

$$\frac{R_{3B}}{-1} = \frac{R_{3C}}{-1} = \frac{R_{3D}}{1} = r_3$$

$$\left(-R_{3B}\right) = \left(-R_{3C}\right) = R_{3D} = k_3 C_B C_C \qquad (E6.2.3)$$

onde $r_3$, $(-R_{3B})$, $(-R_{3C})$ e $R_{3D}$ são as velocidades de reação, consumo de B, consumo de C e formação de D da etapa (3), respectivamente.

**Etapa ou reação (4):**

$$r_4 = k_4 C_D$$

$$\frac{R_{4D}}{-1} = \frac{R_{4A}}{1} = \frac{R_{4B}}{1} = r_4$$

Reações compostas

$$\left(-R_{4D}\right) = R_{4A} = R_{4B} = k_4 C_D \qquad \text{(E6.2.4)}$$

onde $r_4$, $(-R_{4D})$, $R_{4A}$ e $R_{4B}$ são as velocidades de reação, consumo de D e formação de A e B da etapa (4), respectivamente.

**Etapa ou reação (5):**

$$r_5 = k_5 C_D$$

$$\frac{R_{5D}}{-1} = \frac{R_{5E}}{2} = r_5$$

$$\left(-R_{5D}\right) = k_5 C_D \quad \text{e} \quad R_{5E} = 2k_5 C_D \qquad \text{(E6.2.5)}$$

onde $r_5$, $(-R_{5D})$, $R_{5E}$ são as velocidades de reação, consumo de D e formação de E da etapa (5), respectivamente.

A partir da Equação (6.10) e das Equações (E6.2.1) a (E6.2.5), obtêm-se as expressões das velocidades resultantes de formação de A, B, C, D e E. Observa-se que na aplicação da Equação (6.10), i pode variar de 1 a 5 e j pode ser A, B, C, D ou E.

**Velocidade resultante de formação de A ($R_A$):**
Aplica-se a Equação (6.10) ao componente A.

$$R_A = \sum_{i=1}^{5} R_{ij} = R_{1A} + R_{2A} + R_{3A} + R_{4A} + R_{5A} \qquad \text{(E6.2.6)}$$

onde $R_{1A}$, $R_{2A}$ e $R_{4A}$ são dadas pelas Equações (E6.2.1), (E6.2.2) e (E6.2.4), respectivamente; $R_{3A} = R_{5A} = 0$, pois não há contribuição do componente A nas etapas (3) e (5).

$$R_A = -2k_1 C_A^2 + 2k_2 C_B + k_4 C_D \qquad \text{(E6.2.7)}$$

O componente A é consumido na etapa ou reação (1) e formado nas etapas ou reações (2) e (4), por isso, no segundo membro da Equação (E6.2.7), o primeiro termo ficou negativo e os demais, positivos.

Repete-se esse mesmo procedimento para os demais componentes.

**Velocidade resultante de formação de B ($R_B$):**

$$R_B = \sum_{i=1}^{5} R_{ij} = R_{1B} + R_{2B} + R_{3B} + R_{4B} + R_{5B} \qquad (E6.2.8)$$

onde $R_{1B}$, $R_{2B}$, $R_{3B}$ e $R_{4B}$ são dadas pelas Equações (E6.2.1), (E6.2.2), (E6.2.3) e (E6.2.4), respectivamente; $R_{5B} = 0$, pois não há contribuição do componente B na etapa (5).

$$R_B = k_1 C_A^2 - k_2 C_B - k_3 C_B C_C + k_4 C_D \qquad (E6.2.9)$$

O componente B é formado nas etapas ou reações (1) e (4) e consumido nas etapas ou reações (2) e (3), por isso, no segundo membro da Equação (E6.2.9), o primeiro e o quarto termos ficaram positivos e o segundo e o terceiro ficaram negativos.

**Velocidade resultante de formação de C ($R_C$):**

$$R_C = \sum_{i=1}^{5} R_{ij} = R_{1C} + R_{2C} + R_{3C} + R_{4C} + R_{5C} \qquad (E6.2.10)$$

onde $R_{3C}$ é dada pela Equação (E6.2.3) e $R_{1C} = R_{2C} = R_{4C} = R_{5B} = 0$, pois não há contribuição do componente C nas etapas (1), (2), (4) e (5).

$$R_C = -k_3 C_B C_C \qquad (E6.2.11)$$

O componente C é consumido na etapa ou reação (3), por isso, o termo do segundo membro da Equação (E6.2.11) ficou negativo.

**Velocidade resultante de formação de D ($R_D$):**

$$R_D = \sum_{i=1}^{5} R_{ij} = R_{1D} + R_{2D} + R_{3D} + R_{4D} + R_{5D} \qquad (E6.2.12)$$

onde $R_{1D} = R_{2D} = 0$, pois não há contribuição do componente D nas etapas (1) e (2); $R_{3D}$, $R_{4D}$ e $R_{5D}$ são dadas pelas Equações (E6.2.3), (E6.2.4) e (E6.2.5), respectivamente.

Reações compostas

$$R_D = k_3 C_B C_C - k_4 C_D - k_5 C_D \qquad \text{(E6.2.13)}$$

O componente D é formado na etapa ou reação (3) e consumido nas etapas ou reações (4) e (5), por isso, no segundo membro da Equação (E6.2.13), o primeiro termo ficou positivo e o segundo e o terceiro ficaram negativos.

**Velocidade resultante de formação de E ($R_E$):**

$$R_E = \sum_{i=1}^{5} R_{ij} = R_{1E} + R_{2E} + R_{3E} + R_{4E} + R_{5E} \qquad \text{(E6.2.14)}$$

onde $R_{1E} = R_{2E} = R_{3E} = R_{4E} = 0$, pois não há contribuição do componente E nas etapas (1), (2), (3) e (4); $R_{5E}$ é dada pela Equação (E6.2.5).

$$R_E = 2k_5 C_D \qquad \text{(E6.2.15)}$$

O componente E é formado na etapa ou reação (5), por isso, o termo do segundo membro da Equação (E6.2.15) ficou positivo.

**Equações cinéticas:**

A partir das Equações (E6.2.7) a (E6.2.15), observa-se que as velocidades resultantes referem-se à formação de cada componente. Assim, pode-se usar a Equação (6.12) para obter as seguintes equações cinéticas:

$$\frac{dC_A}{dt} = -2k_1 C_A^2 + 2k_2 C_B + k_4 C_D \qquad \text{(E6.2.16)}$$

$$\frac{dC_B}{dt} = k_1 C_A^2 - k_2 C_B - k_3 C_B C_C + k_4 C_D \qquad \text{(E6.2.17)}$$

$$\frac{dC_C}{dt} = -k_3 C_B C_C \qquad \text{(E6.2.18)}$$

$$\frac{dC_D}{dt} = k_3 C_B C_C - k_4 C_D - k_5 C_D \qquad \text{(E6.2.19)}$$

$$\frac{dC_E}{dt} = 2k_5 C_D \qquad \text{(E6.2.20)}$$

# 240

Cinética química das reações homogêneas

O sistema de equações diferenciais constituído pelas Equações (E6.2.16) a (E6.2.20) caracteriza a reação composta dada no problema e descreve como a concentração de cada componente varia em função das constantes de velocidade de reação $k_1$, $k_2$, $k_3$, $k_4$ ou $k_5$ e das concentrações $C_A$, $C_B$, $C_C$, $C_D$ ou $C_E$ ao longo do tempo de reação.

As Equações (E6.1.11) a (E6.1.13) do E6.1 e (E6.2.16) a (E6.2.20) do E6.2 podem ser representadas na forma matricial para facilitar o trabalho computacional, embora isso não contribua muito para melhorar a clareza e o entendimento do problema.

---

Ressalta-se que as equações de velocidade e suas constantes não são inteiramente independentes, mas estão sujeitas a duas restrições: a consistência termodinâmica e a reversibilidade microscópica.

A primeira restrição diz respeito ao equilíbrio que uma reação reversível pode atingir em dadas condições reacionais. Nessa condição, as velocidades das reações direta e reversa se igualam e, consequentemente, as velocidades resultantes de consumo de reagentes ou formação de produtos são nulas. Isso é verdadeiro, não importando o número de etapas que esteja envolvido na reação composta. Essa restrição pode ser usada como um meio de conferir a consistência das equações propostas para as velocidades das reações direta e reversa e suas constantes de velocidade. Também pode ajudar na determinação da equação de velocidade da reação reversa a partir da velocidade da reação direta, no cálculo da constante de velocidade da reação reversa a partir da constante de velocidade da reação direta ou, ainda, no cálculo da constante de velocidade da reação reversa a partir da constante de velocidade da reação direta e da constante de equilíbrio.

A segunda restrição diz respeito ao princípio da reversibilidade microscópica, o qual estabelece que, em uma reação reversível, o mecanismo em uma direção é exatamente igual ao mecanismo na direção reversa. Com isso, podem-se obter informações sobre o mecanismo da etapa direta de uma reação a partir do estudo da etapa reversa. Por exemplo, é possível estudar a hidrólise de ésteres – reação direta – para esclarecer o mecanismo da esterificação – reação reversa. Ressalta-se que esse princípio não é aplicável às reações que são iniciadas por meio de excitação fotoquímica.

A seguir, discute-se a consistência termodinâmica. O princípio da reversibilidade microscópica é discutido no capítulo 7.

Reações compostas

## 6.5 Consistência termodinâmica

Para analisar a consistência termodinâmica das equações cinéticas de uma reação reversível, considera-se uma reação genérica que esteja ocorrendo em fase gasosa ideal (DENBIGH, 1981).

$$aA + bB \underset{k_2}{\overset{k_1}{\rightleftharpoons}} cC \qquad (6.14)$$

Para essa reação, de acordo com o critério de equilíbrio químico – Equação (1.54) –, tem-se:

$$K_C = \frac{\left(C_C\right)^c}{\left(C_A\right)^a \left(C_B\right)^b} = \left(C_A\right)^{-a} \left(C_B\right)^{-b} \left(C_C\right)^c \qquad (6.15)$$

onde $K_C$ é uma constante de equilíbrio expressa em termos de concentração dos componentes da reação.

Sendo de ordens desconhecidas, a partir da Equação (3.13), pode-se escrever:

reação direta (1): $aA + bB \overset{k_1}{\rightarrow} cC$

$$\left(-R_A\right) = k_1 C_A^\alpha C_B^\beta C_C^\gamma \qquad (6.16)$$

reação reversa (2): $cC \overset{k_2}{\rightarrow} aA + bB$

$$\left(-R_C\right) = k_2 C_A^{\alpha'} C_B^{\beta'} C_C^{\gamma'} \qquad (6.17)$$

onde $\alpha$, $\beta$, $\gamma$, $\alpha'$, $\beta'$ e $\gamma'$ são as ordens de reação em relação ao componentes A, B e C, respectivamente, nas reações direta e reversa. No equilíbrio, as velocidades de reação das reações direta e reversa se igualam.

$$\frac{k_1}{k_2} = \frac{C_A^{\alpha'} C_B^{\beta'} C_C^{\gamma'}}{C_A^\alpha C_B^\beta C_C^\gamma} = C_A^{\alpha'-\alpha} C_B^{\beta'-\beta} C_C^{\gamma'-\gamma} \qquad (6.18)$$

Tanto $K_C$ como $k_1/k_2$ são funções apenas da temperatura, então se pode escrever:

$$\left(C_A\right)^{\alpha'-\alpha}\left(C_B\right)^{\beta'-\beta}\left(C_C\right)^{\gamma'-\gamma} = f\left[\left(C_A\right)^{-a}\left(C_B\right)^{-b}\left(C_C\right)^c\right] \tag{6.19}$$

Essa igualdade é verdadeira para todos os valores possíveis das concentrações se a função do segundo membro da Equação (6.19) for uma função de potência do tipo:

$$\left(C_A\right)^{\alpha'-\alpha}\left(C_B\right)^{\beta'-\beta}\left(C_C\right)^{\gamma'-\gamma} = \left[\left(C_A\right)^{-a}\left(C_B\right)^{-b}\left(C_C\right)^c\right]^n \tag{6.20}$$

e se $\alpha' - \alpha$, $\beta' - \beta$ e $\gamma' - \gamma$ forem os mesmos múltiplos dos coeficientes estequiométricos $(-a)$, $(-b)$ e $(c)$. Tendo isso em vista, pode-se escrever:

$$\frac{\alpha'-\alpha}{-a} = \frac{\beta'-\beta}{-b} = \frac{\gamma'-\lambda}{c} = n \tag{6.21}$$

onde n pode ter qualquer valor positivo, incluindo frações.

Então, se as ordens $\alpha$, $\beta$ e $\gamma$ da reação direta tiverem sido obtidas experimentalmente, as ordens $\alpha'$, $\beta'$ e $\gamma'$ da reação reversa podem ser determinadas a partir da Equação (6.21), sendo assim consistentes termodinamicamente. Com isso, a partir da Equação (6.20), tem-se o seguinte critério de consistência termodinâmica:

$$\frac{k_1}{k_2} = \left(K_C\right)^n \tag{6.22}$$

Desse modo, para que as equações de velocidade de uma reação reversível sejam consistentes termodinamicamente, a relação da Equação (6.22) deve ser satisfeita.

---

**Exemplo 6.3  Verificação de consistência termodinâmica de uma equação dada.**

A reação global de produção do gás fosgênio pode ser representada por:

$$CO(g) + Cl \underset{k_2}{\overset{k_1}{\rightleftarrows}} COCl_2(g) \tag{E6.3.1}$$

Reações compostas

E a equação da velocidade de produção desse gás é dada por:

$$R_{COCl_2} = k_1 C_{CO} C_{Cl_2}^{3/2} - k_2 C_{Cl_2}^{1/2} C_{COCl_2}$$
(E6.3.2)

Verifique a consistência termodinâmica dessa equação.

*Solução:*

De acordo com a condição de equilíbrio – Equação (6.15) – para essa reação, tem-se:

$$K_C = \frac{C_{COCl_2}}{C_{CO} C_{Cl_2}}$$
(E6.3.3)

No equilíbrio, a velocidade resultante de formação de $COCl_2$ ($R_{COCl_2}$) é zero, ou seja:

$$\frac{k_1}{k_2} = \frac{C_{Cl_2}^{1/2} C_{COCl_2}}{C_{CO} C_{Cl_2}^{3/2}} = \frac{C_{COCl_2}}{C_{CO} C_{Cl_2}}$$
(E6.3.4)

Comparando-se as Equações (E6.3.3) e (E6.3.4), verifica-se que $k_1/k_2 = K_c$, o que mostra que a equação cinética fornecida no problema é consistente termodinamicamente.

---

## Exemplo 6.4 Obtenção de uma equação consistente termodinamicamente.

Para a reação genérica $2A \rightleftarrows B$, sabe-se que a velocidade de consumo de A para a reação direta é dada por $(-R_A) = k_1 C_A^{1,5}$. Obtenha uma equação de velocidade para a reação reversa que seja termodinamicamente consistente.

*Solução:*

A partir da Equação (6.15), para a reação dada, tem-se:

$$K_C = \frac{C_B}{C_A^2}$$
(E6.4.1)

De acordo com a notação usada no desenvolvimento teórico, tem-se: a = –2, b = 1 e c = 0; $\alpha = 1,5$, $\beta = 0$ e $\gamma = 0$. A partir da Equação (6.21), tem-se:

$$\frac{\alpha' - 1,5}{-2} = \frac{\beta' - 0}{1} = n \qquad \text{(E6.4.2)}$$

Para n = 1, tem-se $\alpha' = -0,5$ e $\beta' = 1$. Com isso a expressão de velocidade para a reação reversa é:

$$\left(-R_B\right) = k_2 C_A^{-1/2} C_B \qquad \text{(E6.4.3)}$$

No equilíbrio, $(-R_A) = (-R_B)$, ou seja:

$$\frac{k_1}{k_2} = \frac{C_A^{-1/2} C_B}{C_A^{1,5}} = \frac{C_B}{C_A^2} = K_C \qquad \text{(E6.4.4)}$$

De acordo com a Equação (E6.4.4), a Equação (E6.4.3) é termodinamicamente consistente.

O parâmetro n pode assumir diferentes valores positivos. No presente caso, como se trata de uma equação química hipotética, é possível propor outros valores para ele: 0,5, 1,5, 2 etc., e obter outras equações cinéticas para a reação reversa termodinamicamente consistentes.

---

## 6.6   Determinação de parâmetros cinéticos de reações compostas

A determinação dos parâmetros cinéticos depende de dados experimentais, os quais, em geral, são expressos na forma de concentração em função do tempo de reação. A partir desses dados, é possível avaliar as velocidades de consumo ou formação dos componentes envolvidos na reação. Ressalta-se que a obtenção de dados de concentração com o avanço da reação e a determinação de velocidades para reações compostas seguem os mesmos procedimentos apresentados no capítulo 5 e, dependendo do método, usam-se os dados de concentração ou os de velocidade para determinar os parâmetros cinéticos.

Se for possível obter uma solução exata das equações cinéticas da reação composta em estudo, como aquelas vistas no capítulo 5 para reações elementares, a partir

Reações compostas **245**

dos dados experimentais, pode-se avaliar os parâmetros cinéticos utilizando-se um dos métodos lá apresentados. Caso não seja possível obter tal solução exata, então, utilizando-se os dados experimentais de concentração em função do tempo, resolve-se o sistema de equações diferenciais por métodos numéricos, obtendo-se os parâmetros cinéticos e, consequentemente, as equações cinéticas para a reação composta em estudo.

A determinação experimental da lei de velocidade e das constantes de velocidade a ela associadas é importante por uma série de razões:

a) para estender o conhecimento das velocidades de processos químicos, de modo que se possam fazer previsões;
b) para comparar os valores das constantes de velocidade medidos com aqueles previstos pela teoria;
c) para estudar os mecanismos das reações químicas.

A seguir, estão apresentados procedimentos para avaliar parâmetros cinéticos de reações reversíveis, paralelas ou simultâneas, em série ou consecutivas e em série-paralela.

### 6.6.1 Reações reversíveis de primeira ordem para as etapas direta e reversa

A reação reversível de primeira ordem, tanto para a etapa direta como para a etapa reversa, é a mais simples das reações reversíveis, e sua equação estequiométrica é dada por:

$$A \underset{k_2}{\overset{k_1}{\rightleftarrows}} B \qquad (6.23)$$

onde $k_1$ e $k_2$ são as constantes de velocidade das reações direta e reversa, respectivamente. A equação cinética da reação (6.23) é obtida pela combinação da Equação (3.4) com a Equação (3.35), ambas aplicadas ao reagente A. Ressalta-se que $(-R_A)$ obtida da Equação (3.4) representa a velocidade resultante de consumo de A.

Para a reação da Equação (6.23), tem-se $\nu_A = -1$ e $\beta_A = \beta_B = 1$, então, a partir da Equação (3.35), tem-se:

$$\left(-R_A\right) = -\frac{dC_A}{dt} = k_1 C_A - k_2 C_B \qquad (6.24)$$

A Equação (6.24) fornece a variação da velocidade resultante de consumo do reagente A $(-R_A)$ em função das concentrações de A e B para dada temperatura em que $k_1$ e $k_2$ são constantes.

Dispondo-se de dados experimentais de $(-R_A)$ em função das concentrações $C_A$ e $C_B$, as constantes $k_1$ e $k_2$ podem ser avaliadas a partir de uma regressão múltipla da Equação (6.24). Entretanto, deve ser ressaltado que a Equação (6.24) está sujeita à restrição imposta pela consistência termodinâmica. Tendo isso em vista, para avaliar os parâmetros $k_1$ e $k_2$, resolve-se a Equação (6.24) e combina-se o resultado com uma relação entre as constantes de velocidade e de equilíbrio obtidas a partir da restrição termodinâmica – Equação (6.22).

A solução da Equação (6.24) depende das condições iniciais e da variável que se deseja expressar como função do tempo de reação. A seguir, estão apresentados três casos distintos: no primeiro, considera-se a presença apenas do componente A inicialmente na mistura reacional (caso I); no segundo, considera-se a presença de ambos, reagente A e produto B (caso II), no terceiro, integra-se a equação cinética em termos de conversão fracional para o caso em que B está inicialmente presente na mistura (caso III).

**Caso I:**

Nesse caso, somente o reagente A está presente no início da reação com uma concentração $C_{A0}$, sendo $C_{B0} = 0$. Para integrar a Equação (6.24) e obter $C_A$ ou $C_B$ $= f(t)$, expressa-se $C_B$ em função de $C_A$ a partir da Equação (2.34), tendo em vista que $v_A = -1$ e $v_B = +1$.

$$C_B = C_{B0} + \frac{v_B}{v_A}\left(C_A - C_{A0}\right) = C_{B0} + \frac{1}{-1}\left(C_A - C_{A0}\right) =$$

$$C_{A0} - C_A \qquad \left(\text{para } C_{B0} = 0\right) \tag{6.25}$$

Substitui-se a Equação (6.25) na Equação (6.24) para obter a seguinte equação diferencial:

$$-\frac{dC_A}{dt} = k_1 C_A - k_2\left(C_{A0} - C_A\right) = \left(k_1 + k_2\right)C_A - k_2 C_{A0} \tag{6.26}$$

A Equação (6.26) pode ser integrada desde $C_{A0}$ até $C_A$ nos tempos $t = 0$ e $t$, respectivamente.

$$-\int_{C_{A0}}^{C_A} \frac{dC_A}{\left(k_1 + k_2\right)C_A - k_2 C_{A0}} = \int_0^t dt = t \qquad (6.27)$$

A integral do primeiro membro da Equação (6.27) é resolvida aplicando-se o modelo da Equação (4.6), para o qual se tem: $a = k_1 + k_2$, $b = -k_2 C_{A0}$, $x_1 = C_{A0}$ e $x_2 = C_A$.

$$\ln\left[\frac{\left(k_1 + k_2\right)C_A - k_2 C_{A0}}{k_1 C_{A0}}\right] = -\left(k_1 + k_2\right)t \qquad (6.28)$$

Isolando $C_A$ da Equação (6.28), tem-se:

$$C_A = \left(\frac{C_{A0}}{k_1 + k_2}\right)\left[k_2 + k_1 e^{-(k_1 + k_2)t}\right] \qquad (6.29)$$

A partir de dados experimentais de $C_A = f(t)$ e da Equação (6.28) ou da (6.29), não é possível avaliar os valores de ambos os parâmetros $k_1$ e $k_2$, então é necessário buscar outra equação que relacione essas duas incógnitas a uma quantidade mensurável de forma direta e possibilite a determinação de seus valores individuais. Os valores de $k_1$ e $k_2$ e, consequentemente, a equação cinética da reação devem ter consistência termodinâmica; sendo assim, pode-se utilizar a relação entre $k_1/k_2$ e a constante de equilíbrio termodinâmico, genericamente denotada por K – Equação (6.22). O valor de K pode ser determinado de forma direta a partir da composição de equilíbrio ou da variação de energia livre total de Gibbs – Equação (1.55).

No equilíbrio, as velocidades das reações direta e reversa são iguais entre si e a velocidade resultante de consumo do reagente A expressa pela Equação (6.24) é igual a zero, ou seja, $(-R_A) = 0$. Nessa condição, tem-se a relação $k_1/k_2$ que, de acordo com a Equação (6.22), deve ser igual à constante de equilíbrio K.

$$-\frac{dC_{Ae}}{dt} = k_1 C_{Ae} - k_2 C_{Be} = 0 \Rightarrow k_1 C_{Ae} = k_2 C_{Be}$$

$$K = \frac{k_1}{k_2} = \frac{C_{Be}}{C_{Ae}} \qquad (6.30)$$

onde $C_{Ae}$ e $C_{Be}$ são concentrações de equilíbrio, cujos valores são obtidos experimentalmente e permitem calcular o valor da constante de equilíbrio K de forma direta.

Substitui-se $k_2 = k_1/K$ obtido da Equação (6.30) na Equação (6.28) para obter a seguinte expressão:

$$-\ln\left[\frac{(K+1)C_A - C_{A0}}{KC_{A0}}\right] = k_1\left(1 + \frac{1}{K}\right)t \qquad (6.31)$$

Um gráfico do primeiro membro da Equação (6.31) em função do tempo de reação fornece uma reta que passa pela origem, Figura 6.1.

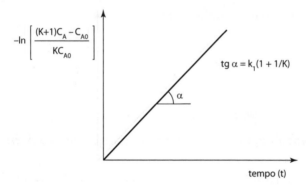

**Figura 6.1** – $\{-\ln[(K+1)C_A - C_{A0}]/KC_{A0}\} = f(t)$, Equação (6.31).

A partir do coeficiente angular da reta da Figura 6.1, calcula-se $k_1$; a partir da relação $k_2 = k_1/K$ – Equação (6.30) –, calcula-se $k_2$. Assim se tem uma equação cinética empírica termodinamicamente consistente.

**Caso II:**

Nesse caso, ambos os componentes, reagente A e produto B, estão presentes no início da reação com concentrações iguais a $C_{A0}$ e $C_{B0}$, respectivamente. Para integrar a Equação (6.24), procede-se como na Equação (6.25) do Caso I, exceto que $C_{B0} \neq 0$, resultando em $C_B = C_{B0} + C_{A0} - C_A$. Com isso, a Equação (6.26) passa para a seguinte forma:

$$-\frac{dC_A}{dt} = k_1 C_A - k_2(C_{B0} + C_{A0} - C_A) = (k_1 + k_2)C_A - k_2(C_{A0} + C_{B0}) \qquad (6.32)$$

Substitui-se a relação $k_2 = k_1/K$ da Equação (6.30) na Equação (6.32) e realiza-se a integração para obter o seguinte resultado:

$$-\ln\left[\frac{(K+1)C_A - (C_{A0} + C_{B0})}{KC_{Ao} - C_{B0}}\right] = k_1\left(1 + \frac{1}{K}\right)t \qquad (6.33)$$

A Equação (6.33) corresponde à Equação (6.31), mas é aplicável ao caso em que $C_{B0} \neq 0$. Para avaliar os parâmetros $k_1$ e $k_2$ segue-se o mesmo procedimento do Caso I, ou seja, a partir dos dados experimentais de $C_A = f(t)$, incluindo os dados de equilíbrio, calcula-se K, alocam-se os dados do primeiro membro da Equação (6.33) em função do tempo em um gráfico e realiza-se o ajuste desses dados em uma reta por regressão linear. O coeficiente angular dessa reta fornece o valor de $k_1$, a partir do qual e da Equação (6.30), obtém-se o valor de $k_2$.

**Caso III:**

Nesse caso, assim como no caso II, também se tem ambos os componentes presentes no início da reação, mas a integração da equação cinética é feita com a finalidade de obter $X_A = f(t)$.

Aplica-se a Equação (3.6) ao reagente A e combina-se o resultado com a Equação (6.24).

$$(-R_A) = C_{A0}\frac{dX_A}{dt} = k_1 C_A - k_2 C_B \qquad (6.34)$$

Expressam-se $C_A$ e $C_B$ em função de $X_A$ e substitui-se o resultado na Equação (6.34).

$$C_A = C_{A0}(1 - X_A)$$

$$C_B = C_{B0} + \frac{1}{-1}(C_A - C_{A0}) = C_{A0}(M + X_A)$$

$$C_{A0}\frac{dX_A}{dt} = k_1 C_{A0}(1 - X_A) - k_2 C_{A0}(M + X_A) \qquad (6.35)$$

onde $M = C_{B0}/C_{A0}$. Ao atingir o equilíbrio, $(-R_A) = 0$. A partir da Equação (6.35), obtém-se $k_1/k_2$ e, combinando-se essa relação com K – Equação (6.22) –, tem-se:

$$K = \frac{k_1}{k_2} = \frac{M + X_{Ae}}{1 - X_{Ae}} \quad (6.36)$$

Combinando-se as Equações (6.35) e (6.36), obtém-se:

$$\frac{dX_A}{dt} = k_1 \frac{(M+1)}{(M + X_{Ae})}(X_{Ae} - X_A) \quad (6.37)$$

A integração da Equação (6.37) fornece o seguinte resultado:

$$\int_0^{X_A} \frac{dX_A}{(X_{Ae} - X_A)} = k_1 \frac{(M+1)}{(M + X_{Ae})} t \quad (6.38)$$

$$-\ln\left(1 - \frac{X_A}{X_{Ae}}\right) = \ln\left(\frac{C_A - C_{Ae}}{C_{A0} - C_{Ae}}\right) = \left(\frac{M+1}{M + X_{Ae}}\right) k_1 t \quad (6.39)$$

A partir de dados experimentais, calculam-se M, $X_{Ae}$ e K e elabora-se um gráfico (Figura 6.2), cujo coeficiente angular possibilita o cálculo de $k_1$. A partir da Equação (6.36), calcula-se o valor de $k_2$.

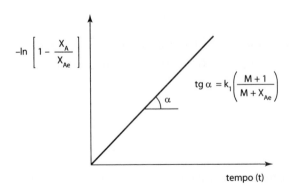

**Figura 6.2** – $[-\ln (1 - X_A/X_{Ae})] = f(t)$, Equação (6.39).

Reações compostas **251**

> ## Exemplo 6.5 Avaliação de parâmetros cinéticos de reações reversíveis de primeira ordem.

Admitindo-se que a reação de isomerização em que um reagente A produz um produto B seja reversível e de primeira ordem, tanto para a reação direta como para a reação reversa, calcule os valores das constantes de velocidade $k_1$ e $k_2$ a partir dos dados experimentais obtidos em determinada temperatura em um reator batelada de volume constante.

Equação estequiométrica:

$$A \underset{k_2}{\overset{k_1}{\rightleftarrows}} B \qquad \text{(E6.5.1)}$$

Dados:

| tempo (h): | 0 | 1 | 2 | 3 | 4 | $\infty$ |
|---|---|---|---|---|---|---|
| $C_A$ (mol/L): | 1 | 0,725 | 0,568 | 0,456 | 0,395 | 0,30 |

### Solução:
Para a reação (E6.5.1), tem-se a equação cinética dada pela Equação (6.24) e sua solução pela Equação (6.31). O procedimento para calcular $k_1$ e $k_2$ é o seguinte:

a) calcula-se a constante de equilíbrio K;
b) calculam-se os valores do primeiro membro da Equação (6.31);
c) alocam-se esses valores em um gráfico;
d) a partir de uma regressão linear desses dados, calcula-se o valor de $k_1$;
e) a partir da Equação (6.30), calcula-se o valor de $k_2$.

Os dados fornecem $C_{A0} = 1$ mol/L (t = 0) e $C_{Ae} = 0,3$ mol/L (t = $\infty$). Então, para um litro de solução reacional, foram consumidos $1 - 0,3 = 0,7$ mol de A. Como a cada mol de A consumido forma-se 1 mol de B, no equilíbrio se tem $C_{Be} = 0,7$ mol/L. A partir da Equação (6.30), tem-se:

$$K = C_{Be}/C_{Ae} = 0,7/0,3 = 2,33$$

E a partir da Equação (6.31), tem-se:

$$-\ln\left[\frac{3,33C_A - 1}{2,33}\right] = 1,429 k_1 t \qquad (E6.5.2)$$

Dos dados experimentais de $C_A = f(t)$ fornecidos, calculam-se os valores do primeiro membro da Equação (E6.5.2) e introduz-se uma nova linha na tabela fornecida no problema. Alocando-se esses dados em função do tempo em um gráfico e ajustando-os por regressão linear, obtém-se a reta da Figura E6.5.1.

| tempo (h): | 0 | 1 | 2 | 3 | 4 | ∞ |
|---|---|---|---|---|---|---|
| $C_A$ (mol/L): | 1 | 0,725 | 0,568 | 0,456 | 0,395 | 0,30 |
| $-\ln[(3,33C_A - 1)/(2,33)]$: | 0 | 0,50 | 0,96 | 1,50 | 2,0 | – |

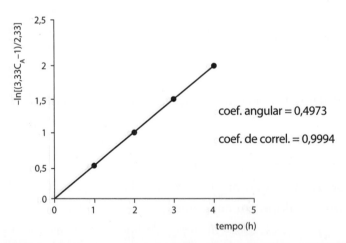

**Figura E6.5.1** – Reta ajustada com dados de $-\ln[(3,33C_A - 1)/(2,33)] = f(t)$.

A regressão linear de $-\ln[(3,33C_A - 1)/(2,33)] = f(t)$ fornece o valor do coeficiente angular igual a 0,4973, a partir do qual se tem $k_1$, ou seja:

$$1,429 k_1 = 0,4973 \Rightarrow k_1 = 0,4973/1,429 = 0,348 \text{ h}^{-1}$$

Reações compostas

A partir dos valores de K e $k_1$ e da Equação (6.30), calcula-se o valor de $k_2$.

$$k_2 = k_1/K = 0,348/2,33 = 0,149 \text{ h}^{-1}$$

### 6.6.2  Reações reversíveis de segunda ordem para as etapas direta e reversa

Nesse caso, há diferentes possibilidades, por exemplo: dois reagentes, dois produtos, um único reagente ou um único produto etc. A seguir, discute-se o caso de uma reação bimolecular, reversível e de segunda ordem representada genericamente pela seguinte equação estequiométrica:

$$A + B \underset{k_2}{\overset{k_1}{\rightleftarrows}} C + D \tag{6.40}$$

Uma equação cinética para a reação (6.40) pode ser obtida pela combinação da Equação (3.6) aplicada ao reagente A e da Equação (3.35) aplicada aos reagentes A e B e aos produtos C e D.

Para a reação da Equação (6.40) tem-se $\nu_A = -1$ e $\beta_A = \beta_B = \beta_C = \beta_D = 1$, então, a partir das Equações (3.6) e (3.35), obtém-se:

$$\left(-R_A\right) = C_{A0} \frac{dX_A}{dt} = k_1 C_A C_B - k_2 C_C C_D \tag{6.41}$$

A Equação (6.41) pode ser resolvida para obter $X_A = f(t)$ expressando-se as concentrações de A, B, C e D em função de $X_A$. A partir da Equação (2.38), tem-se:

$$C_A = C_{A0} \left( \frac{C_{A0}}{C_{A0}} - \frac{-1}{-1} X_A \right) = C_{A0} \left(1 - X_A\right)$$

$$C_B = C_{A0} \left( \frac{C_{B0}}{C_{A0}} - \frac{-1}{-1} X_A \right) = C_{A0} \left(M - X_A\right)$$

$$C_C = C_{A0} \left( \frac{C_{C0}}{C_{A0}} - \frac{+1}{-1} X_A \right) = C_{A0} \left(N + X_A\right)$$

$$C_D = C_{A0}\left(\frac{C_{D0}}{C_{A0}} - \frac{+1}{-1}X_A\right) = C_{A0}\left(P + X_A\right)$$

onde $M = C_{B0}/C_{A0}$, $N = C_{C0}/C_{A0}$ e $P = C_{D0}/C_{A0}$. Substituindo-se as expressões de $C_A$, $C_B$, $C_C$ e $C_D$ na Equação (6.41), tem-se:

$$\frac{dX_A}{dt} = k_1 C_{A0}\left(1 - X_A\right)\left(M - X_A\right) - k_2 C_{A0}\left(N + X_A\right)\left(P + X_A\right) \qquad (6.42)$$

A Equação (6.42) pode ser resolvida para diferentes situações. A seguir, apresenta-se a solução para $M = 1$ ou $C_{B0} = C_{A0}$ e $N = P = 0$ ou $C_{C0} = C_{D0} = 0$.

$$\frac{dX_A}{dt} = k_1 C_{A0}\left(1 - X_A\right)^2 - k_2 C_{A0} X_A^2 \qquad (6.43)$$

A Equação (6.43) deve ser termodinamicamente consistente, ou seja, o critério de consistência termodinâmica da Equação (6.22) deve ser atendido.

No equilíbrio, a velocidade resultante de consumo do reagente A é igual a zero, $(-R_A) = 0$, ou seja, $dX_A/dt = 0$, Equação (6.43), de onde se tem a relação $k_1/k_2$, que, de acordo com a Equação (6.22), deve ser igual à constante de equilíbrio K.

$$K = \frac{k_1}{k_2} = \frac{X_{Ae}^2}{\left(1 - X_{Ae}\right)^2} \qquad (6.44)$$

Com isso, pode-se eliminar a constante de velocidade $k_2$ da Equação (6.42) e realizar sua integração.

$$\int_0^{X_A} \frac{X_{Ae}^2\, dX_A}{\left(1 - X_A\right)^2 X_{Ae}^2 - \left(1 - X_{Ae}\right)^2 X_A^2} = k_1 C_{A0} t \qquad (6.45)$$

Para resolver a integral do primeiro membro da Equação (6.45), deve-se rearranjar seu denominador e então dividi-lo em frações parciais.

$$\left(1 - X_A\right)^2 X_{Ae}^2 - \left(1 - X_{Ae}\right)^2 X_A^2 = \left(X_{Ae} - X_A\right)\left[X_{Ae} + X_A\left(1 - 2X_{Ae}\right)\right]$$

$$\frac{X_{Ae}^2}{\left(X_{Ae}-X_A\right)\left[X_{Ae}+X_A\left(1-2X_{Ae}\right)\right]}=\frac{p}{\left(X_{Ae}-X_A\right)}+\frac{q}{\left[X_{Ae}+X_A\left(1-2X_{Ae}\right)\right]}$$

$$p-2pX_{Ae}-q=0 \qquad e \qquad X_{Ae}+qX_{Ae}=X_{Ae}^2$$

$$p=\frac{X_{Ae}}{2\left(1-X_{Ae}\right)} \qquad e \qquad q=\frac{X_{Ae}\left(1-2X_{Ae}\right)}{2\left(1-X_{Ae}\right)}$$

Substituindo-se p e q no segundo membro da expressão das frações parciais acima, o resultado na Equação (6.45) e integrando obtém-se:

$$\frac{X_{Ae}}{2\left(1-X_{Ae}\right)}\int_0^{X_A}\frac{dX_A}{X_{Ae}-X_A}+\frac{X_{Ae}\left(1-2X_{Ae}\right)}{2\left(1-X_{Ae}\right)}\int_0^{X_A}\frac{dX_A}{X_{Ae}+X_A\left(1-2X_{Ae}\right)}=k_1C_{A0}t \quad (6.46)$$

As duas integrais do primeiro membro da Equação (6.46) são resolvidas pela aplicação do modelo apresentado na Equação (4.6). De acordo com esse modelo, para a primeira integral, tem-se $a = -1$ e $b = X_{Ae}$; para a segunda, $a = (1 - 2X_{Ae})$ e $b = X_{Ae}$. Para ambas, tem-se $x_1 = 0$ e $x_2 = X_A$.

$$\ln\left[\frac{X_{Ae}+\left(1-2X_{Ae}\right)X_A}{\left(X_{Ae}-X_A\right)}\right]=2\left(\frac{1-X_{Ae}}{X_{Ae}}\right)k_1C_{A0}t \qquad (6.47)$$

A Equação (6.47) é uma característica da reação estudada e fornece a variação da conversão fracional em função do tempo de reação. Dispondo-se de dados experimentais de $X_A = f(t)$, calculam-se $X_{Ae}$ e K, faz-se uma regressão linear dos dados do primeiro membro da Equação (6.47) em função do tempo, obtendo o coeficiente angular $[2C_{A0}k_1(1 - X_{Ae})/X_{Ae}]$, de onde se calcula $k_1$ e, a partir da Equação (6.44), calcula-se $k_2$.

### 6.6.3 Reações reversíveis de primeira ordem para a etapa direta e de segunda ordem para a etapa reversa

Essas reações podem ser representadas, genericamente, pelas seguintes equações estequiométrica e cinética:

$$A \underset{k_2}{\overset{k_1}{\rightleftarrows}} C+D \tag{6.48}$$

$$\left(-R_A\right) = C_{A0}\frac{dX_A}{dt} = k_1 C_A - k_2 C_C C_D \tag{6.49}$$

Substituindo-se as relações entre as concentrações $C_A$, $C_C$ e $C_D$ e $X_A$, apresentadas no subitem 6.6.2, na Equação (6.49) e considerando $N = P = 0$, tem-se:

$$\frac{dX_A}{dt} = k_1\left(1-X_A\right) - k_2 C_{A0} X_A^2 \tag{6.50}$$

Usando a condição de equilíbrio – $dX_A/dt = 0$ – e o critério de consistência termodinâmica – Equação (6.22) –, pode-se eliminar a constante de velocidade $k_2$ e realizar a integração da Equação (6.50).

$$K = \frac{k_1}{k_2} = \frac{C_{A0}X_{Ae}^2}{1-X_{Ae}} \tag{6.51}$$

$$\int_0^{X_A} \frac{X_{Ae}^2 dX_A}{\left(X_{Ae}-X_A\right)\left(X_{Ae}+X_A-X_{Ae}X_A\right)} = k_1 t \tag{6.52}$$

A integral do primeiro membro da Equação (6.52) pode ser simplificada dividindo-se o integrando em frações parciais, como foi feito em alguns casos anteriores, ou seja:

$$\frac{X_{Ae}^2}{\left(X_{Ae}-X_A\right)\left(X_{Ae}+X_A-X_{Ae}X_A\right)} = \frac{p}{\left(X_{Ae}-X_A\right)} + \frac{q}{\left(X_{Ae}+X_A-X_{Ae}X_A\right)}$$

$$p = \frac{X_{Ae}}{\left(2-X_{Ae}\right)} \qquad e \qquad q = \frac{X_{Ae}\left(1-X_{Ae}\right)}{\left(2-X_{Ae}\right)}$$

Utilizando-se p e q, a integral do primeiro membro da Equação (6.52) passa para a seguinte forma:

Reações compostas

$$\frac{X_{Ae}}{2-X_{Ae}}\int_0^{X_A}\frac{dX_A}{X_{Ae}-X_A}+\frac{X_{Ae}\left(1-X_{Ae}\right)}{2-X_{Ae}}\int_0^{X_A}\frac{dX_A}{X_{Ae}+X_A-X_{Ae}X_A}=k_1t \qquad (6.53)$$

Resolvendo-se as duas integrais do primeiro membro da Equação (6.53) pela aplicação do modelo da Equação (4.6), obtém-se o seguinte resultado:

$$\ln\left[\frac{X_{Ae}+\left(1-X_{Ae}\right)X_A}{\left(X_{Ae}-X_A\right)}\right]=\left(\frac{2-X_{Ae}}{X_{Ae}}\right)k_1t \qquad (6.54)$$

Para avaliar os parâmetros cinéticos $k_1$ e $k_2$ a partir de dados experimentais e obter uma equação cinética empírica para a reação em questão, procede-se como no caso anterior, Equação (6.47).

### 6.6.4 Reações reversíveis de segunda ordem para a etapa direta e de primeira ordem para a etapa reversa

Essas reações podem ser representadas, genericamente, pelas seguintes equações estequiométrica e cinética:

$$A+B\underset{k_2}{\overset{k_1}{\rightleftarrows}}C \qquad (6.55)$$

$$\left(-R_A\right)=C_{A0}\frac{dX_A}{dt}=k_1C_AC_B-k_2C_C \qquad (6.56)$$

Substituindo-se as relações entre $C_A$, $C_B$ e $C_C$ e $X_A$ apresentadas no subitem 6.6.2 na Equação (6.56) e considerando $M=1$ e $N=0$, tem-se:

$$\frac{dX_A}{dt}=k_1C_{A0}\left(1-X_A\right)^2-k_2X_A \qquad (6.57)$$

Usando-se a condição de equilíbrio – $dX_A/dt = 0$ – e o critério de consistência termodinâmica – Equação (6.22) –, elimina-se a constante de velocidade $k_2$ e, então, pode-se realizar a integração da Equação (6.57).

$$K = \frac{k_1}{k_2} = \frac{X_{Ae}}{C_{A0}\left(1 - X_{Ae}\right)^2} \tag{6.58}$$

$$\int_0^{X_A} \frac{X_{Ae}dX_A}{\left(X_{Ae} - X_A\right)\left(1 - X_{Ae}X_A\right)} = k_1 C_{A0} t \tag{6.59}$$

A integral do primeiro membro da Equação (6.59), como foi feito em casos anteriores, pode ser simplificada pelo seguinte procedimento:

$$\frac{X_{Ae}}{\left(X_{Ae} - X_A\right)\left(1 - X_{Ae}X_A\right)} = \frac{p}{\left(X_{Ae} - X_A\right)} + \frac{q}{\left(1 - X_{Ae}X_A\right)}$$

$$p = \frac{X_{Ae}}{1 - X_{Ae}^2} \qquad e \qquad q = -\frac{X_{Ae}^2}{1 - X_{Ae}^2}$$

Utilizando-se p e q, a integral do primeiro membro da Equação (6.59) passa para a seguinte forma:

$$\frac{X_{Ae}}{1 - X_{Ae}^2} \int_0^{X_A} \frac{dX_A}{X_{Ae} - X_A} - \frac{X_{Ae}^2}{1 - X_{Ae}^2} \int_0^{X_A} \frac{dX_A}{1 - X_{Ae}X_A} = k_1 C_{A0} t \tag{6.60}$$

Resolvendo-se as duas integrais do primeiro membro da Equação (6.60) pela aplicação do modelo da Equação (4.6), obtém-se o seguinte resultado:

$$\ln\left[\frac{X_{Ae}\left(1 - X_{Ae}X_A\right)}{\left(X_{Ae} - X_A\right)}\right] = \left(\frac{1 - X_{Ae}^2}{X_{Ae}}\right)k_1 C_{A0} t \tag{6.61}$$

Observa-se que, para todos os casos apresentados para reações reversíveis, foram obtidas soluções exatas das equações cinéticas. Com isso, a avaliação dos parâmetros cinéticos torna-se relativamente simples. Isso nem sempre ocorre com reações compostas; não são raros os casos que dependem de soluções numéricas aproximadas.

Reações compostas

**Exemplo 6.6  Avaliação de parâmetros cinéticos de reações reversíveis de segunda ordem.**

A reação entre o ácido sulfúrico (A) e o sulfato dietílico (B) ocorre de acordo com uma reação reversível de segunda ordem para ambas as reações, direta e reversa, gerando o produto sulfato ácido dietílico (C).

$$H_2SO_4 + (C_2H_5)_2 SO_4 \underset{k_2}{\overset{k_1}{\rightleftarrows}} 2C_2H_5SO_4H$$

ou

$$A + B \underset{k_2}{\overset{k_1}{\rightleftarrows}} 2C \qquad (E6.6.1)$$

Experimentos realizados em um reator batelada com concentrações iniciais de ambos os reagentes iguais a 5,5 mol/L e temperatura de 22,9 °C geraram os seguintes dados:

| tempo (min): | 0 | 28 | 48 | 75 | 96 | 127 | 162 |
|---|---|---|---|---|---|---|---|
| $C_C$ (mol/L): | 0 | 0,69 | 1,38 | 2,24 | 2,75 | 3,31 | 3,81 |
| | 180 | 212 | 267 | 318 | 379 | 410 | |
| | 4,11 | 4,45 | 4,86 | 5,15 | 5,35 | 5,42 | |

Após onze dias de reação, verificou-se que a concentração de C era de 5,8 mol/L. A partir desses dados, calcule os parâmetros cinéticos $k_1$ e $k_2$ e obtenha a equação para a velocidade resultante de consumo do reagente A ($-R_A$).

***Solução:***

A solução desse problema consiste na aplicação do método integral de análise de dados experimentais apresentado no item 5.6.2 do capítulo 5. Assume-se que ambas as reações direta e reversa sejam elementares, combinam-se as Equações (3.6) e (3.35), ambas aplicadas ao reagente A, e obtém-se a seguinte equação para a velocidade resultante de consumo desse reagente:

$$(-R_A) = C_{A0} \frac{dX_A}{dt} = k_1 C_A C_B - k_2 C_C^2 \tag{E6.6.2}$$

Para resolver a Equação (E6.6.2), é necessário expressar as concentrações de A $(C_A)$, B $(C_B)$ e C $(C_C)$ em função de $X_A$. A partir da Equação (2.38), tem-se:

$$C_A = C_{A0} \left( \frac{C_{A0}}{C_{A0}} - \frac{-1}{-1} X_A \right) = C_{A0} \left( 1 - X_A \right)$$

$$C_B = C_{A0} \left( \frac{C_{B0}}{C_{A0}} - \frac{-1}{-1} X_A \right) = C_{A0} \left( 1 - X_A \right) \qquad \left( \text{para } C_{A0} = C_{B0} \right)$$

$$C_C = C_{A0} \left( \frac{C_{C0}}{C_{A0}} - \frac{+2}{-1} X_A \right) = 2C_{A0} X_A \qquad \left( \text{para } C_{C0} = 0 \right)$$

Substituindo-se essas expressões de $C_A$, $C_B$ e $C_C$ na Equação (E6.6.2), tem-se:

$$\frac{dX_A}{dt} = k_1 C_{A0} \left( 1 - X_A \right)^2 - 4k_2 C_{A0} X_A^2 \tag{E6.6.3}$$

A Equação (E6.6.3) deve ser termodinamicamente consistente, ou seja, o critério estabelecido na Equação (6.22) deve ser atendido. No equilíbrio, a velocidade resultante de consumo do reagente A é zero, ou seja, $dX_A/dt = 0$, de onde se tem a relação $k_1/k_2$, que deve ser igual à constante de equilíbrio K.

$$K = \frac{k_1}{k_2} = \frac{X_{Ae}^2}{\left( 1 - X_{Ae} \right)^2} = \frac{C_{Ce}^2}{C_{Ae} C_{Be}} \tag{E6.6.4}$$

A concentração do produto C obtida após onze dias pode ser admitida como sendo de equilíbrio, a partir da qual, pela estequiometria da reação, pode-se avaliar as concentrações de equilíbrio de A e B, ou seja:

$$C_{Ae} = C_{Be} = C_{A0} + \frac{-1}{+2} \left( C_{Ce} - 0 \right) = 5,5 - \frac{5,8}{2} = 2,6$$

Com isso, a partir da Equação (E6.6.4), tem-se:

$$K = \frac{k_1}{k_2} = \frac{C_{Ce}^2}{C_{Ae}C_{Be}} = \frac{5,8^2}{2,6 \cdot 2,6} = 4,98 \Rightarrow k_1 = 4,98k_2 \qquad \text{(E6.6.5)}$$

Substituindo-se a Equação (E6.6.5) na Equação (E6.6.3), separando as variáveis e realizando a integração, obtém-se:

$$\int_0^{X_A} \frac{dX_A}{0,98X_A^2 - 9,96X_A + 4,98} = k_2 C_{A0} \int_0^t dt = k_2 C_{A0} t \qquad \text{(E6.6.6)}$$

A integral do primeiro membro da Equação (E6.6.6) pode ser resolvida a partir do seguinte modelo de integração:

$$\int \frac{dx}{ax^2 + bx + c} = \frac{1}{\sqrt{b^2 - 4ac}} \ln\left( \frac{ax + b - \sqrt{b^2 - 4ac}}{ax + b + \sqrt{b^2 - 4ac}} \right) + C \qquad \text{(E6.6.7)}$$

onde C é uma constante de integração cujo valor é obtido a partir das condições limites. Comparando-se as Equações (E6.6.6) e (E6.6.7), verifica-se que a = 0,98, b = – 9,96 e c = 4,98. Com isso, obtém-se o seguinte resultado:

$$\ln\left( \frac{0,96X_A - 18,8864}{0,96X_A - 1,0336} \right) = 49,10k_2 t \qquad \text{(E6.6.8)}$$

De acordo com a relação acima, tem-se $X_A = C_C/2C_{A0}$. Com isso, a Equação (E6.6.8) pode ser expressa em termos de $C_C$, ou seja:

$$F_C = \ln\left( \frac{0,1782C_C - 18,8864}{0,1782C_C - 1,0336} \right) = 49,10k_2 t \qquad \text{(E6.6.9)}$$

Para cada valor de $C_C$, pode-se calcular um valor correspondente do primeiro membro da Equação (E6.6.9) e, com isso, gerar mais uma linha de dados na tabela que foi fornecida no problema. Se, ao alocar esses dados em um gráfico, $F_C = f(t)$, for obtida uma reta, então a equação proposta é consistente com os dados fornecidos.

Na Figura E6.6.1 estão representados esses dados e uma reta ajustada por regressão linear, cujo coeficiente de correlação resultou em 0,9991. Ao observar a Figura E6.6.1, verifica-se que os dados de $F_C$ são uma função linear do tempo (t), ou seja, a equação cinética proposta, Equação (6.6.2), ajustou-se bem aos dados fornecidos.

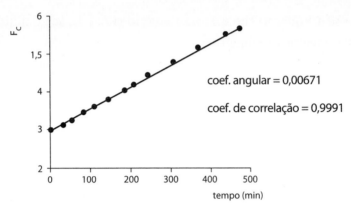

**Figura E6.6.1** – Reta ajustada com dados de $F_C = f(t)$, Equação (E6.6.9).

A partir do coeficiente angular da reta da Figura E6.6.1, calcula-se $k_2$ e, a partir da Equação (E6.6.5), calcula-se $k_1$.

$$49{,}10 k_2 = 0{,}00671 \Rightarrow k_2 = 0{,}00671/49{,}10 = 1{,}37 \cdot 10^{-4} \; (\text{L/mol} \cdot \text{min})$$

$$k_1 = 4{,}98 k_2 = 4{,}98 \cdot 1{,}37 \cdot 10^{-4} = 6{,}8 \cdot 10^{-4} \; (\text{L/mol} \cdot \text{min})$$

A partir da Equação (E6.6.3), tem-se a equação de $(-R_A)$ em função da conversão fracional $(X_A)$.

$$(-R_A) = C_{A0} \frac{dX_A}{dt} = k_1 C_{A0}^2 (1-X_A)^2 - 4 k_2 C_{A0}^2 X_A^2 =$$

$$6{,}8 \cdot 10^{-4} (5{,}5)^2 (1-X_A)^2 - 4 \cdot 1{,}37 \cdot 10^{-4} (5{,}5)^2 X_A^2 =$$

$$2{,}057 \cdot 10^{-2} \cdot (1-X_A)^2 - 1{,}658 \cdot 10^{-2} \cdot X_A^2 \qquad (E6.6.10)$$

Reações compostas

### 6.6.5 Reações paralelas

*Reações paralelas* ou *concorrentes* são aquelas em que os reagentes são envolvidos em duas ou mais reações independentes e concorrentes. Tais reações podem ser irreversíveis ou reversíveis e incluir diferentes tipos. A seguir, são discutidas as reações em que um único reagente produz dois produtos (tipo I), dois reagentes produzem um único produto (tipo II), reações paralelas competitivas de pseudoprimeira ordem (tipo III) e reações paralelas irreversíveis de ordem superior (tipo IV).

**Tipo I:** **Reações paralelas irreversíveis em que um único reagente produz dois produtos**

Esse é o caso em que um único reagente, por meio de duas reações elementares independentes e concorrentes, produz dois produtos distintos, simultaneamente.

Genericamente, essas reações paralelas podem ser representadas pelas seguintes equações estequiométricas:

$$\text{etapa ou reação (1): } a_1 A \xrightarrow{k_1} b_1 P$$

$$\text{etapa ou reação (2): } a_2 A \xrightarrow{k_2} b_2 S$$

onde $k_1$ e $k_2$ são as constantes de velocidade para as reações (1) e (2), respectivamente, e $a_1$, $a_2$, $b_1$ e $b_2$ são os coeficientes estequiométricos de A, P e S nas etapas (1) e (2), respectivamente.

São duas reações, com três componentes, A, P e S, então há velocidades de reação para ambas as etapas e velocidades de consumo e formação para todos os três componentes. Como o componente A aparece em ambas as reações, ainda há velocidade resultante de consumo desse reagente, a qual é obtida a partir da Equação (6.10). Essas velocidades podem ser obtidas a partir dos procedimentos usados nos E6.1 ou E6.2.

**Velocidades de reação $r_1$ e $r_2$:**

$$r_1 = k_1 C_A^{a_1} \tag{6.62}$$

$$r_2 = k_2 C_A^{a_2} \tag{6.63}$$

**Velocidades de consumo de A e formação de P e S:**

$$\frac{R_{1A}}{-a_1} = \frac{R_{1P}}{b_1} = r_1 = k_1 C_A^{a_1} \tag{6.64}$$

$$\frac{R_{2A}}{-a_2} = \frac{R_{2S}}{b_2} = r_2 = k_2 C_A^{a_2} \tag{6.65}$$

**Velocidade resultante de consumo de A (–$R_A$):**

$$R_A = R_{1A} + R_{2A} = -a_1 k_1 C_A^{a_1} - a_2 k_2 C_A^{a_2} \tag{6.66}$$

Observa-se que o componente P é formado somente na etapa (1) e o S somente na etapa (2), por isso, pode-se escrever $R_P$ e $R_S$ no lugar de $R_{1P}$ e $R_{2S}$ e suas expressões são obtidas a partir das Equações (6.64) e (6.65), respectivamente.

**Equações cinéticas:**

$$-\frac{dC_A}{dt} = a_1 k_1 C_A^{a_1} + a_2 k_2 C_A^{a_2} \tag{6.67}$$

$$\frac{dC_P}{dt} = b_1 k_1 C_A^{a_1} \tag{6.68}$$

$$\frac{dC_S}{dt} = b_2 k_2 C_A^{a_2} \tag{6.69}$$

Para esse tipo de reação paralela, há diferentes possibilidades: de primeira ordem, de segunda ordem, de ordens fracionárias etc. A seguir, discute-se o procedimento para determinar as constantes de velocidade para o caso de reações paralelas irreversíveis de primeira ordem.

Para esse caso, tem-se $a_1 = a_2 = b_1 = b_2 = 1$ e as seguintes equações estequiométricas e cinéticas:

Reação (1): $A \xrightarrow{k_1} P$

Reação (2): $A \xrightarrow{k_2} S$

$$-\frac{dC_A}{dt} = k_1 C_A + k_2 C_A \tag{6.70}$$

$$\frac{dC_P}{dt} = k_1 C_A \tag{6.71}$$

$$\frac{dC_S}{dt} = k_2 C_A \tag{6.72}$$

As soluções da Equação (6.70) à (6.72) podem ser obtidas pela integração imediata desde a condição inicial $t = 0$ com $C_A = C_{A0}$ e $C_{P0} = C_{S0} = 0$ até uma condição final em dado tempo t para o qual se tem $C_A$, $C_P$ e $C_S$.

Para a Equação (6.70), tem-se:

$$\int_{C_{A0}}^{C_A} \frac{dC_A}{C_A} = -\int_0^t (k_1 + k_2) dt$$

$$C_A = C_{A0} e^{-(k_1+k_2)t} \tag{6.73}$$

Substitui-se $C_A$ da Equação (6.73) nas Equações (6.71) e (6.72) e integra-se para obter os seguintes resultados:

Para P:

$$\frac{dC_P}{dt} = k_1 C_A = k_1 C_{A0} e^{-(k_1+k_2)t}$$

$$\int_0^{C_P} dC_P = k_1 C_{A0} \int_0^t e^{-(k_1+k_2)t} dt$$

$$C_P = \frac{k_1 C_{A0}}{k_1 + k_2} \left[ 1 - e^{-(k_1+k_2)t} \right] \tag{6.74}$$

Para S:

$$\frac{dC_S}{dt} = k_2 C_A = k_2 C_{A0} e^{-(k_1+k_2)t}$$

$$\int_0^{C_S} dC_S = k_2 C_{A0} \int_0^t e^{-(k_1+k_2)t}\, dt$$

$$C_S = \frac{k_2 C_{A0}}{k_1 + k_2}\left[1 - e^{-(k_1+k_2)t}\right] \qquad (6.75)$$

Dispondo-se de dados experimentais de $C_A$, $C_P$ e $C_S$ em função do tempo, a partir das Equações (6.73) a (6.75), podem-se avaliar as constantes de velocidade $k_1$ e $k_2$ a partir do seguinte procedimento:

a) passa-se a Equação (6.73) para a forma linearizada [$\ln C_A = \ln C_{A0} - (k_1 + k_2)t$]. Com os dados experimentais $C_A = f(t)$ realiza-se uma regressão linear, a partir da qual se obtém como coeficiente angular $(k_1 + k_2)$. Deve-se ressaltar que é possível realizar uma regressão não linear da Equação (6.73);
b) divide-se a Equação (6.74) pela Equação (6.75) para obter o seguinte resultado:

$$C_P = \frac{k_1}{k_2} C_S \qquad (6.76)$$

Realiza-se uma regressão linear dos dados experimentais de $C_P = f(C_S)$ obtidos em função do tempo, a partir da qual se obtém como coeficiente angular a relação $k_1/k_2$;
c) a partir das relações $(k_1 + k_2)$ e $k_1/k_2$, calculam-se os valores individuais de $k_1$ e $k_2$.

**Tipo II:** **Reações paralelas irreversíveis em que dois reagentes produzem um único produto**

Esse é o caso em que dois reagentes, por meio de duas reações elementares independentes e concorrentes, produzem um único produto.

Genericamente, essas reações paralelas podem ser representadas pelas seguintes equações estequiométricas:

Etapa ou reação (1): $a_1 A \xrightarrow{k_1} c_1 C$

Etapa ou reação (2): $b_2 B \xrightarrow{k_2} c_2 C$

onde $k_1$ e $k_2$ são as constantes de velocidade para as reações (1) e (2), respectivamente, e $a_1$, $c_1$, $b_2$ e $c_2$ são os coeficientes estequiométricos de A, C, B e C nas etapas (1) e (2), respectivamente.

São duas reações, com três componentes, A, B e C, então há velocidades de reação para ambas as etapas e velocidades de consumo e formação para todos os três componentes. Como o componente C aparece em ambas as reações, então ainda há velocidade resultante de formação desse produto, a qual é obtida a partir da Equação (6.10). Essas velocidades podem ser obtidas a partir dos procedimentos usados nos E6.1 ou E6.2.

Velocidades de reação $r_1$ e $r_2$:

$$r_1 = k_1 C_A^{a_1} \tag{6.77}$$

$$r_2 = k_2 C_B^{b_2} \tag{6.78}$$

Velocidades de consumo de A e B e formação de C:

$$\frac{R_{1A}}{-a_1} = \frac{R_{1C}}{c_1} = r_1 = k_1 C_A^{a_1} \tag{6.79}$$

$$\frac{R_{2B}}{-b_2} = \frac{R_{2C}}{c_2} = r_2 = k_2 C_B^{a_2} \tag{6.80}$$

Velocidade resultante de formação de C($R_C$):

$$R_C = R_{1C} + R_{2C} = c_1 k_1 C_A^{a_1} + c_2 k_2 C_B^{b_2} \tag{6.81}$$

Observa-se que o componente A é consumido somente na etapa (1) e B somente na etapa (2), por isso, é possível escrever $(-R_A)$ e $(-R_B)$ no lugar de $(-R_{1A})$ e $(-R_{2B})$, e suas expressões são obtidas a partir das Equações (6.79) e (6.80), respectivamente.

Equações cinéticas:

$$-\frac{dC_A}{dt} = a_1 k_1 C_A^{a_1} \tag{6.82}$$

$$-\frac{dC_B}{dt} = b_2 k_2 C_B^{b_2} \tag{6.83}$$

$$\frac{dC_C}{dt} = c_1 k_1 C_A^{a_1} + c_2 k_2 C_B^{b_2} \tag{6.84}$$

Para esse tipo também há diferentes possibilidades, de primeira ordem, de segunda ordem, de ordens fracionárias etc. A seguir, discute-se o procedimento para determinar as constantes de velocidade para o caso em que se tem $a_1 = b_2 = c_1 = c_2 = 1$, ou seja:

Reação (1): $A \xrightarrow{k_1} C$

Reação (2): $B \xrightarrow{k_2} C$

$$-\frac{dC_A}{dt} = k_1 C_A \tag{6.85}$$

$$-\frac{dC_B}{dt} = k_2 C_B \tag{6.86}$$

$$\frac{dC_C}{dt} = k_1 C_A + k_2 C_B \tag{6.87}$$

A integração das Equações (6.85) a (6.87) fornece:

$$C_A = C_{A0} e^{-k_1 t} \tag{6.88}$$

# Reações compostas

$$C_B = C_{B0} e^{-k_2 t} \tag{6.89}$$

Para obter a expressão de $C_C$, pode-se substituir $C_A$ e $C_B$ das Equações (6.88) e (6.89) na Equação (6.87) e realizar a integração ou substituí-las na equação do seguinte balanço material aplicado a um reator batelada de volume constante:

$$\begin{pmatrix} \text{quant.} \\ \text{de C final} \end{pmatrix} = \begin{pmatrix} \text{quant.} \\ \text{de C inicial} \end{pmatrix} + \begin{pmatrix} \text{quant. de C} \\ \text{formada em 1} \end{pmatrix} + \begin{pmatrix} \text{quant. de C} \\ \text{formada em 2} \end{pmatrix}$$

$$C_C = C_{A0} - C_A + C_{B0} - C_B \qquad \left( \text{para } C_{C0} = 0 \right) \tag{6.90}$$

$$C_C = C_{A0} \left( 1 - e^{-k_1 t} \right) + C_{B0} \left( 1 - e^{-k_2 t} \right) \tag{6.91}$$

Dispondo-se de dados experimentais de $C_A$, $C_B$ e $C_C$ em função do tempo, a partir das Equações (6.88) e (6.89), podem-se avaliar as constantes de velocidade $k_1$ e $k_2$, respectivamente.

**Tipo III:  Reações paralelas irreversíveis e competitivas de pseudoprimeira ordem**

Esse é o tipo de reação paralela em que dois reagentes A e B competem por um terceiro reagente C, que se encontra em uma quantidade na mistura reacional elevada, de modo que sua concentração permanece constante ao longo da reação. As equações estequiométricas e cinéticas podem ser representadas por:

Reação (1): $A + C \xrightarrow{k_1} D$

Reação (2): $B + C \xrightarrow{k_2} D$

$$-\frac{dC_A}{dt} = k_1 C_A C_C \tag{6.92}$$

$$-\frac{dC_B}{dt} = k_2 C_B C_C \tag{6.93}$$

$$\frac{dC_D}{dt} = k_1 C_A C_C + k_2 C_B C_C \qquad (6.94)$$

Tendo em vista que $C_C$ permanece constante durante a reação, em dada temperatura, pode-se escrever:

$$k_1 C_C = \text{constante} = k_1^*$$

$$k_2 C_C = \text{constante} = k_2^*$$

onde $k_1^*$ e $k_2^*$ são pseudoconstantes de velocidade das reações (1) e (2), respectivamente. Com isso, as Equações (6.92) a (6.94) passam para as seguintes formas:

$$-\frac{dC_A}{dt} = k_1^* C_A \qquad (6.95)$$

$$-\frac{dC_B}{dt} = k_2^* C_B \qquad (6.96)$$

$$\frac{dC_D}{dt} = k_1^* C_A + k_2^* C_B \qquad (6.97)$$

Observa-se que as soluções das Equações (6.95) a (6.97) são semelhantes àquelas das Equações (6.85) a (6.87), bastando substituir as constantes $k_1$ e $k_2$ pelas pseudoconstantes $k_1^*$ e $k_2^*$.

### Tipo IV: Reações paralelas irreversíveis de ordem superior

Nem sempre as reações paralelas são de primeira ordem como aquelas descritas anteriormente. Há muitas situações reais que envolvem a combinação de vários reagentes e a produção de diferentes produtos. Por exemplo, três reagentes A, B e C podem reagir para produzir D e E; nesse caso, as equações estequiométricas e cinéticas são:

$$\text{Reação (1): } A + B \xrightarrow{k_1} D$$

Reação (2): $A + C \overset{k_2}{\rightarrow} E$

$$-\frac{dC_A}{dt} = k_1 C_A C_B + k_2 C_A C_C \tag{6.98}$$

$$-\frac{dC_B}{dt} = k_1 C_A C_B \tag{6.99}$$

$$-\frac{dC_C}{dt} = k_2 C_A C_C \tag{6.100}$$

$$\frac{dC_D}{dt} = k_1 C_A C_B \tag{6.101}$$

$$\frac{dC_E}{dt} = k_2 C_A C_C \tag{6.102}$$

A solução exata das Equações (6.98) a (6.102) é mais difícil. Para determinar os parâmetros cinéticos, é necessária uma solução numérica. Dispondo-se de dados experimentais de velocidades de reação $(dC_j/dt)$ e de concentrações de todos os componentes $(C_j)$, verifica-se a independência linear dessas equações e utiliza-se alguma técnica numérica para resolver as equações e obter os valores das constantes de velocidade $k_1$ e $k_2$ (HOFFMAN, 2001; RICE; DO, 1995).

### 6.6.6 Reações em série ou consecutivas

*Reações em série* ou *consecutivas* são aquelas em que um ou mais produtos formados inicialmente sofrem uma reação subsequente para dar outros produtos. No transcurso da reação, são formadas quantidades significativas tanto de produtos intermediários como de produtos finais.

Em grande parte das reações químicas, o produto, ou produtos, pode reagir ou se decompor em etapas subsequentes. Isso também ocorre em reações de substituição, como oxidações, desidrogenações etc.

# Cinética química das reações homogêneas

Há diferentes possibilidades. A seguir, são discutidos os casos de reações em série irreversíveis, de primeira ordem com um e dois produtos intermediários.

### 6.6.6.1 Reações em série irreversíveis, de primeira ordem com um produto intermediário

Esse é o tipo mais simples de reação em série, em que um reagente A produz um produto B, que por sua vez produz um produto C.

Equação estequiométrica:

$$A \xrightarrow{k_1} B \xrightarrow{k_2} C \tag{6.103}$$

Equações cinéticas:

$$-\frac{dC_A}{dt} = k_1 C_A \tag{6.104}$$

$$\frac{dC_B}{dt} = k_1 C_A - k_2 C_B \tag{6.105}$$

$$\frac{dC_C}{dt} = k_2 C_B \tag{6.106}$$

As Equações (6.104), (6.105) e (6.106) são características desse tipo de reação e descrevem a velocidade de consumo de A, resultante de formação de B e formação de C, respectivamente.

A avaliação dos parâmetros cinéticos $k_1$ e $k_2$ a partir de dados experimentais pode ser feita por meio da solução exata ou aproximada dessas equações; a seguir apresenta-se a solução exata. Para simplificar o problema, introduzem-se as concentrações adimensionais $\theta_A$, $\theta_B$, $\theta_C$ e o tempo adimensional $\tau$, definidos pelas seguintes equações, respectivamente:

$$\theta_A = \frac{C_A}{C_{A0}}; \ \theta_B = \frac{C_B}{C_{A0}}; \ \theta_C = \frac{C_C}{C_{A0}}; \ \tau = k_1 t \tag{6.107}$$

Reações compostas

Derivando-se essas relações, tem-se:

$$d\theta_A = \frac{dC_A}{C_{A0}}; \; d\theta_B = \frac{dC_B}{C_{A0}}; \; d\theta_C = \frac{dC_C}{C_{A0}}; \; d\tau = k_1 dt \tag{6.108}$$

Utilizando-se a primeira dessas relações e a regra da cadeia, para o componente A, tem-se:

$$\frac{dC_A}{dt} = \frac{dC_A}{d\tau}\frac{d\tau}{dt} = \frac{dC_A}{d\theta_A}\frac{d\theta_A}{d\tau}\frac{d\tau}{dt} = k_1 C_{A0}\frac{d\theta_A}{d\tau}$$

Fazendo-se o mesmo para os componentes B e C, substituindo-se os resultados nas Equações (6.104) a (6.106), obtêm-se as seguintes equações diferenciais em termos de variáveis adimensionais:

$$-\frac{d\theta_A}{d\tau} = \theta_A \tag{6.109}$$

$$\frac{d\theta_B}{d\tau} = \theta_A - \frac{k_2}{k_1}\theta_B \tag{6.110}$$

$$\frac{d\theta_C}{d\tau} = \frac{k_2}{k_1}\theta_B \tag{6.111}$$

A solução da Equação (6.109) é obtida pela integração imediata, mas com limites expressos em termos de variáveis adimensionais, ou seja, para $t = 0$ ou $\tau = k_1 \cdot 0 = 0$, tem-se $C_A = C_{A0}$ ou $\theta_{A0} = C_{A0}/C_{A0} = 1$, e em dado tempo t tem-se a concentração adimensional de A igual a $\theta_A$.

$$\int_1^{\theta_A} \frac{d\theta_A}{\theta_A} = -\int_0^{\tau} d\tau$$

$$\theta_A = e^{-\tau} \Rightarrow C_A = C_{A0}e^{-k_1 t} \tag{6.112}$$

Substituindo-se $\theta_A$ da Equação (6.112) na Equação (6.110) e rearranjando-se o resultado, obtém-se:

$$\frac{d\theta_B}{d\tau} + \frac{k_2}{k_1}\theta_B = e^{-\tau} \tag{6.113}$$

A Equação (6.113) é uma equação diferencial linear de primeira ordem do tipo:

$$\frac{dy}{dx} + P(x)y = Q(x) \tag{6.114}$$

cuja solução geral é:

$$ye^{\int P(x)dx} = \int Q(x)e^{\int P(x)dx}\,dx + C \tag{6.115}$$

em que C é uma constante de integração a ser determinada a partir de condições de contorno que devem ser expressas em termos de variáveis adimensionais.

Aplicando-se essa solução geral – Equação (6.115) – à Equação (6.113), obtém-se:

$$\theta_B e^{\int_0^\tau \frac{k_2}{k_1}d\tau} = \int e^{-\tau}e^{\int_0^\tau \frac{k_2}{k_1}d\tau}\,d\tau + C$$

$$\theta_B e^{\frac{k_2}{k_1}d\tau} = \frac{1}{\frac{k_2}{k_1}-1}e^{\tau\left(\frac{k_2}{k_1}-1\right)} + C \tag{6.116}$$

A constante C é obtida a partir da condição inicial $\tau = 0$, para a qual se tem $C_B = C_{B0}$. Se B estiver inicialmente presente na mistura reacional, $C_{B0} \neq 0$ caso contrário, $C_{B0} = 0$. Para o segundo caso ($C_{B0} = 0$), que é equivalente a dizer que $\theta_B = \theta_{B0} = 0$, tem-se:

$$0 \times e^{\frac{k_2}{k_1}\times 0\tau} = \frac{1}{\frac{k_2}{k_1}-1}e^{0\times\left(\frac{k_2}{k_1}-1\right)} + C \Rightarrow C = -\frac{1}{k_2/k_1-1}$$

Substituindo-se essa expressão de C na Equação (6.116) e rearranjando-a, obtém-se:

Reações compostas

$$\theta_B = \frac{1}{\frac{k_2}{k_1} - 1}\left[e^{-\tau} - e^{-\frac{k_2}{k_1}\tau}\right] \tag{6.117}$$

$$C_B = \frac{C_{A0}k_1}{k_2 - k_1}\left[e^{-k_1 t} - e^{-k_2 t}\right] \tag{6.118}$$

Dispondo-se das expressões de $C_A$ e $C_B$ dadas pelas Equações (6.112) e (6.118), respectivamente, obtém-se $C_C$ a partir de um balanço material.

$$C_{A0} + C_{B0} + C_{C0} = C_A + C_B + C_C$$

Aqui também se tem duas possibilidades: C pode ou não pode estar presente inicialmente na mistura reacional. Para o caso de $C_{B0} = C_{C0} = 0$, tem-se:

$$\theta_A + \theta_B + \theta_C = \theta_{A0} = 1$$

Substituindo-se $\theta_A$ da Equação (6.103) e $\theta_B$ da Equação (6.108) nessa relação, tem-se:

$$\theta_C = 1 + \frac{e^{-(k_2/k_1)\tau} - \left(k_2/k_1\right)e^{-\tau}}{k_2/k_1 - 1} \tag{6.119}$$

$$C_C = C_{A0} + \frac{k_1 C_{A0}e^{-k_2 t} - \left(k_2 C_{A0}\right)e^{-k_1 t}}{k_2 - k_1} \tag{6.120}$$

As Equações (6.112), (6.118) e (6.120) descrevem as variações das concentrações de A, B e C ao longo do tempo de reação.

Para verificar como isso ocorre, foram alocados valores de $C_A$, $C_B$ e $C_C$ em função do tempo obtidos para $k_1 = 0{,}1$ min$^{-1}$, $k_2 = 0{,}05$ min$^{-1}$ e $C_{A0} = 1$ mol/L, Figura 6.3.

Do ponto de vista quantitativo, observa-se que, inicialmente, a concentração de A é alta (de fato, tem um valor máximo igual a $C_{A0}$) e, de acordo com a Equação (6.104), a velocidade de consumo desse reagente é elevada. As concentrações de B e C são supostamente nulas, então a velocidade resultante da formação de B –

Equação (6.105) – é máxima, pois só tem o primeiro termo do segundo membro, enquanto a velocidade de formação de C – Equação (6.106) – é nula.

À medida que a reação avança, a concentração de A decresce; consequentemente, sua velocidade de consumo também decresce até se aproximar de zero, em um tempo infinito. Enquanto $C_A$ diminui, $C_B$ aumenta, tornando a contribuição do segundo termo do segundo membro da Equação (6.105) mais significativa; a reação prossegue e passa por um momento em que $C_B$ atinge seu valor máximo, em que se tem $dC_B/dt = 0$, ponto (1) da Figura 6.3. Por outro lado, a concentração de C aumenta com o progresso da reação, até $C_B$ atingir seu valor máximo, em que, de acordo com a Equação (6.106), tem-se velocidade máxima de formação desse componente, o que pode ser visto no ponto de inflexão da curva $C_C = f(t)$, ponto (2) da Figura 6.3. A partir desse ponto, $C_B$ diminui e, de acordo com a Equação (6.106), a velocidade de formação de C também diminui, até atingir um valor zero, em um tempo infinito.

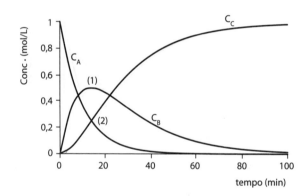

**Figura 6.3** – Variações de $C_A$, $C_B$ e $C_C$ em função do tempo.

No início da reação, a quantidade formada do produto final, no caso o produto C, é muito pequena para ser detectada analiticamente; então, o intervalo de tempo decorrido até que uma quantidade significativa de C seja formada recebe o nome de *período de indução*. Ressalta-se que a grandeza desse período vai depender da precisão do método utilizado na análise. Esse período de indução também é definido como o tempo necessário para atingir o ponto de inflexão da curva $C_C = f(t)$, ponto (2) da Figura 6.3, o qual corresponde ao tempo necessário para que a concentração de B atinja seu valor máximo.

Destaca-se que as Equações (6.118) e (6.120) não são aplicáveis à situação em que $k_1 = k_2$, pois isso vai gerar uma indeterminação em ambas as equações. Para obter equações que sejam aplicáveis a essa situação particular, resolve-se a Equação (6.113) com $k_1 = k_2 = k$. Os resultados são:

$$C_B = C_{A0} kt e^{-kt} \tag{6.121}$$

$$C_C = C_{A0} - C_{A0}(1 + kt)e^{-kt} \tag{6.122}$$

A seguir, apresenta-se um procedimento para determinar os parâmetros cinéticos $k_1$ e $k_2$ da reação (6.103) a partir de dados experimentais.

Dispondo-se de dados de $C_A = f(t)$, pode-se aplicar o método integral apresentado no item 5.6.2 para avaliar a constante de velocidade $k_1$ da Equação (6.112). A partir do valor de $k_1$, pode-se determinar o valor de $k_2$ considerando que, no momento em que a concentração de B atinge seu valor máximo, ela torna-se dependente apenas da concentração inicial de A e da relação entre $k_1$ e $k_2$, ou seja, $d\theta_B/d\tau = 0$. Aplicando-se essa condição à Equação (6.117), tem-se:

$$\frac{d\theta_B}{d\tau} = 0 = \frac{1}{x-1}\left[e^{-\tau_{máx}} - e^{-x\tau_{máx}}\right]$$

$$\tau_{máx} = \frac{\ln(x)}{x-1} \tag{6.123}$$

onde $x = k_2/k_1$ e $\tau_{máx}$ é o tempo necessário para que a concentração de B atinja seu valor máximo, $\theta_{Bmáx}$. Dispondo-se de dados experimentais de $C_B = f(t)$ e do valor de $C_{A0}$, pode-se avaliar $\theta_{Bmáx}$ e o correspondente valor de $\tau_{máx}$, a partir do qual se tem a relação $k_2/k_1$ e, consequentemente, o valor de $k_2$.

Também se pode avaliar a relação $k_2/k_1$ diretamente do valor de $\theta_{Bmáx}$; para isso, substitui-se $\tau_{máx}$ na Equação (6.108) para obter a seguinte equação:

$$\theta_{Bmáx} = \frac{1}{x-1}\left[e^{-\tau_{máx}} - e^{-x\tau_{máx}}\right] = (x)^{\frac{x}{1-x}} \tag{6.124}$$

**Exemplo 6.7   Avaliação de parâmetros cinéticos de uma reação em série, irreversível de primeira ordem com um produto intermediário.**

No processamento de papel e celulose, a antraquinona (C) acelera a deslignificação da madeira e melhora a seletividade do licor. A cinética da oxidação em fase líquida do antraceno (A) a antraquinona com $NO_2$ em ácido acético como solvente foi estudada por Rodrigues e Tijero (1989) em um reator semibatelada (batelada com relação à fase líquida), sob condições tais que a cinética do processo global líquido-gás é controlada pela velocidade da reação na fase líquida.

Os seguintes dados foram obtidos em experimentos conduzidos a 95 °C, com $C_{A0} = 0,0337$ mol/L (MISSEN; MIMS; SAVILLE, 2001).

| Tempo (min) | Concentração (mol/L) | | |
| --- | --- | --- | --- |
| | $C_A$ | $C_B$ | $C_C$ |
| 0 | 0,0337 | 0 | 0 |
| 10 | 0,0229 | 0,0104 | 0,0008 |
| 20 | 0,0144 | 0,0157 | 0,0039 |
| 30 | 0,0092 | 0,0181 | 0,0066 |
| 40 | 0,0058 | 0,0169 | 0,0114 |
| 50 | 0,004 | 0,0155 | 0,0144 |
| 60 | 0,003 | 0,013 | 0,0178 |
| 70 | 0,0015 | 0,0114 | 0,0209 |
| 80 | 0,0008 | 0,0088 | 0,024 |
| 90 | 0,0006 | 0,006 | 0,027 |

Essa reação ocorre por meio da formação de um composto intermediário antrone (B) e pode ser representada por:

$$C_{14}H_{10} \xrightarrow{NO_2} C_{14}H_9O \xrightarrow{NO_2} C_{14}H_8O_2$$

Reações compostas

ou

$$A \xrightarrow{k_1} B \xrightarrow{k_2} C \tag{E6.7.1}$$

Sabendo-se que as etapas são irreversíveis e de primeira ordem, determine os valores das constantes de velocidade ($k_1$ e $k_2$) em min$^{-1}$ e s$^{-1}$.

***Solução:***

Para calcular o valor de $k_1$, transforma-se a Equação (6.112) para uma forma linearizada, ou seja:

$$-\ln(C_A) = -\ln(C_{A0}) + k_1 t \tag{E6.7.2}$$

A partir dos dados fornecidos, calculam-se os valores de ln ($C_A$) para os diferentes tempos, alocam-se esses valores em um gráfico e, através de uma regressão linear, ajustam-se os dados a uma reta, Figura E6.7.1. No presente caso, os cálculos e o gráfico foram feitos pelo programa Polymath.

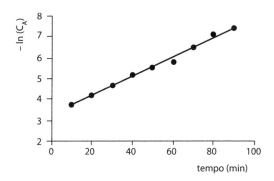

**Figura E6.7.1** – Reta ajustada pela Equação (E6.7.2) aos dados do E6.7.

A equação da reta ajustada é:

$$-\ln(C_A) = 3{,}3235 + 0{,}04532 t \tag{E6.7.3}$$

O coeficiente angular dessa reta fornece $k_1$, ou seja:

$$k_1 = 0{,}04532 \text{ min}^{-1} \text{ ou } 7{,}553 \cdot 10^{-4} \text{ s}^{-1}$$

Para avaliar $k_2$, pode-se usar a Equação (6.123) ou (6.124), mas é necessário calcular $\tau_{máx}$ ou $\theta_{Bmáx}$. Pelo programa Polymath, os dados de $C_B = f(t)$ foram alocados em um gráfico e ajustados a uma equação polinomial de quarto grau, Figura E6.7.2.

$$C_B = -8,392 \cdot 10^{-5} + 1,39172 \cdot 10^{-3} t - 3,689 \cdot 10^{-5} t^2 +$$

$$3,751 \cdot 10^{-7} t^3 - 1,436 \cdot 10^{-9} t^4 \qquad (E6.7.4)$$

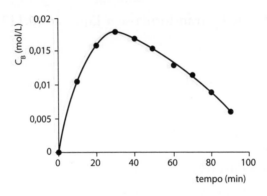

**Figura E6.7.2** – Linha ajustada por um polinômio aos dados do E6.7.

Derivando-se a Equação (E6.7.4) e igualando-se a zero, ou seja, $dC_B/dt = 0$, obtém-se $t_{máx}$ e o correspondente valor de $C_{Bmáx}$.

$$t_{máx} = 30,675 \text{ min} \qquad e \qquad C_{Bmáx} = 0,0181 \text{ mol/L}$$

A partir de $t_{máx}$ e da Equação (6.114), obtém-se:

$$\tau_{máx} = k_1 t_{máx} = 0,04532 \cdot 30,675 = \frac{\ln(x)}{x-1}$$

$$x = 0,4965$$

$$k_2 = 0,4965 \cdot k_1 = 0,4965 \cdot 0,04532 = 0,0225 \text{ min}^{-1} \qquad ou \qquad 3,750 \cdot 10^{-4} \text{ s}^{-1}$$

Reações compostas

### 6.6.6.2 Reações em série irreversíveis, de primeira ordem com dois produtos intermediários

Esse tipo de reação pode ser representado pelas seguintes equações estequiométrica e cinéticas:

Equação estequiométrica:

$$A \xrightarrow{k_1} P_1 \xrightarrow{k_2} P_2 \xrightarrow{k_3} D \qquad (6.125)$$

Equações cinéticas:

$$-\frac{dC_A}{dt} = k_1 C_A \qquad (6.126)$$

$$\frac{dC_{P1}}{dt} = k_1 C_A - k_2 C_{P1} \qquad (6.127)$$

$$\frac{dC_{P2}}{dt} = k_2 C_{P1} - k_3 C_{P2} \qquad (6.128)$$

$$\frac{dC_D}{dt} = k_3 C_{P2} \qquad (6.129)$$

Para avaliar os parâmetros cinéticos $k_1$ e $k_2$ a partir de dados experimentais, é necessário resolver as equações diferenciais de (6.126) à (6.129) e, para simplificar essa solução, assim como no caso anterior, introduzem-se as seguintes variáveis adimensionais:

$$\theta_A = \frac{C_A}{C_{A0}}; \ \theta_{P1} = \frac{C_{P1}}{C_{A0}}; \ \theta_{P2} = \frac{C_{P2}}{C_{A0}}; \ \theta_D = \frac{C_D}{C_{A0}}; \ \tau = k_1 t \qquad (6.130)$$

onde $\theta_A$, $\theta_{P1}$, $\theta_{P2}$ e $\theta_D$ são concentrações adimensionais e $\tau$ é o tempo adimensional. Diferenciando-se essas relações, utilizando-se a regra da cadeia e substituindo-se os resultados nas Equações (6.126) a (6.129), obtêm-se as seguintes equações diferenciais em termos de variáveis adimensionais:

$$-\frac{d\theta_A}{d\tau} = \theta_A \qquad (6.131)$$

$$\frac{d\theta_{P1}}{d\tau} = \theta_A - x_1\theta_{P1} \qquad (6.132)$$

$$\frac{d\theta_{P2}}{d\tau} = x_1\theta_{P1} - x_2\theta_{P2} \qquad (6.133)$$

$$\frac{d\theta_D}{d\tau} = x_2\theta_{P_2} \qquad (6.134)$$

onde

$$x_1 = \frac{k_2}{k_1} \qquad e \qquad x_2 = \frac{k_3}{k_1} \qquad (6.135)$$

Do caso anterior já se conhece a solução das Equações (6.131) e (6.132), ou seja:

$$\theta_A = e^{-\tau} \qquad (6.136)$$

$$\theta_{P1} = \frac{1}{x_1 - 1}\left[e^{-\tau} - e^{-x_1\tau}\right] \qquad (6.137)$$

Substitui-se a Equação (6.137) na Equação (6.133) e resolve-se a equação obtida usando a seguinte condição inicial: $\tau = 0$ e $\theta_{P10} = \theta_{P20} = 0$. O resultado é:

$$\theta_{P2} = x_1\left[\frac{e^{-\tau}}{(x_1 - 1)(x_2 - 1)} - \frac{e^{-x_1\tau}}{(x_1 - 1)(x_2 - x_1)} + \frac{e^{-x_2\tau}}{(x_2 - 1)(x_2 - x_1)}\right] \qquad (6.138)$$

A expressão matemática para $\theta_D$ é obtida a partir do seguinte balanço material:

$$C_{A0} + C_{P10} + C_{P20} + C_{D0} = C_A + C_{P1} + C_{P2} + C_D$$

Reações compostas

ou

$$\theta_D = 1 - \theta_A - \theta_{P1} - \theta_{P2} \qquad \left(\text{para } \theta_{D0} = \theta_{P10} = \theta_{P20} = 0\right) \qquad (6.139)$$

Substituindo-se as Equações (6.136), (6.137) e (6.138) na Equação (6.139), tem-se a expressão de $\theta_D$.

A partir desses dois casos, verifica-se que é possível resolver as equações de forma semelhante para tantas reações em série quanto forem necessárias. Ressalta-se que para reações em série que não sejam de primeira ordem, não há uma solução analítica exata como nos dois casos apresentados anteriormente. O que se obtém é um grupo de equações diferenciais não lineares envolvendo o tempo e a concentração de diversos componentes, cuja solução depende de métodos numéricos.

O procedimento para avaliar as constantes de velocidade $k_1$ e $k_2$ da Equação (6.125) pode ser o mesmo apresentado acima para a reação (6.103). Para avaliar $k_3$, utiliza-se uma condição semelhante à anterior, mas agora referente à concentração do componente $P_2$. Durante a reação, a concentração de $P_2$ aumenta, passa por um valor máximo, em que se tem $d\theta_{P2}/d\tau = 0$, e então decresce até atingir o valor zero num tempo infinito. Aplicando-se essa condição à Equação (6.138), tem-se:

$$\tau_{máx} = \frac{\ln\left(\frac{x_2}{x_1}\right)}{x_2 - x_1} \qquad (6.140)$$

onde $\tau_{máx}$ é o tempo necessário para que a concentração de $P_2$ atinja seu valor máximo, $\theta_{P2máx}$. Dispondo-se de dados experimentais de $C_{P2} = f(t)$ e do valor de $C_{A0}$, pode-se avaliar $\theta_{P2máx}$ e o correspondente valor de $\tau_{máx}$, a partir do qual se tem a relação $k_3/k_1$ e, consequentemente, o valor de $k_3$.

### 6.6.7 Reações mistas em série-paralela

Esse tipo de reação composta envolve reações em série e em paralelo, e um dos casos mais simples é aquele em que as reações são irreversíveis e de primeira ordem e pode ser representado pelas seguintes equações:

Equações estequiométricas:

Reação (1): $A + B \overset{k_1}{\rightarrow} P_1$

Reação (2): $P_1 + B \xrightarrow{k_2} P_2$

Equações cinéticas:

$$\text{consumo de A: } -\frac{dC_A}{dt} = k_1 C_A C_B \qquad (6.141)$$

$$\text{consumo de B: } -\frac{dC_B}{dt} = k_1 C_A C_B + k_2 C_{P1} C_B \qquad (6.142)$$

$$\text{formação de } P_1: \frac{dC_{P1}}{dt} = k_1 C_A C_B - k_2 C_{P1} C_B \qquad (6.143)$$

$$\text{formação de } P_2: \frac{dC_{P2}}{dt} = k_2 C_{P1} C_B \qquad (6.144)$$

As ordens das reações já são conhecidas, então, para se ter as equações cinéticas completas, é necessário avaliar as constantes de velocidade $k_1$ e $k_2$ a partir de dados experimentais. Para fazer isso, calcula-se a concentração máxima do produto intermediário $P_1$ e realiza-se um procedimento semelhante àquele apresentado para as reações em série.

Divide-se a Equação (6.143) pela Equação (6.141) e a equação resultante é, depois, resolvida.

$$\frac{dC_{P1}}{dC_A} = -1 + \frac{k_2}{k_1} \frac{C_{P1}}{C_{A0}}$$

$$\frac{dC_{P1}}{dC_A} - \frac{k_2}{k_1} \frac{C_{P1}}{C_A} = -1 \qquad (6.145)$$

A Equação (6.145) é uma equação diferencial, linear de primeira ordem, do mesmo tipo apresentado na Equação (6.114), cuja solução geral é aquela apresentada na Equação (6.115). Aplicando-se essa solução geral – Equação (6.115) – à Equação (6.145), obtém-se:

# Reações compostas

$$C_{P1} e^{\int -\frac{k_2}{k_1 C_A} dC_A} = \int (-1) e^{\int -\frac{k_2}{k_1 C_A} dC_A} dC_A + C$$

$$C_{P1} e^{-\frac{k_2}{k_1} \ln C_A} = (-1) \int e^{-\frac{k_2}{k_1} \ln C_A} dC_A + C$$

$$C_{P1} C_A^{-\frac{k_2}{k_1}} = -\int C_A^{-\frac{k_2}{k_1}} dC_A + C = \frac{C_A^{1-\frac{k_2}{k_1}}}{\frac{k_2}{k_1} - 1} + C \qquad (6.146)$$

A constante C da Equação (6.146) é obtida a partir da condição inicial $t = 0$, para a qual se tem $C_A = C_{A0}$, $C_B = C_{B0}$, $C_{P1} = C_{P10}$ e $C_{P2} = 0$, ou seja:

$$C = -\frac{C_{A0}^{1-\frac{k_2}{k_1}}}{\frac{k_2}{k_1} - 1} + C_{P10} C_{A0}^{-\frac{k_2}{k_1}}$$

Substituindo-se essa expressão de C na Equação (6.146), tem-se:

$$C_{P1} C_A^{-\frac{k_2}{k_1}} = \frac{C_A^{1-\frac{k_2}{k_1}}}{\frac{k_2}{k_1} - 1} - \frac{C_{A0}^{1-\frac{k_2}{k_1}}}{\frac{k_2}{k_1} - 1} + C_{P10} C_{A0}^{-\frac{k_2}{k_1}} \qquad (6.147)$$

Dividindo-se ambos os membros da Equação (6.147) por $C_{A0}$, obtém-se:

$$\frac{C_{P1}}{C_{A0}} = \left( \frac{1}{1 - \frac{k_2}{k_1}} \right) \left[ \left( \frac{C_A}{C_{A0}} \right)^{\frac{k_2}{k_1}} - \frac{C_A}{C_{A0}} \right] + \frac{C_{P10}}{C_{A0}} \left( \frac{C_A}{C_{A0}} \right)^{\frac{k_2}{k_1}} \qquad \left( k_2 \neq k_1 \right) \qquad (6.148)$$

A Equação (6.148) fornece a variação da concentração de $P_1$ ($C_{P1}$) em função da concentração de A ($C_A$) em dada temperatura, em que se conhecem os parâmetros $k_1$ e $k_2$. Como se observa, essa equação tem a restrição $k_1 \neq k_2$, pois para $k_1 = k_2$ verifica-se uma indeterminação. Para obter uma equação que seja aplicável a essa situação resolve-se a Equação (6.145) com $k_1 = k_2$.

$$\frac{dC_{P1}}{dC_{C_A}} - \frac{C_{P1}}{C_A} = -1 \qquad (6.149)$$

A Equação (6.149) também é uma equação diferencial, linear de primeira ordem, então se pode usar a solução geral dada pela Equação (6.115), ou seja:

$$C_{P1} e^{\int -\frac{dC_A}{C_A}} = \int e^{-\int \frac{dC_A}{C_A}} dC_A + C$$

$$C_{P1} C_A^{-1} = -\ln C_A + C \qquad (6.150)$$

A constante C da Equação (6.150) é obtida a partir da condição inicial $t = 0$, para a qual se tem $C_A = C_{A0}$ e $C_{P1} = C_{P10}$, ou seja:

$$C = \frac{C_{P10}}{C_{A0}} + \ln C_{A0}$$

Substituindo-se essa expressão de C na Equação (6.150), tem-se:

$$\frac{C_{P1}}{C_A} = -\ln C_A + \frac{C_{P10}}{C_{A0}} + \ln C_{A0}$$

$$\frac{C_{P1}}{C_{A0}} = \frac{C_A}{C_{A0}} \left[ \frac{C_{P10}}{C_{A0}} - \ln \frac{C_A}{C_{A0}} \right] \qquad (k_2 = k_1) \qquad (6.151)$$

A Equação (6.151), assim como a Equação (6.148), também fornece a variação da concentração de $P_1$ ($C_{P1}$) em função da concentração de A ($C_A$), mas para o caso em que $k_1 = k_2$. Para $C_{P10} = 0$, a relação $C_{P1}/C_{A0}$ expressa pela Equação (6.148) fica dependente das relações $C_A/C_{A0}$ e $k_2/k_1$, e a mesma relação expressa pela Equação (6.151) fica dependente apenas da relação $C_A/C_{A0}$. Na Figura 6.4 estão mostradas diversas curvas de $C_{P1}/C_{A0} = f(C_A/C_{A0})$ obtidas para diferentes valores da relação $k_2/k_1$.

A partir das curvas mostradas na Figura 6.4, verifica-se que a função $C_{P1}/C_{A0} = f(C_A/C_{A0})$ apresenta pontos de máximos, para os quais se tem $dC_{P1}/dC_A = 0$. Com $x = k_2/k_1$, deve-se derivar a Equação (6.148) e igualar o resultado a zero, resultando em:

Reações compostas

$$\frac{dC_{P1}}{dC_A} = \left(\frac{1}{1-x}\right)\left[x\left(\frac{C_{Amáx}}{C_{A0}}\right)^{x-1} - 1\right] = 0$$

$$C_{Amáx} = C_{A0}x^{\frac{1}{1-x}} \qquad (6.152)$$

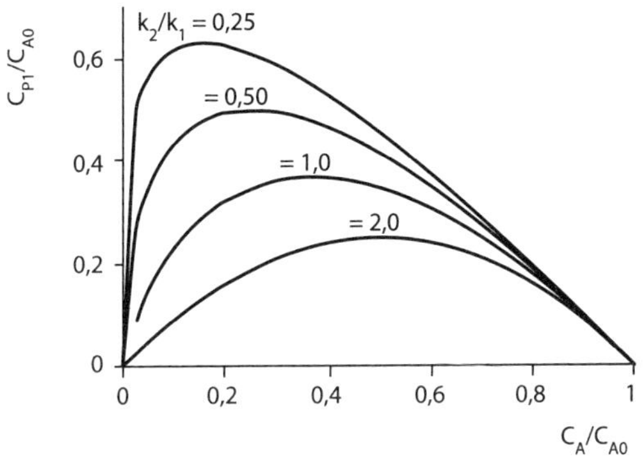

**Figura 6.4** – Variação de $C_{P1}/C_{A0} = f(C_A/C_{A0})$ para diferentes valores de $k_2/k_1$.

Substituindo-se $C_{Amáx}$ da Equação (6.152) na Equação (6.148) com $C_{P10} = 0$, obtém-se:

$$\frac{C_{P1máx}}{C_{A0}} = \left(\frac{1}{1-x}\right)\left[x^{\frac{x}{1-x}} - x^{\frac{1}{1-x}}\right] = x^{\frac{1}{1-x}} \qquad (6.153)$$

onde $C_{Amáx}$ é a concentração máxima do reagente A correspondente à concentração máxima do produto intermediário $P_1$ ($C_{P1máx}$). Dispondo-se de dados experimentais de $C_A$ e $C_{P1}$ em função do tempo, têm-se seus valores máximos, a partir dos quais e da Equação (6.152) ou da (6.153) se pode calcular o valor de $x = k_2/k_1$. Para calcular os valores individuais de $k_1$ e $k_2$, é necessário resolver a Equação (6.141). Para resolver essa equação, é necessário obter uma relação entre $C_B$ e $C_A$, mas como B está presente em ambas as reações, então deve-se obter antes uma relação entre $C_B$ e $C_{P1}$.

Para essas reações podem-se definir as conversões fracionais $X_{B1}$ e $X_{B2}$, como segue:

$$x_{B1} = \frac{\text{mols de B consumidos na reação 1}}{\text{mols de B iniciais}} \qquad (6.154)$$

$$x_{B2} = \frac{\text{mols de B consumidos na reação 2}}{\text{mols de B iniciais}} \tag{6.155}$$

Considerando que a reação esteja sendo conduzida em um reator batelada de volume constante e que B seja o reagente limitante, pode-se fazer o seguinte balanço material:

$$\begin{pmatrix} \text{quant.} \\ \text{de j final} \end{pmatrix} = \begin{pmatrix} \text{quant.} \\ \text{de j inicial} \end{pmatrix} + \begin{pmatrix} \text{quant. de j} \\ \text{formado ou} \\ \text{consumido em 1} \end{pmatrix} + \begin{pmatrix} \text{quant. de j} \\ \text{formado ou} \\ \text{consumido em 2} \end{pmatrix}$$

Para os componentes A, B e $P_1$, tem-se:

$$C_A = C_{A0} - C_{B0} \cdot X_{B1} \tag{6.156}$$

$$C_B = C_{B0} - C_{B0} \cdot X_{B1} - C_{B0} \cdot X_{B2} \tag{6.157}$$

$$C_{P1} = C_{P10} + C_{B0} \cdot X_{B1} - C_{B0} \cdot X_{B2} \tag{6.158}$$

Isolando-se $X_{B2}$ da Equação (6.157), substituindo-se o resultado na Equação (6.158) e combinando-se com $X_{B1}$ da Equação (6.156), tem-se:

$$C_B = C_{P1} + C_{B0} + 2\left(C_A - C_{A0}\right) \tag{6.159}$$

Substituindo-se $C_B$ da Equação (6.159) na Equação (6.141), tem-se:

$$-\frac{dC_A}{dt} = k_1 C_A \left[ C_{P1} + C_{B0} + 2\left(C_A - C_{A0}\right) \right] \tag{6.160}$$

Pode-se substituir $C_{P1}$ da Equação (6.148) na Equação (6.160) e integrá-la desde as condições iniciais com $t = 0$ e $C_A = C_{A0}$ até um limite superior em $t = t_{máx}$ para o qual se tem $C_{Amáx}$, ambos já conhecidos a partir dos dados experimentais, ou seja:

$$\int_{C_{A0}}^{C_{A\,máx}} \frac{dC_A}{C_A \left[ C_{P1} + C_{B0} + 2\left(C_A - C_{A0}\right) \right]} = -k_1 \int_0^{t_{máx}} dt = -k_1 t_{máx} \tag{6.161}$$

Resolvendo-se essa integral, obtém-se o valor de $k_1$, a partir do qual e da relação $k_2/k_1$ calcula-se o valor de $k_2$. Ressalta-se que se for substituída a expressão (6.151) na Equação (6.160), o valor de $k_1$ é igual ao valor de $k_2$.

Se for de interesse, podem-se obter as variações das concentrações do reagente B e do produto $P_2$ a partir dos seguintes balanços materiais:

$$C_A + C_{P1} + C_{P2} = C_{A0} + C_{P10} + C_{P20} \qquad (6.162)$$

$$C_{B0} - C_B = \left(C_{P1} - C_{P10}\right) + 2\left(C_{P2} - C_{P20}\right) \qquad (6.163)$$

Substituindo-se $C_{P1}$ da Equação (6.148) ou da (6.142) na Equação (6.162), tem-se a variação de $C_{P2}$ em função de $C_A$, e substituindo-se $C_{P1}$ e $C_{P2}$ na Equação (6.163), obtém-se a variação de $C_B$ em função de $C_A$.

Ressalta-se que há algumas possibilidades de simplificação do problema abordado. Por exemplo, se o reagente B for utilizado em excesso de modo que sua concentração permaneça constante durante a reação, recai-se em um problema semelhante àquele das reações em série irreversíveis, de primeira ordem com um produto intermediário. Nesse caso, as Equações (6.141) e (6.142) ficam semelhantes às Equações (6.104) e (6.105), respectivamente, exceto que agora se tem as pseudoconstantes de velocidade de reação $k_1^* = k_1 C_B$ e $k_2^* = k_2 C_B$.

Outro caso passível de simplificação diz respeito à situação em que a primeira reação é muito mais rápida que a segunda, ou seja, $k_1 \gg k_2$. Nesse caso, a primeira reação pode terminar antes que a segunda se inicie, assim o problema pode ser tratado como uma reação simples, irreversível de segunda ordem, pois a segunda etapa vai controlar a velocidade global de reação. No caso contrário, em que a primeira etapa é controladora da velocidade global, ou seja, $k_1 \ll k_2$, o problema também pode ser tratado como uma reação simples, irreversível de segunda ordem.

## Referências

DENBIGH, K. G. **The principles of chemical equilibrium**. 4. ed. Cambridge: Cambridge University Press, 1981. 520 p.

FOGLER, H. S. **Elements of chemical reaction engineering**. 4. ed. New Jersey: Prentice Hall PTR, 1999. 967 p.

GREEN, N. J. B. (Org.). **Comprehensive chemical kinetics:** modeling of chemical reactions. v. 42. 1. ed. Oxford: Elsevier, 2007. 316 p.

HOFFMAN, J. D. **Numerical methods for engineers and scientists.** 2. ed. New York: Marcel Dekker Inc., 2001. 840 p.

IUPAC. **Compendium of chemical terminology:** the gold book. 2. ed. Disponível em: <http://goldbook.iupac.org>. Acesso em: 10 set. 2013.

LEVENSPIEL, O. **Chemical reaction engineering.** 3. ed. New York: John Wiley & Sons, 1999. 688 p.

MISSEN, R. W.; MIMS, C. A.; SAVILLE, B. A. **Introduction to chemical reaction engineering and kinetics.** New York: John Wiley & Sons, 2001. 672 p.

RICE, G. R.; DO, D. D. **Applied mathematics and modeling for chemical engineers.** New York: John Wiley & Sons, 1995. 706 p.

RODRIGUEZ, F.; TIJERO, J. F. Oxidation kinetics of anthracene with nitrogen dioxide in acetic acid. **The Can. J. Chem. Eng.,** v. 67, n. 6, p. 963-968, 1989.

SILVEIRA, B. I. **Cinética química das reações homogêneas.** São Paulo: Blucher, 1996. 172 p.

WRIGHT, M. R. **An introduction to chemical kinetics.** West Sussex: John Wiley & Sons Ltd., 2004. 462 p.

# CAPÍTULO 7

# REAÇÕES EM ETAPAS

Reação em etapas é uma reação química com pelo menos um intermediário e que envolve pelo menos duas reações elementares consecutivas. Portanto, em uma reação em etapas, reagentes são transformados em intermediários, os quais podem ser transformados em outros intermediários e, finalmente, em produtos. Em razão de sua alta reatividade, intermediários de reação têm vidas curtas, são removidos assim que são formados e, consequentemente, têm concentrações muito baixas na mistura durante a reação.

Como envolvem duas ou mais etapas elementares, as reações em etapas são reações compostas. Assim os conceitos apresentados no capítulo 6 são aplicáveis à sua caracterização, mas, diferentemente dos casos lá abordados, a solução das equações obtidas pode tornar-se inviável em razão da dificuldade de avaliação da concentração de intermediários. Entretanto, vidas curtas e concentrações baixas desses intermediários permitem o uso de hipóteses simplificadoras sem comprometer a precisão dos resultados, possibilitando a obtenção de uma equação cinética em função de variáveis mensuráveis, como concentrações de reagentes ou produtos e constantes de velocidade.

O estudo dessas reações, assim como nos diversos casos tratados nos capítulos anteriores, também tem a finalidade de desenvolver um mecanismo e deduzir expressões de velocidade com todos os parâmetros cinéticos de todas as etapas individuais determinados experimentalmente.

Neste capítulo são discutidos conceitos de mecanismos de reações em sequência aberta, reações não em cadeia, reações em sequência fechada, reações em cadeia; hipótese de etapa determinante da velocidade; princípio da reversibilidade microscópica; hipóteses de estado de pré-equilíbrio e de estado quase estacionário. Realiza-se a dedução da equação de velocidade para um mecanismo proposto para alguns casos de reações orgânicas e inorgânicas, faz-se a avaliação de parâmetros cinéticos a partir de dados experimentais e, finalmente, apresenta-se um procedimento geral para desenvolver um mecanismo de reação.

## 7.1 Mecanismo de reações em etapas

*Mecanismo de reação* química é uma descrição detalhada dos processos que conduzem os reagentes aos produtos, incluindo uma caracterização tão completa quanto possível da composição, da estrutura, da energia e de outras propriedades dos intermediários da reação, dos produtos e dos estados de transição. No caso de uma reação em etapas, a qual é constituída de duas ou mais etapas elementares, tem-se um mecanismo composto. Tal mecanismo de reação envolve a passagem por intermediários altamente reativos e, por isso, eles têm vida curta e concentrações muito baixas na mistura reacional.

As diversas etapas químicas elementares consecutivas de uma dada reação podem estar dispostas em sequência aberta ou fechada.

Em uma *sequência aberta*, cada intermediário é produzido em uma única etapa e consumido em outra. Reações com esse tipo de mecanismo são denominadas *reações não em cadeia*. Elas, normalmente, envolvem intermediários como complexos de transição, moléculas ou íons.

A reação de decomposição do $N_2O_5$ é um exemplo clássico de reação complexa de sequência aberta, cujo mecanismo é:

etapa (1): $N_2O_5 \rightleftarrows NO_2 + NO_3^{\bullet}$

etapa (2): $NO_2 + NO_3^{\bullet} \rightarrow NO_2 + NO^{\bullet} + O_2$

etapa (3): $NO^{\bullet} + N_2O_5 \rightarrow 3NO_2$

Observa-se que o intermediário $NO_3^•$ é formado na etapa (1) e consumido na (2), enquanto que o intermediário $NO^•$ é formado na etapa (2) e consumido na (3).

Outros exemplos bem conhecidos desse tipo de reação, que envolve como intermediário um complexo de transição, são as reações enzimáticas, que serão discutidas no capítulo 8.

No mecanismo que envolve *sequência fechada*, além das etapas em que o intermediário é inicialmente produzido e consumido, ainda existem as etapas em que é consumido e reproduzido em uma sequência cíclica. Se essa sequência fechada (cíclica) de reações for repetida mais de uma vez, a reação é conhecida como reação em cadeia e as reações que ocorrem na referida sequência são conhecidas como etapas de propagação.

*Reação em cadeia* é uma reação em que um ou mais intermediários reativos são continuamente regenerados, em geral, por meio de um ciclo repetitivo de etapas elementares. Em uma etapa, o intermediário, nesse caso denominado transportador ou propagador de cadeia, é removido para formar um segundo intermediário que também é um transportador de cadeia. Transportador de cadeia é uma espécie química envolvida na etapa de propagação. Esse transportador de cadeia reage para regenerar o primeiro, e assim o ciclo característico de uma reação em cadeia é formado e continua até que todo reagente seja consumido.

Uma reação em cadeia é constituída das seguintes etapas principais:

a) **iniciação**: nesta etapa (que pode ser mais de uma), em primeiro lugar, há produção de um transportador de cadeia, em geral um radical livre, que possibilita o estabelecimento da etapa de propagação. Tendo em vista que uma etapa de iniciação pode criar um longo ciclo de eventos de propagação, muito pouco reagente é usado nela.

b) **propagação**: é um ciclo de reações que pode ter várias etapas elementares e envolve, pelo menos, dois intermediários altamente reativos, chamados transportadores de cadeia. Na primeira etapa, um intermediário é removido e um segundo é formado. Esse intermediário continua para, em seguida, regenerar o primeiro intermediário em uma segunda etapa de propagação. Pelo menos uma etapa remove reagente e pelo menos uma forma produto. O ciclo continua até que todo reagente seja esgotado ou ambos os transportadores de cadeia sejam removidos por conversão em espécies não reativas na etapa de quebra de cadeia que ocorre na terminação. Portanto, muitas reações podem ocorrer durante a propagação, o que faz dela a fonte dos produtos principais e o meio pelo qual a maioria dos reagentes é removida.

c) **terminação**: é uma etapa elementar em que as espécies ativas perdem suas atividades sem transferência de cadeia. Nessa etapa, geralmente ocorrem reações de recombinação, mas pode ocorrer também a reação de desproporcionamento. Na recombinação, dois radicais combinam para dar uma molécula $(C_2H_5^{\bullet} + C_2H_5^{\bullet} \rightarrow C_4H_{10})$ e no desproporcionamento dois radicais reagem para formar duas moléculas $(C_2H_5^{\bullet} + C_2H_5^{\bullet} \rightarrow C_2H_4 + C_2H_6)$. Ambas as reações têm como efeito final a remoção do transportador de cadeia para formar espécies inertes incapazes de realizar tal transporte de cadeia. Essas reações ocorrem em frequência bem inferior a das reações de propagação, por isso, os produtos formados por elas apresentam quantidades insignificantes.

Como exemplo de reação em cadeia, tem-se a reação de cloração do metano, cuja equação estequiométrica global é:

$$CH_4 + Cl_2 \xrightarrow{h\nu} CH_3Cl + HCl$$

O mecanismo dessa reação envolve as principais etapas apresentadas acima.

## Iniciação:

$$Cl_2 \xrightarrow{h\nu} Cl^{\bullet} + Cl^{\bullet}$$

Nessa etapa, a energia luminosa quebra a ligação covalente existente entre átomos de cloro e gera radicais $Cl^{\bullet}$ altamente reativos.

## Propagação:

$$Cl^{\bullet} + CH_4 \rightarrow CH_3^{\bullet} + HCl$$

$$CH_3^{\bullet} + Cl_2 \rightarrow CH_3Cl + Cl^{\bullet}$$

Na primeira etapa de propagação, o radical $Cl^{\bullet}$ ataca uma ligação C–H gerando o radical $CH_3^{\bullet}$, que, por sua vez, na segunda etapa, ataca a ligação entre átomos de cloro, regenerando o radical $Cl^\bullet$. Esse radical propaga a cadeia enquanto houver reagente $Cl_2$.

**Terminação:**

$$Cl^\bullet + Cl^\bullet \rightarrow Cl_2$$

$$Cl^\bullet + CH_3^\bullet \rightarrow CH_3Cl$$

$$CH_3^\bullet + CH_3^\bullet \rightarrow CH_3CH_3$$

As três reações dessa etapa de terminação removem radicais e produzem moléculas neutras, interrompendo o processo de propagação.

Os produtos principais, HCl e $CH_3Cl$, são formados na propagação, enquanto na terminação são formados produtos em quantidades minoritárias ($Cl_2$, $CH_3Cl$ e $CH_3CH_3$).

Além das etapas principais discutidas anteriormente, ainda podem ocorrer outras como, por exemplo, a **inibição** e a **ramificação**, mas estas não são essenciais para a caracterização de uma reação em cadeia.

A inibição ocorre quando um transportador de cadeia reage com um produto na etapa reversa de uma propagação ou reage com uma substância adicionada ao meio reacional e, em ambos os casos, a velocidade global é reduzida. Por exemplo, na produção de HBr a partir de hidrogênio e bromo moleculares, há uma reação de inibição em que o transportador de cadeia $H^\bullet$ reage com o produto da reação HBr, diminuindo a velocidade de sua produção, ou seja:

$$H^\bullet + HBr \rightarrow H_2 + Br^\bullet$$

A ramificação é uma etapa elementar em que são gerados mais radicais livres do que consumidos; em geral, reações de ramificação resultam em explosões.

Um dos exemplos industriais mais importantes de mecanismo de reação em cadeia entre íons e radicais livres é o da síntese de polímeros, que será discutida no capítulo 8.

# Cinética química das reações homogêneas

## Exemplo 7.1 Classificação de reações quanto ao mecanismo.

Classifique as reações a seguir em termos de mecanismo de reação:

a) $C_4H_8 \rightarrow 2C_2H_4$

b) $N_2O_4 \rightleftarrows 2NO_2$

c) $N_2O_5 \rightleftarrows NO_2 + NO_3$

$NO_2 + NO_3 \rightarrow NO_2 + O_2 + NO$

$NO + N_2O_5 \rightarrow 3NO_2$

d) $C_2H_5^{\bullet} + CH_3COCH_3 \rightarrow C_2H_6 + CH_3COCH_2^{\bullet}$

e) $Br_2 \rightarrow 2Br^{\bullet}$

$Br^{\bullet} + CH_4 \rightarrow CH_3^{\bullet} + HBr$

$CH_3^{\bullet} + Br_2 \rightarrow CH_3Br + Br^{\bullet}$

$CH_3^{\bullet} + HBr \rightarrow Br^{\bullet} + CH_4$

$2Br^{\bullet} \rightarrow Br_2$

### Solução:

a) Reação elementar e irreversível.

b) Reação reversível, composta de duas etapas elementares.

c) Reação composta constituída de quatro etapas; a primeira etapa é reversível, portanto a segunda é reversa da primeira.

d) Etapa elementar de uma reação cujo mecanismo é composto.

Reações em etapas

e) Trata-se de um mecanismo composto de uma reação em cadeia. Para identificar se uma reação é ou não em cadeia, procura-se um ciclo de etapas em que os intermediários são regenerados e, então, deve-se identificá-los. Nesse mecanismo, o intermediário $Br^•$ é consumido na etapa (2) e regenerado na etapa (3) e o intermediário $CH_3^•$ é consumido na etapa (3) e regenerado na etapa (2); portanto, são transportadores de cadeia, e as etapas (2) e (3) formam um ciclo que constitui a propagação que é característica de uma reação em cadeia.

## Exemplo 7.2   Identificação de uma reação em cadeia.

A decomposição em fase gasosa do etanal ocorre de acordo com a seguinte equação estequiométrica global:

$$CH_3CHO(g) \rightarrow CH_4(g) + CO(g)$$

A partir de dados experimentais, foi apresentado o seguinte mecanismo para essa reação:

(1) $CH_3CHO \rightarrow CH_3^• + CHO^•$

(2) $CH_3^• + CH_3CHO \rightarrow CH_4 + CH_3CO^•$

(3) $CH_3CO^• \rightarrow CH_3^• + CO$

(4) $CH_3^• + CH_3^• \rightarrow C_2H_6$

(5) $CH_3^• + CH_3CO^• \rightarrow CH_3COCH_3$

(6) $CH_3CO^• + CH_3CO^• \rightarrow CH_3COCOCH_3$

a) Identifique os intermediários de reação, destacando se são ou não transportadores de cadeia.

b) Identifique e justifique as etapas de iniciação, propagação e terminação.

c) Apresente e justifique os produtos principais e minoritários.

***Solução:***

a) Os intermediários de reação são $CH_3^\bullet$, $CHO^\bullet$ e $CH_3CO^\bullet$. O intermediário $CH_3^\bullet$ é consumido na etapa (2) e regenerado na etapa (3) e o intermediário $CH_3CO^\bullet$ é consumido na etapa (3) e regenerado na etapa (2), portanto, são transportadores de cadeias. Isso não ocorre com o radical livre $CHO^\bullet$, por isso, esse não é um transportador de cadeias.

b) As etapas (2) e (3) formam um ciclo em que são consumidos e regenerados os radicais livres $CH_3^\bullet$ e $CH_3CO^\bullet$, então elas constituem a etapa de propagação, que é característica de uma reação em cadeia. A espécie química $CH_3^\bullet$ formada na etapa (1) é aquela que possibilita o início da cadeia, constituindo a etapa de iniciação. Os transportadores de cadeia $CH_3^\bullet$ e $CH_3CO^\bullet$ são removidos nas etapas (4), (5) e (6), formando moléculas de $C_2H_6$, $CH_3COCH_3$ e $CH_3COCOCH_3$, incapazes de transportar cadeia; assim, o ciclo é interrompido, o que caracteriza a etapa de terminação.

c) No mecanismo apresentado, o intermediário de reação $CHO^\bullet$ não é removido, mas produzido na etapa de iniciação, a qual tem baixa frequência quando comparada com as etapas de propagação. Então esse produto deve aparecer no meio reacional no final do processo, mas em pequenas quantidades. Nas etapas de propagação – etapas (2) e (3) –, são produzidos os principais produtos do processo, $CH_4$ e $CO$, e nas etapas de terminação – etapas (4), (5) e (6) –, são produzidos os produtos $C_2H_6$, $CH_3COCH_3$ e $CH_3COCOCH_3$; como a terminação é menos frequente que a propagação, esses produtos devem aparecer em quantidades minoritárias.

---

## 7.2 Princípio da reversibilidade microscópica

O *princípio da reversibilidade microscópica*, formulado em 1924 pelo cientista Richard C. Tolman, fornece uma descrição dinâmica de uma condição de equilíbrio e estabelece, para uma reação reversível em equilíbrio, que a frequência de transições seja a mesma em ambos os sentidos para cada etapa individual de reação. Ou seja, se o mecanismo da reação direta for constituído de determinada série de etapas, o mecanismo da reação reversa é dado pelas mesmas etapas em sentido contrário, o que significa que a sequência de estados de transição e intermediários ativos no mecanismo de uma reação reversível deve ser a mesma, mas em ordem inversa, tanto para a reação direta como para a reação reversa.

Quando aplicado a uma reação que ocorre em várias etapas, é conhecido como princípio do balanço detalhado. Uma consequência disso é que, para qualquer reação cíclica, o produto das constantes de velocidade de um sentido (sentido horário) em torno do ciclo é igual ao produto das constantes do outro sentido (sentido anti-horário).

Quando se calculam constantes de velocidade, tem-se uma restrição, o que pode ser usado para verificar a consistência de um conjunto de constantes de velocidade proposto ou também para calcular o valor de uma constante ainda desconhecida a partir dos valores das demais.

Para demonstrá-lo, considera-se um mecanismo em circuito fechado de uma reação em que participam quatro componentes $C_1$, $C_2$, $C_3$ e $C_4$.

$$\text{etapa (1): } C_1 \underset{k_{21}}{\overset{k_{12}}{\rightleftharpoons}} C_2$$

$$\text{etapa (2): } C_2 \underset{k_{32}}{\overset{k_{23}}{\rightleftharpoons}} C_3$$

$$\text{etapa (3): } C_3 \underset{k_{43}}{\overset{k_{34}}{\rightleftharpoons}} C_4$$

$$\text{etapa (4): } C_4 \underset{k_{14}}{\overset{k_{41}}{\rightleftharpoons}} C_1$$

São quatro etapas reversíveis que, ao atingirem o equilíbrio, igualam as velocidades das reações diretas e reversas de cada uma delas e zeram a velocidade resultante de consumo de reagente. A partir dessa condição, tem-se uma relação entre as constantes de velocidade de cada etapa – Equação (1.49) –, a qual, de acordo com o critério de consistência termodinâmica – Equação (6.22) –, é igual à constante de equilíbrio.

$$K_1 = \left( \frac{C_{C2}}{C_{C1}} \right)_e = \frac{k_{12}}{k_{21}} \tag{7.1}$$

$$K_2 = \left(\frac{C_{C3}}{C_{C2}}\right)_e = \frac{k_{23}}{k_{32}} \qquad (7.2)$$

$$K_3 = \left(\frac{C_{C4}}{C_{C3}}\right)_e = \frac{k_{34}}{k_{43}} \qquad (7.3)$$

$$K_4 = \left(\frac{C_{C1}}{C_{C4}}\right)_e = \frac{k_{41}}{k_{14}} \qquad (7.4)$$

onde $K_1$, $K_2$, $K_3$ e $K_4$ são as constantes de equilíbrio termodinâmico das etapas (1), (2), (3) e (4), respectivamente. O subíndice na relação entre as concentrações denota valores de equilíbrio.

Cada uma dessas constantes de equilíbrio está relacionada à variação da energia livre total de Gibbs ($\Delta G^0$) da etapa correspondente, em dada temperatura absoluta (T), ou seja:

$$-RT\ln K_1 = \Delta G_1^0 \qquad (7.5)$$

$$-RT\ln K_2 = \Delta G_2^0 \qquad (7.6)$$

$$-RT\ln K_3 = \Delta G_3^0 \qquad (7.7)$$

$$-RT\ln K_4 = \Delta G_4^0 \qquad (7.8)$$

De acordo com o princípio da reversibilidade microscópica, a variação da energia livre do circuito fechado é zero, então, somando-se as Equações (7.5) a (7.8), tem-se:

$$-RT\left(\ln K_1 + \ln K_2 + \ln K_3 + \ln K_4\right) = 0$$

$$K_1 K_2 K_3 K_4 = 1 \qquad (7.9)$$

Substituindo-se as Equações (7.1) a (7.4) na Equação (7.9), tem-se:

$$\frac{k_{12}}{k_{21}} \frac{k_{23}}{k_{32}} \frac{k_{34}}{k_{43}} \frac{k_{41}}{k_{14}} = 1$$

Reações em etapas

$$k_{14}k_{43}k_{32}k_{21} = k_{41}k_{34}k_{23}k_{12} \qquad (7.10)$$

Observa-se na Equação (7.10) que o produto das constantes de velocidade do sentido horário é igual ao produto das constantes de velocidade do sentido anti--horário, como preconizado pelo princípio.

Ressalta-se, mais uma vez, que esse fato permite calcular uma constante a partir dos valores das demais. Por exemplo, pode-se calcular o valor de $k_{14}$ a partir do princípio da reversibilidade microscópica expresso pela Equação (7.10), ou seja:

$$k_{14} = \frac{k_{41}k_{34}k_{23}k_{12}}{k_{43}k_{32}k_{21}} \qquad (7.11)$$

Ao ajustar dados experimentais para se calcular constantes de velocidade, as sete constantes do lado direito da Equação (7.11) são parâmetros livres a ser estimados e, em cada iteração, o valor correspondente para a oitava constante (neste exemplo, $k_{14}$) é calculado por essa equação.

> **Exemplo 7.3   Aplicação do princípio da reversibilidade microscópica.**

Considere o seguinte mecanismo de duas etapas para a reação entre o dióxido de nitrogênio ($NO_2$) e o monóxido de carbono ($CO$).

etapa (1): $2NO_2(g) \underset{k_2}{\overset{k_1}{\rightleftharpoons}} NO(g) + NO_3(g)$

etapa (2): $NO_3(g) + CO(g) \underset{k_4}{\overset{k_3}{\rightleftharpoons}} NO_2(g) + CO_2(g)$

reação global: $NO_2(g) \underset{k_6}{\overset{k_5}{\rightleftharpoons}} NO(g) + CO_2(g)$

onde $k_1$ e $k_2$, $k_3$ e $k_4$, $k_5$ e $k_6$ são as constantes de velocidade das reações direta e reversa da etapas (1) e (2) e da reação global, respectivamente.

Mostre que as relações entre as constantes de velocidade obedecem ao princípio da reversibilidade microscópica.

**Solução:**

Para resolver o problema, deve-se representar o sentido reverso do mecanismo de duas etapas da reação para completar o circuito fechado.

etapa (1′): $NO_2(g) + CO_2(g) \underset{k'_2}{\overset{k'_1}{\rightleftarrows}} NO_3(g) + CO(g)$ (reversa da etapa 2)

etapa (2′): $NO(g) + NO_3(g) \underset{k'_4}{\overset{k'_3}{\rightleftarrows}} 2NO_2(g)$ (reversa da etapa 1)

reação global: $NO(g) + CO_2(g) \underset{k'_6}{\overset{k'_5}{\rightleftarrows}} NO_2(g) + CO(g)$

onde $k'_1$ e $k'_2$, $k'_3$ e $k'_4$, $k'_5$ e $k'_6$ são as constantes de velocidade das reações direta e reversa da etapas (1′) e (2′) e da reação global, respectivamente.

No equilíbrio, têm-se as seguintes relações entre as constantes de velocidade e de equilíbrio termodinâmico:

etapa 1: $K_1 = \dfrac{C_{NO_3} C_{NO}}{C_{NO_2}^2} = \dfrac{k_1}{k_2}$

etapa 2: $K_2 = \dfrac{C_{NO_2} C_{CO_2}}{C_{NO_3} C_{CO}} = \dfrac{k_3}{k_4}$

reação global: $K_{dir} = \dfrac{C_{NO} C_{CO_2}}{C_{NO_2} C_{CO}} = \dfrac{k_5}{k_6} = \dfrac{k_1}{k_2}\dfrac{k_3}{k_4} = K_1 K_2$

etapa 1′: $K'_1 = \dfrac{C_{NO_3} C_{CO}}{C_{NO_2} C_{CO_2}} = \dfrac{k'_1}{k'_2}$

etapa 2′: $K'_2 = \dfrac{C_{NO_2}^2}{C_{NO_3} C_{NO}} = \dfrac{k'_3}{k'_4}$

Reações em etapas

303

$$\text{reação global: } K_{rev} = \frac{C_{NO_2} C_{CO}}{C_{NO} C_{CO_2}} = \frac{k_5'}{k_6'} = \frac{k_1'}{k_2'} \frac{k_3'}{k_4'} = K_1' K_2'$$

onde $K_1$ e $K_2$, $K'_1$ e $K'_2$, $K_{dir}$ e $K_{rev}$ são as constantes de equilíbrio termodinâmico das etapas (1) e (2), (1') e (2') e das reações globais, respectivamente.

De acordo com a Equação (7.9), para esse caso, tem-se:

$$K_1 K_2 K_1' K_2' = K_{dir} K_{rev} = 1$$

Substituindo-se as expressões das constantes de equilíbrio $K_{dir}$ e $K_{rev}$ das reações globais, obtém-se:

$$k_1 k_3 k_1' k_3' = k_2 k_4 k_2' k_4'$$

Ou seja, como está estabelecido pelo princípio da reversibilidade microscópica, o produto das constantes de velocidade das reações no sentido horário é igual ao produto das constantes de velocidade das reações no sentido anti-horário.

## 7.3 Hipótese de etapa determinante de velocidade

Uma reação composta envolve várias etapas, que ocorrem com velocidades diferentes. A hipótese básica aponta que uma etapa do mecanismo é muito mais lenta do que as demais e sua velocidade é determinante da velocidade global, conhecida como *etapa determinante ou limitante da velocidade*. A etapa determinante de velocidade pode ser vista como "gargalo" de um mecanismo composto de diversas etapas e é muito importante porque pode ser usada para *simplificar* a análise do mecanismo da reação. Por exemplo, um conjunto de equações de velocidades simultâneas de todos os componentes que participam de uma reação composta pode ser reduzido a uma única equação de velocidade de formação de um produto.

O caso mais simples de aplicação dessa hipótese pode ser ilustrado pela dedução da equação de formação de C na reação em série $A \xrightarrow{k_1} B \xrightarrow{k_2} C$, Equação (6.94).

**304** Cinética química das reações homogêneas

A partir da solução exata apresentada no capítulo 6, pode-se combinar as Equações (6.97) e (6.109) para obter a expressão da velocidade de formação de C ($R_C$) – Equação (6.97) –, ou seja:

$$R_C = \frac{dC_C}{dt} = k_2 C_B = \frac{C_{A0} k_1 k_2}{k_2 - k_1} \left[ e^{-k_1 t} - e^{-k_2 t} \right] \tag{7.12}$$

Observa-se que para obter a Equação (7.12) foi necessário resolver duas equações diferenciais, Equações (6.95) e (6.96). Nesse caso, foi obtida uma solução exata, mas nem sempre isso é possível.

Há duas possibilidades de simplificação da solução desse problema ao utilizar a hipótese de etapa determinante da velocidade.

a) $k_1 \ll k_2$: a primeira reação é muito mais lenta que a segunda, então a velocidade de produção de C é determinada pela velocidade da primeira reação. Combinando-se a Equação (6.95) com a (6.103), tem-se $R_C$.

$$R_C = -\frac{dC_A}{dt} = k_1 C_A = k_1 C_{A0} e^{-k_1 t} \tag{7.13}$$

b) $k_1 \gg k_2$: a segunda reação é muito mais lenta que a primeira, então a velocidade de produção de C é determinada pela velocidade da segunda reação. Como a primeira reação é muito rápida, pode-se escrever $A \overset{k_2}{\rightarrow} C$, ou seja:

$$R_C = -\frac{dC_A}{dt} = k_2 C_A = k_2 C_{A0} e^{-k_2 t} \tag{7.14}$$

Nesse caso, $C_A$ é obtida da mesma forma que foi feita no caso anterior, ou seja, por uma integração imediata, exceto que aqui se tem $k_2$ e não $k_1$.

As Equações (7.13) e (7.14) fornecem a velocidade de formação de C para duas situações distintas e ambas, pelo uso da etapa determinante da velocidade, foram obtidas pela solução de uma única equação simples.

Para essas duas situações, a solução exata – Equação (7.12) –, tende para as soluções aproximadas, Equação (7.13) para $k_1 \ll k_2$ e Equação (7.14) para $k_1 \gg k_2$. Para a primeira situação, ($k_1 \ll k_2$), a partir da Equação (7.12), tem-se:

Reações em etapas

$$k_2 - k_1 \approx k_2$$

$$e^{-k_2 t} = \frac{1}{e^{k_2 t}} \approx 0 \qquad e \qquad \left(e^{-k_1 t} - e^{-k_2 t}\right) \approx e^{-k_1 t}$$

$$R_C = C_{A0} k_1 e^{-k_1 t} \qquad \text{[que é a Equação (7.13)]}$$

Para a segunda situação, $(k_1 \gg k_2)$, a partir da Equação (7.12), tem-se:

$$k_2 - k_1 \approx -k_1$$

$$e^{-k_1 t} = \frac{1}{e^{k_1 t}} \approx 0 \qquad e \qquad \left(e^{-k_1 t} - e^{-k_2 t}\right) \approx -e^{-k_2 t}$$

$$R_C = C_{A0} k_2 e^{-k_2 t} \qquad \text{[que é a Equação (7.14)]}$$

É evidente que o uso da etapa determinante da velocidade introduz erro, o qual pode ser estimado comparando-se os valores das velocidades aproximadas – Equações (7.13) e (7.14) – com os valores obtidos das velocidades exatas – Equação (7.12). De acordo com Helfferich (2001), este erro está abaixo de 1%.

A partir das Equações (7.13) e (7.14), pode-se concluir que, se uma etapa de uma sequência de etapas irreversíveis for muito mais lenta que todas as demais, sua constante de velocidade sozinha determinará a velocidade de formação de produto. Ressalta-se que essa regra só é válida se as etapas forem sequenciais e irreversíveis.

Além disso, se as etapas tiverem grandes diferenças de energias de ativação, com variação de temperatura, o controle de velocidade pode mudar de uma para outra. E, se as etapas tiverem ordens diferentes, o controle de velocidade pode mudar da etapa de ordem mais elevada em conversão baixa para uma etapa de ordem mais baixa em conversão elevada. Isso ocorre porque etapas com ordens mais altas diminuem mais fortemente com a redução das concentrações de reagentes.

# Exemplo 7.4   Hipótese de etapa determinante da velocidade.

A reação global $NO_{2(g)} + CO_{(g)} \rightarrow NO_{(g)} + CO_{2(g)}$ ocorre através de um mecanismo de duas etapas:

$$\text{etapa lenta: } NO_2 + NO_2 \xrightarrow{k_1} NO + NO_3$$

$$\text{etapa rápida: } NO_3 + CO \xrightarrow{k_2} NO_2 + CO_2$$

Apresente a expressão da velocidade de reação.

***Solução:***
Embora haja duas etapas, a primeira etapa é mais lenta que a segunda, logo, sua velocidade determina a velocidade global da reação e fornece a expressão solicitada. Admitindo-se que a etapa lenta seja elementar, tem-se:

$$r = k_1 C_{NO_2} C_{NO_2} = k_1 C_{NO_2}^2$$

Como se nota, essa hipótese simplifica bastante o tratamento matemático de uma reação composta.

## 7.4   Hipóteses simplificadoras

Reações em etapas são reações compostas de várias etapas elementares que envolvem intermediários de reação altamente reativos com baixíssimas concentrações. Sua caracterização é feita por um sistema de equações diferenciais, que deve ser resolvido para possibilitar a avaliação das constantes de velocidade de cada etapa. Isso depende da avaliação experimental das concentrações dos componentes da reação, incluindo os intermediários, para os quais nem sempre é possível sua determinação quantitativa com precisão. Para contornar essa situação, recorre-se a algumas hipóteses que podem simplificar o tratamento matemático sem comprometer a precisão dos resultados e possibilitar a obtenção de uma equação cinética em função de concentrações mensuráveis e constantes de velocidade.

Reações em etapas

Há duas hipóteses simplificadoras: a aproximação de estado de pré-equilíbrio, aplicada aos casos em que a primeira etapa do mecanismo é mais rápida, e a aproximação de estado quase estacionário, aplicada aos casos em que a primeira etapa é mais lenta.

Ambas as hipóteses são usadas para deduzir expressões analíticas aproximadas de velocidade de reação para reações compostas que envolvem intermediários com vidas muito curtas, ou seja, reações em etapas.

### 7.4.1  Hipótese de aproximação de estado de pré-equilíbrio

*O estado de pré-equilíbrio* é um estado em que, supostamente, reagentes e intermediários de uma reação composta estão em um equilíbrio dinâmico, que é uma condição reacional atingida por uma reação química reversível. Cada molécula de reagente consumida, em algum lugar da mistura reacional, dá origem a outra molécula, e suas velocidades de consumo e formação se igualam. Isso quer dizer que, ao atingir o equilíbrio, a velocidade da reação direta iguala-se à velocidade da reação reversa e não se observa variação nas proporções dos componentes envolvidos ao longo do tempo nem avanço da reação.

A hipótese de aproximação de pré-equilíbrio é aplicável aos casos em que, em um mecanismo composto, uma etapa reversível rápida precede uma etapa mais lenta. Por exemplo, para a reação $A \rightleftarrows B \rightarrow C$, se a primeira etapa reversível for rápida e a segunda etapa irreversível for lenta, então a etapa lenta é determinante da velocidade global de reação e é possível aplicar a hipótese de aproximação de pré-equilíbrio. Com a aplicação desse método, o tratamento cinético de reações com tais mecanismos torna-se simples e direto, caso contrário é bem mais complexo.

Esses mecanismos são encontrados em diversos casos reais como, por exemplo, no equilíbrio ácido-base precedendo uma etapa de primeira ordem ou de pseudo-primeira ordem, os casos mais simples de reações catalisadas por enzimas e reações unimolecures em fase gasosa.

A seguir são apresentadas a dedução das equações cinéticas e suas soluções aproximadas por meio do método de pré-equilíbrio para reações com o seguinte mecanismo:

$$A \underset{k_2}{\overset{k_1}{\rightleftarrows}} B \overset{k_3}{\rightarrow} C \tag{7.15}$$

Para esse mecanismo de reação, a partir das Equações (6.8), (6.12) e (6.13), têm-se as seguintes velocidades de consumo e formação:

**Velocidade resultante de consumo de A:**

$$(-R_A) = -\frac{dC_A}{dt} = k_1 C_A - k_2 C_B \tag{7.16}$$

**Velocidade resultante de formação de B:**

$$(R_B) = \frac{dC_B}{dt} = k_1 C_A - k_2 C_B - k_3 C_B \tag{7.17}$$

**Velocidade de formação de C:**

$$(R_C) = \frac{dC_C}{dt} = k_3 C_B \tag{7.18}$$

A magnitude das velocidades das etapas é decisiva na precisão dos resultados obtidos pelo uso desse método. Uma análise matemática mostra que, para a segunda etapa (B → C) ser suficientemente lenta em comparação com a primeira etapa rápida (A ⇌ B), é suficiente que $k_1$ ou $k_2$ seja grande a tal ponto que $(k_1 + k_2) \gg k_3$, e isso somente após um período de indução (tempo para o equilíbrio) de $1/(k_1+k_2)$. Ou seja, essa é a condição necessária para se aplicar o método da aproximação de pré-equilíbrio à reação (7.15).

Supondo-se que essas condições estejam satisfeitas, então a primeira reação encontra-se em equilíbrio. Assim, as velocidades das etapas direta e reversa são iguais entre si e a velocidade resultante de consumo de A é zero.

Com isso, a partir da Equação (7.16), tem-se:

$$(-R_A) = 0 = k_1 C_A - k_2 C_B$$

$$C_B = \frac{k_1}{k_2} C_A \tag{7.19}$$

Substituindo-se a Equação (7.19) na Equação (7.18), obtém-se:

$$\frac{dC_C}{dt} = k_3 C_B = \frac{k_1 k_3}{k_2} C_A \tag{7.20}$$

A partir de um balanço material dos componentes A, B e C presentes no meio reacional e da combinação com a Equação (7.19), tem-se:

$$C_{A0} + C_{B0} + C_{C0} = C_A + C_B + C_C = \left(\frac{k_1 + k_2}{k_2}\right) C_A + C_C \tag{7.21}$$

A partir da Equação (7.21), tem-se:

$$C_A = \left(C_{A0} + C_{B0} + C_{C0} - C_C\right)\left(\frac{k_2}{k_1 + k_2}\right) \tag{7.22}$$

Combinando-se as Equações (7.20) e (7.22), tem-se:

$$\frac{dC_C}{dt} = k_3 C_B = \frac{k_1 k_3}{k_1 + k_2}\left(C_{A0} + C_{B0} + C_{C0} - C_C\right) \tag{7.23}$$

Realizando-se a integração da Equação (7.23), tem-se:

$$\int_0^{C_C} \frac{dC_C}{C_{A0} + C_{B0} + C_{C0} - C_C} = \left(\frac{k_1 k_3}{k_1 + k_2}\right)\int_0^t dt$$

A integral do segundo membro dessa equação é imediata e, para resolver a integral do primeiro membro, aplica-se o modelo de integração dado pela Equação (4.6).

$$-\ln\left(\frac{C_{A0} + C_{B0} + C_{C0} - C_C}{C_{A0} + C_{B0} + C_{C0}}\right) = \left(\frac{k_1 k_3}{k_1 + k_2}\right) t$$

$$C_C = \left(C_{A0} + C_{B0} + C_{C0}\right)\left(1 - e^{-kt}\right) = C_{A0}\left(1 - e^{-kt}\right) \tag{7.24}$$

Na Equação (7.24) assumiu-se $C_{B0} = C_{C0} = 0$.

Combinando-se as Equações (7.24) e (7.22), tem-se:

$$C_A = \left( \frac{k_2}{k_1 + k_2} \right) C_{A0} e^{-kt} \qquad (7.25)$$

Substituindo-se a Equação (7.25) na Equação (7.19), obtém-se:

$$C_B = \left( \frac{k_1}{k_1 + k_2} \right) C_{A0} e^{-kt} \qquad (7.26)$$

onde $k = (k_1 k_3)/(k_1 + k_2)$. O parâmetro $k$ é uma constante de velocidade global que pode ser avaliada experimentalmente; dessa forma também se podem avaliar as constantes individuais $k_1$, $k_2$ e $k_3$. É importante destacar que, mesmo que o equilíbrio seja mantido durante a reação, ambas as concentrações $C_A$ e $C_B$, Equações (7.25) e (7.26), respectivamente, estão variando, mas a razão entre elas é constante, Equação (7.19).

Ressalta-se que se pode obter uma solução exata para as Equações (7.16) a (7.18), explicitar as concentrações $C_A$, $C_B$ e $C_C$ em função do tempo e, dispondo-se de dados experimentais, avaliar as constantes $k_1$, $k_2$ e $k_3$. Também é possível resolver essas questões numericamente com recursos computacionais. A aplicação da hipótese simplificou a solução do problema.

## Exemplo 7.5   Aplicação da hipótese de pré-equilíbrio.

Supondo que a reação $A + B \rightleftarrows C$ tenha um mecanismo composto de duas etapas:

etapa (1): $A \underset{k_2}{\overset{k_1}{\rightleftarrows}} X$

etapa (2): $B + X \xrightarrow{k_3} C$

onde X é um intermediário de reação. Sabendo-se que a primeira reação é rápida quando comparada com a segunda, deduza uma expressão para a velocidade global de reação.

Reações em etapas

## Solução:

Para a reação dada, têm-se as seguintes velocidades:

**Velocidade resultante de consumo de A:**

$$\left(-R_A\right) = -\frac{dC_A}{dt} = k_1 C_A - k_2 C_X \qquad (E7.5.1)$$

**Velocidade resultante de formação de X:**

$$\left(R_X\right) = \frac{dC_X}{dt} = k_1 C_A - k_2 C_X - k_3 C_B C_X \qquad (E7.5.2)$$

**Velocidade de formação de C:**

$$\left(R_C\right) = \frac{dC_C}{dt} = k_3 C_B C_X \qquad (E7.5.3)$$

Tendo em vista que o composto X é um intermediário de reação e que a primeira reação é rápida quando comparada com a segunda, a primeira reação encontra-se em estado de pré-equilíbrio. Assim, a segunda reação é determinante da velocidade global (r), a qual é expressa pela velocidade de formação de C.

$$r = R_C = k_3 C_B C_X \qquad (E7.5.4)$$

Apesar de se ter uma expressão simples, a Equação (E7.5.4) depende da concentração de intermediário, então não é possível compará-la com a expressão de velocidade de reação experimental que, normalmente, é expressa em termos de concentração de reagentes. Como já foi comentado, em geral, intermediários de reação são muito reativos e suas concentrações são pequenas demais para serem medidas, sendo necessária uma avaliação indireta. De acordo com as informações fornecidas no problema, a primeira etapa da reação é rápida e a segunda etapa é lenta, assim, é possível aplicar o método da aproximação de pré-equilíbrio para avaliar a concentração de X.

A primeira etapa da reação encontra-se em equilíbrio, as velocidades direta e reversa são iguais entre si e a velocidade resultante de consumo de A é zero, ou seja:

$$(-R_A) = 0 = k_1 C_A - k_2 C_X$$

$$C_X = \frac{k_1}{k_2} C_A \qquad (E7.5.5)$$

Substituindo-se $C_X$ da Equação (E7.5.5) na Equação (E7.5.4), obtém-se:

$$r = \frac{k_1 k_3}{k_2} C_A C_B = k C_A C_B \qquad (E7.5.6)$$

Portanto, para o mecanismo de reação dado, a equação de velocidade, Equação (E7.5.6), é de segunda ordem global.

---

### 7.4.2 Hipótese de estado quase estacionário

A *hipótese de estado quase estacionário*, também denominado estado estacionário de Bodenstein ou estado pseudoestacionário, assume que a concentração de intermediários de reação (I) em reações cujo mecanismo envolve esses compostos é muito baixa, quase constante, durante o curso da reação e, consequentemente, sua variação com o tempo é aproximadamente igual a zero, $dC_I/dt \approx 0$. Para essa situação, diz-se que a reação encontra-se em condição de estado quase estacionário e a concentração de intermediários é denominada concentração de estado quase estacionário.

A concentração de intermediários é baixa porque esses compostos são muito reativos e nunca chegam a acumular quantidades significativas ao longo da reação, o que implica em velocidade total de formação, incluindo todas as etapas que são formados, igual à velocidade total de consumo, incluindo todas as etapas que são consumidos. Sendo iguais, a velocidade resultante é zero, o que possibilita, para certos mecanismos, a determinação da concentração desses intermediários em termos de concentrações de reagentes, produtos e constantes de velocidade a partir de cálculos algébricos. Esse fato é relevante pelo motivo já comentado: dificuldade para determinar experimentalmente a concentração de intermediários.

Reações em etapas

O uso dessa hipótese pode simplificar a solução de sistemas reacionais que envolvem mecanismos compostos e permitir a análise cinética sem ter de resolver sistemas com várias equações diferenciais. Ressalta-se que a condição de estado quase estacionário não é aplicável a reações cujas concentrações de intermediários apresentem valores significativos, durante o período de formação do estado estacionário, e a reagentes (R) ou produtos (P), pois $dC_R/dt$ e $dC_P/dt$ não podem ser igualadas a zero.

Para ilustrar a aplicação dessa hipótese, a seguir apresenta-se a solução aproximada das equações cinéticas da reação em série $A \rightarrow B \rightarrow C$, Equação (6.94). É uma reação que envolve duas etapas elementares em sequência, sendo B o produto intermediário. De acordo com a hipótese, à medida que se aproxima do estado quase estacionário, a concentração de B torna-se quase constante e sua variação com o tempo aproxima-se de zero, ou seja:

$$\frac{dC_B}{dt} = k_1 C_A - k_2 C_B = 0 \Rightarrow \frac{C_B}{C_A} = \frac{k_1}{k_2} \tag{7.27}$$

Substituindo-se $C_A$ da Equação (6.103) na Equação (7.27), tem-se:

$$C_B = \frac{k_1}{k_2} C_{A0} e^{-k_1 t} \tag{7.28}$$

Realizando-se um balanço material dos componentes da reação, tem-se a variação de C ($C_C$) com o tempo.

$$C_C = C_{A0} - C_A - C_B \qquad (\text{para } C_{B0} = C_{C0} = 0)$$

Substituindo-se nessa equação as expressões de $C_A$ e $C_B$ dadas pelas Equações (6.103) e (7.28), respectivamente, tem-se:

$$C_C = C_{A0} \left[ 1 - e^{-k_1 t} \left( 1 + \frac{k_1}{k_2} \right) \right] \tag{7.29}$$

Para verificar a validade dessa hipótese podem-se comparar as Equações (7.28) e (7.29) com as Equações (6.109) e (6.111), do capítulo 6, obtidas pela solução matemática exata.

Fazendo tal comparação, verifica-se que essas equações só são equivalentes se $k_2 \gg k_1$ e $t \gg 1/k_2$.

Usando-se $k_2 \gg k_1$, a Equação (6.109) torna-se equivalente à Equação (7.28), pois $k_2 - k_1 \approx k_2$ e $e^{-k_1 t} - e^{-k_2 t} \approx e^{-k_1 t}$. Essa condição significa que a segunda reação é muito mais rápida que a primeira, ou seja, o produto intermediário B é formado lentamente, mas, por ser muito reativo, reage rapidamente, mantendo sua concentração muito baixa durante a reação.

De acordo com o que estabelece a hipótese, a concentração de B deveria permanecer constante, entretanto, não é isso que está apresentado na Equação (7.28), em que $C_B$ diminui com o tempo. Ressalta-se que, normalmente, aplica-se esse método às situações em que o período de indução é bastante curto, ou seja, o intermediário ativo tem uma vida muito curta, o que melhora consideravelmente sua precisão.

Nas Figuras 6.3, 7.1 e 7.2 estão representadas variações de $C_A$, $C_B$ e $C_C$ em função do tempo a partir das Equações (6.103), (6.109) e (6.111) para $k_2 = k_1/2$, $k_2 = 2k_1$ e $k_2 = 10k_1$, respectivamente.

Na Figura 6.3 foram utilizados os valores $k_1 = 0,1$ min$^{-1}$, $k_2 = 0,05$ min$^{-1}$ e $C_{A0} = 1$ mol/L, ou seja, $k_2 = k_1/2$. Se $k_2 < k_1$, a velocidade de formação de B a partir de A é maior que a velocidade de consumo de B para formar C, nesse caso, observa-se que $C_B$ aumenta, passa por um valor máximo e então diminui, ou seja, a concentração de B não tende a valores quase constantes e nunca atinge a condição de estado quase estacionário.

Para gerar as curvas da Figura 7.1 foram usados os seguintes valores $k_1 = 0,05$ min$^{-1}$, $k_2 = 0,1$ min$^{-1}$ e $C_{A0} = 1$ mol/L, ou seja, $k_2 = 2k_1$. Nesse caso, $k_2 > k_1$, a velocidade de consumo de B é maior que a velocidade de sua formação, mas ainda se observa uma situação semelhante àquela da Figura 6.3, ou seja, a diferença entre as velocidades das duas reações ainda não é suficiente para criar uma condição de estado quase estacionário.

Na Figura 7.2, foram usados os seguintes valores das constantes de velocidade $k_1 = 0,01$ min$^{-1}$, $k_2 = 0,1$ min$^{-1}$ e $C_{A0} = 1$ mol/L, ou seja, $k_2 = 10k_1$. Nesse caso, $k_2 \gg k_1$, a velocidade da segunda reação é muito maior que a da primeira, observa-se que a $C_B$ atinge mais rapidamente a concentração máxima, ou seja, tem um tempo de indução menor e, a partir disso, tende a uma concentração de estado quase estacionário.

A partir desses resultados, verifica-se que, quanto mais reativo for o composto intermediário ou mais rápida for a segunda reação em relação à primeira, mais o sistema se aproxima do comportamento previsto pela hipótese de estado quase estacionário.

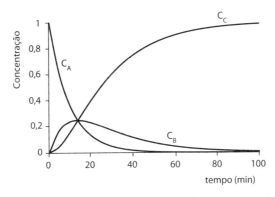

**Figura 7.1** – Variações de $C_A$, $C_B$ e $C_C$ = f(t) para $k_2$ = $2k_1$.

Os casos mais comuns de aplicação dessa hipótese são as reações em etapas, entre elas, as reações em cadeia e não em cadeia, as quais envolvem intermediários de reação com vidas muito curtas. Nesses casos, esses compostos são tão ativos que são removidos assim que são formados, resultando em concentrações muito baixas e quase constantes durante a reação.

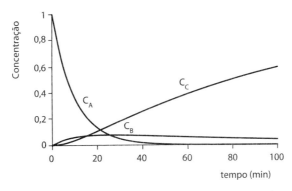

**Figura 7.2** – Variações de $C_A$, $C_B$ e $C_C$ = f(t) para $k_2$ = $10k_1$.

Cinética química das reações homogêneas

## Exemplo 7.6    Aplicação da hipótese de estado quase estacionário.

Deduza as expressões das concentrações de A, B e C para a reação (7.15) e discuta os resultados.

*Solução:*

Para essa reação, B é o produto intermediário. À medida que a reação se aproxima do estado quase estacionário, sua concentração se torna quase constante e sua variação com o tempo se aproxima de zero, ou seja:

$$\left(R_B\right) = \frac{dC_B}{dt} = k_1 C_A - k_2 C_B - k_3 C_B = 0$$

$$C_B = \frac{k_1}{k_2 + k_3} C_A \qquad (E7.6.1)$$

Substituindo-se $C_A$ da Equação (E7.6.1) na Equação (7.16), tem-se:

$$-\frac{dC_A}{dt} = k_1 C_A - \frac{k_1 k_2}{k_2 + k_3} C_A = \frac{k_1 k_3}{k_2 + k_3} C_A \qquad (E7.6.2)$$

A integração da Equação (E7.6.2), fornece o seguinte resultado:

$$C_A = C_{A0} e^{-k^* t} \qquad (E7.6.3)$$

Substituindo a Equação (E7.6.3) na Equação (E7.6.1), tem-se:

$$C_B = \frac{k_1}{k_2 + k_3} C_{A0} e^{-k^* t} \qquad (E7.6.4)$$

Substituindo-se as Equações (E7.6.3) e (E7.6.4) na Equação (7.22), tem-se:

$$C_C = C_{A0} - C_{A0} e^{-k^* t} - \frac{k_1}{k_2 + k_3} C_{A0} e^{-k^* t} =$$

$$C_{A0} \left[ 1 - \left( \frac{k_1 + k_2 + k_3}{k_2 + k_3} \right) e^{-k^* t} \right] \qquad (E7.6.5)$$

Reações em etapas

onde $k^* = (k_1 k_3)/(k_2 + k_3)$. O parâmetro $k^*$ também é uma constante de velocidade global que pode ser avaliada experimentalmente, mas é diferente de k obtido no item 7.4.1.

O método do estado quase estacionário funciona melhor se a concentração de B permanecer aproximadamente constante, o que significa que a soma de $k_2$ e $k_3$ deve ser maior que $k_1$ se a concentração inicial de B for zero, e igual a $k_1$ se a concentração de B for diferente de zero. A hipótese de estado quase estacionário assume que a concentração de B não varia durante a reação; assim, deveria permanecer igual à sua concentração inicial, que é igual a zero, o que é diferente do que foi obtido e expresso pela Equação (E7.6.4).

Para a reação dada, Equação (7.15), comparando-se as duas soluções apresentadas nos itens 7.4.1 e 7.4.2, verifica-se:

a) estado de pré-equilíbrio: a segunda reação é lenta quando comparada com a primeira; após determinado tempo de inicialização, a primeira reação atinge um equilíbrio em que $dC_A/dt = 0$.
b) estado quase estacionário: a segunda reação é rápida quando comparada com a primeira; após determinado tempo de inicialização, atinge-se uma concentração de estado quase estacionário em que $dC_B/dt = 0$.
c) são abordagens distintas, mas em ambas tenta-se eliminar a concentração de intermediários e ambas são extensivamente usadas para a dedução de expressões de velocidade de reações em etapas.

## 7.5 Dedução de equação de velocidade para um mecanismo proposto

A partir de dados experimentais, pode-se propor um mecanismo para determinada reação. Tal mecanismo é aceitável se for consistente com a estequiometria, com a lei de velocidade e com todos os dados experimentais disponíveis. Atendendo a esses requisitos, trata-se de um mecanismo plausível e altamente provável, mas não significa que seja correto, pois mais de um mecanismo pode se ajustar aos dados disponíveis. São os denominados "mecanismos cineticamente equivalentes".

Dispondo-se de um suposto mecanismo, pode-se usar as hipóteses simplificadoras, em especial o método do estado quase estacionário, para deduzir uma equação de velocidade global da reação. Se o mecanismo for plausível, essa equação deve ser semelhante à equação empírica.

Embora cada mecanismo requeira uma solução individual, é possível apresentar um procedimento geral para resolver situações em que se pode aplicar a hipótese de estado quase estacionário. São etapas desse procedimento:

a) identificar todos os reagentes, produtos e intermediários;

b) observar em qual etapa cada intermediário é formado e em qual é consumido;

c) formular as equações da velocidade resultante de cada intermediário, incluindo todas as etapas em que são formados e consumidos. Aplicar o método do estado quase estacionário para cada intermediário, ou seja, igualar todas as expressões de velocidade resultante dos intermediários a zero e avaliar, a partir do sistema de equações obtido, as concentrações de todos os intermediários;

d) formular a expressão para a velocidade de reação global usando o componente que aparece em menor número de etapas do mecanismo para simplificar os cálculos. Sugere-se eliminar todas as concentrações de intermediários que aparecem na expressão formulada usando as expressões dessas concentrações já obtidas anteriormente;

e) simplificar a expressão resultante o máximo possível. Se houver informações teóricas ou experimentais sólidas que indiquem que certos termos na expressão de velocidade são pequenos quando comparados com outros, então é possível simplificá-la;

f) verificar a capacidade da equação obtida em representar os dados experimentais.

Usando esse procedimento geral, no final, tem-se uma expressão de velocidade global que depende de constantes e de concentrações mensuráveis. Essa equação deve ser comparada com aquela obtida experimentalmente para verificar a consistência do mecanismo proposto e do método usado em sua dedução. Se for necessário deduzir uma expressão de velocidade para outro componente, devem-se usar as relações estequiométricas entre velocidades.

Não se pode esquecer que, mesmo que a equação deduzida concorde com os dados experimentais, isso ainda não prova que o mecanismo proposto é correto. Apesar

Reações em etapas

disso, a expressão obtida não deixa de ser útil, especialmente se a reação for conduzida em condições operacionais semelhantes àquelas que foram usadas para sua dedução.

### 7.5.1 Reação entre hidrogênio ($H_2$) e iodo ($I_2$)

A reação entre o hidrogênio e o iodo moleculares é apresentada em diferentes textos como exemplo clássico de reação bimolecular simples.

$$H_2 + I_2 \xrightarrow{k} 2HI \tag{7.30}$$

onde k é uma constante de velocidade de reação. Sendo bimolecular, trata-se de uma reação elementar e sua equação cinética dada pela velocidade de consumo de $H_2$ é:

$$\left(-R_{H_2}\right) = -\frac{dC_{H_2}}{dt} = kC_{H_2}C_{I_2} \tag{7.31}$$

De fato, essa equação de velocidade – Equação (7.31) – foi comprovada experimentalmente. No entanto, os cientistas N. N. Semenov e H. Eyring demonstraram que o verdadeiro mecanismo dessa reação não é aquele da Equação (7.30), mas sim um mecanismo composto de duas etapas: uma etapa reversível, em que $I_2$ se dissocia em $2I^\bullet$, seguida de uma etapa trimolecular entre $I^\bullet$ e $H_2$, ou seja, trata-se de uma reação em etapas, não em cadeia.

$$\text{etapa (1): } I_2 \underset{k_2}{\overset{k_1}{\rightleftharpoons}} 2I^\bullet$$

$$\text{etapa (2): } H_2 + 2I^\bullet \xrightarrow{k_3} 2HI$$

Nesse caso, a expressão da velocidade de consumo de $H_2$ é:

$$\left(-R_{H_2}\right) = -\frac{dC_{H_2}}{dt} = k_3 C_{H_2} C_{I^\bullet}^2 \tag{7.32}$$

onde $k_3$ é uma constante de velocidade de reação da etapa (2). Para explicar a Equação (7.32), foi usada a hipótese de aproximação de estado de pré-equilíbrio.

Se a etapa (1) é reversível e rápida quando comparada com a etapa (2), então a etapa (1) tende ao equilíbrio, ou seja:

$$\left(-R_{I_2}\right) = -\frac{dC_{I_2}}{dt} = k_1 C_{I_2} - k_2 C_{I^\bullet}^2 = 0$$

$$\frac{C_{I^\bullet}^2}{C_{I_2}} = \frac{k_1}{k_2} = K \Rightarrow C_{I^\bullet}^2 = \frac{k_1}{k_2}C_{I_2} = KC_{I_2} \tag{7.33}$$

onde $k_1$ e $k_2$ são as constantes de velocidade das reações direta e reversa, respectivamente, da etapa (1) e K é uma constante de equilíbrio.

Substituindo-se a Equação (7.33) na Equação (7.32), tem-se:

$$\left(-R_{H_2}\right) = -\frac{dC_{H_2}}{dt} = k_3 KC_{H_2} C_{I_2} = k'C_{H_2}C_{I_2} \tag{7.34}$$

As Equações (7.31) e (7.34) são equivalentes, mas diferentes com relação às constantes k e k'. De fato, k' não é uma constante de velocidade, mas sim o produto da constante de velocidade $k_3$ pela constante de equilíbrio K. Portanto, há dois mecanismos com equações de velocidade equivalentes, o mecanismo com uma única etapa bimolecular, Equação (7.31), e o mecanismo de duas etapas com a etapa trimolecular determinante de velocidade de reação, Equação (7.34).

Sabe-se que acima de 800 K surgem reações secundárias com diferentes mecanismos, mas que, em temperaturas moderadas, podem ser negligenciadas. Então pode-se dizer que os dois mecanismos têm equações equivalentes enquanto a dissociação de $I_2$ estiver em equilíbrio e a quantidade de $I^\bullet$ presente for dada pela Equação (7.33). Por meio de experimentos, J. H. Sullivan comprovou que a variação da concentração de átomos de $I^\bullet$ influenciou a velocidade de formação de HI, demonstrando com isso que a reação entre $I_2$ e $H_2$ é explicada por um mecanismo composto de duas etapas, que a etapa determinante da velocidade é trimolecular – Equação (7.32) – e que a equação cinética é representada pela Equação (7.34) (WIKIBOOKS, 2013).

Nesse exemplo ficou clara a utilidade do método da aproximação de estado de pré-equilíbrio na dedução de uma equação de velocidade. Também se pode notar

Reações em etapas

que não foi provado que o mecanismo em duas etapas é verdadeiro, mas sim consistente com a equação cinética obtida experimentalmente. Ressalta-se que é possível propor outros mecanismos que atendam ao mesmo fim.

### Exemplo 7.7 Avaliação de parâmetro cinético de reação não em cadeia.

Deduza a lei de velocidade para a reação $H_2 + I_2 \rightarrow 2HI$ a partir dos dados experimentais obtidos a 450 °C, Tabela E7.7.1.

**Tabela E7.7.1** – Dados experimentais do E7.7.

| Experimento | Veloc. inicial (mol/Ls) | Conc. inicial $H_2$ (mol/L) | Conc. inicial $I_2$ (mol/L) |
|---|---|---|---|
| 1 | $1{,}9 \cdot 10^{-23}$ | 0,0113 | 0,0011 |
| 2 | $1{,}1 \cdot 10^{-22}$ | 0,0220 | 0,0033 |
| 3 | $9{,}3 \cdot 10^{-23}$ | 0,0550 | 0,0011 |
| 4 | $1{,}9 \cdot 10^{-22}$ | 0,0220 | 0,0056 |

*Solução:*
No lugar de assumir que a Equação (7.34) é aplicável à reação dada, assume-se uma equação mais geral e verifica-se sua aplicabilidade ou não à referida reação.

$$\left(-R_{H_2}\right) = -\frac{dC_{H_2}}{dt} = kC_{H_2}^m C_{I_2}^n \tag{E7.7.1}$$

De acordo com os dados fornecidos, nos experimentos 1 e 3 as concentrações iniciais de $I_2$ foram mantidas constantes, enquanto variaram-se as concentrações de $H_2$. Nos experimentos 2 e 4 as concentrações iniciais de $H_2$ foram mantidas constantes, enquanto variaram-se as concentrações de $I_2$. A partir dessas informações podem-se calcular as ordens de reação em relação a cada componente, a ordem global e a constante de velocidade.

**$C_{I_2}$ constante:**

$$\left(-R_{H_2}\right)_0 = k\left(C_{I_2}\right)_0^n \left(C_{H_2}\right)_0^m = k_1 \left(C_{H_2}\right)_0^m \tag{E7.7.2}$$

onde $k_1 = k(C_{I_2})_0^n$. Utilizando-se os dados dos experimentos 1 e 3, tem-se:

$$1,9 \cdot 10^{-23} = k_1 \left(0,0113\right)^m \tag{E7.7.3}$$

$$9,3 \cdot 10^{-23} = k_1 \left(0,055\right)^m \tag{E7.7.4}$$

Dividindo-se a Equação (E7.7.3) pela Equação (E7.7.4) e tomando-se o logaritmo do resultado, tem-se:

$$\frac{1,9 \cdot 10^{-23}}{9,3 \cdot 10^{-23}} = \frac{k_1 \left(0,0113\right)^m}{k_1 \left(0,055\right)^m}$$

$$m = \frac{\ln\left(1,9/9,3\right)}{\ln\left(0,0113/0,055\right)} \approx 1,0$$

**$C_{H_2}$ constante:**

$$\left(-R_{H_2}\right)_0 = k\left(C_{I_2}\right)_0^n \left(C_{H_2}\right)_0^m = k_2 \left(C_{I_2}\right)_0^n \tag{E7.7.5}$$

onde $k_2 = k(C_{H2})_0^m$. Utilizando-se os dados dos experimentos 2 e 4, tem-se:

$$1,1 \cdot 10^{-22} = k_2 \left(0,0033\right)^n \tag{E7.7.6}$$

$$1,9 \cdot 10^{-22} = k_2 \left(0,0056\right)^n \tag{E7.7.7}$$

Dividindo-se a Equação (E7.7.6) pela Equação (E7.7.7) e tomando-se o logaritmo do resultado, tem-se:

$$\frac{1,1 \cdot 10^{-22}}{1,9 \cdot 10^{-22}} = \frac{k_2 \left(0,0033\right)^n}{k_2 \left(0,0056\right)^n}$$

$$n = \frac{\ln(1,1/1,9)}{\ln(0,0033/0,0056)} \approx 1,0$$

Pelos valores de n e m obtidos, verifica-se que a reação é de primeira ordem em relação aos componentes $H_2$ e $I_2$, confirmando que a Equação (7.34) é aplicável à reação dada. Assim, podem-se calcular os valores de k' a partir dos dados dos quatro experimentos e, a partir desses valores, calcular o valor médio.

$$1,9 \cdot 10^{-23} = (k')_1 (0,0113)(0,0011) \Rightarrow (k')_1 = 1,5286 \cdot 10^{-18}$$

$$1,1 \cdot 10^{-22} = (k')_2 (0,022)(0,0033) \Rightarrow (k')_2 = 1,5151 \cdot 10^{-18}$$

$$9,3 \cdot 10^{-23} = (k')_3 (0,055)(0,0011) \Rightarrow (k')_3 = 1,5372 \cdot 10^{-18}$$

$$1,9 \cdot 10^{-22} = (k')_4 (0,022)(0,0056) \Rightarrow (k')_4 = 1,5422 \cdot 10^{-18}$$

$$\bar{k} = \frac{\left[(1,5286 + 1,5151 + 1,5372 + 1,5422) \cdot 10^{-18}\right]}{4} = 1,5308 \cdot 10^{-18} \ L/mol \cdot s$$

---

### 7.5.2 Reação entre hidrogênio ($H_2$) e bromo ($Br_2$)

O brometo de hidrogênio é obtido a partir de uma reação gasosa entre o hidrogênio e o bromo moleculares, a qual pode ser representada por:

$$Br_2 + H_2 \rightleftarrows 2HBr \tag{7.35}$$

Se fosse elementar, a reação (7.35) seria de segunda ordem global tanto para a reação direta como para a reação reversa. Entretanto, experimentalmente, verifica-se que a equação cinética que expressa a velocidade de formação de HBr é dada por:

$$R_{HBr} = \frac{k'_1 \left(C_{H_2}\right)\left(C_{Br_2}\right)^{1/2}}{k'_2 + C_{HBr}/C_{Br_2}} \tag{7.36}$$

**324**        Cinética química das reações homogêneas

Observa-se, na Equação (7.36), que não há nenhuma relação entre os coeficientes estequiométricos da reação e os expoentes das concentrações, evidenciando que não se trata de uma reação elementar, mas sim de uma equação cinética obtida a partir de dados experimentais.

Essa reação inorgânica já foi bem estudada e se tem um mecanismo de reação em cadeia muito bem estabelecido para ela.

**Iniciação:**

etapa (1): $Br_2 \xrightarrow{k_1} 2Br^\bullet$

**Propagação:**

etapa (2): $Br^\bullet + H_2 \xrightarrow{k_2} HBr + H^\bullet$

etapa (3): $H^\bullet + Br_2 \xrightarrow{k_3} HBr + Br^\bullet$

**Inibição:**

etapa (4): $H^\bullet + HBr \xrightarrow{k_4} H_2 + Br^\bullet$

**Terminação:**

etapa (5): $2Br^\bullet \xrightarrow{k_5} Br_2$

onde $k_1$, $k_2$, $k_3$, $k_4$ e $k_5$ são constantes de velocidade de reação das etapas 1, 2, 3, 4 e 5, respectivamente. A partir desse mecanismo e dos princípios da independência entre etapas e do estado quase estacionário, pode-se deduzir uma equação cinética para o consumo de HBr e verificar sua consistência comparando-a com a Equação (7.36).

Nas etapas de (1) a (5), $H_2$ e $Br_2$ são reagentes, HBr é produto e $H^\bullet$ e $Br^\bullet$ são intermediários de reação. Assumindo-se que todas as etapas sejam elementares e independentes, pode-se aplicar a Equação (6.11), a partir da qual, para as espécies $H^\bullet$ e $Br^\bullet$, se tem as velocidades resultantes de formação de $H^\bullet (R_{H^\bullet})$ e de $Br^\bullet (R_{Br^\bullet})$.

$$R_{H^\bullet} = \nu_{2H^\bullet} r_2 + \nu_{3H^\bullet} r_3 + \nu_{4H^\bullet} r_4 \tag{7.37}$$

$$R_{Br^\bullet} = \nu_{1Br^\bullet} r_1 + \nu_{2Br^\bullet} r_2 + \nu_{3Br^\bullet} r_3 + \nu_{4Br^\bullet} r_4 + \nu_{5Br^\bullet} r_5 \tag{7.38}$$

Como se observa, o intermediário $H^\bullet$ aparece apenas nas etapas 2, 3 e 4, enquanto que $Br^\bullet$ aparece em todas as etapas.

Aplicando-se a Equação (6.8) a cada uma das etapas, obtém-se:

$$r_1 = k_1 C_{Br_2} \tag{7.39}$$

$$r_2 = k_2 C_{Br^\bullet} C_{H_2} \tag{7.40}$$

$$r_3 = k_3 C_{H^\bullet} C_{Br_2} \tag{7.41}$$

$$r_4 = k_4 C_{H^\bullet} C_{HBr} \tag{7.42}$$

$$r_5 = k_5 C_{Br^\bullet}^2 \tag{7.43}$$

Os valores dos números estequiométricos para o $H^\bullet$ são: $\nu_{1H^\bullet} = \nu_{5H^\bullet} = 0$, $\nu_{2H^\bullet} = 1$ e $\nu_{3H^\bullet} = \nu_{4H^\bullet} = -1$; e para o $Br^\bullet$ são: $\nu_{1Br^\bullet} = 2$, $\nu_{2Br^\bullet} = -1$, $\nu_{3Br^\bullet} = \nu_{4Br^\bullet} = 1$ e $\nu_{5Br^\bullet} = -2$. Substituindo-se as expressões de (7.39) a (7.43) e os valores dos números estequiométricos ($\nu$) nas Equações (7.37) e (7.38), tem-se:

$$R_{H^\bullet} = k_2 C_{Br^\bullet} C_{H_2} - k_3 C_{H^\bullet} C_{Br_2} - k_4 C_{H^\bullet} C_{HBr} \tag{7.44}$$

$$R_{Br^\bullet} = 2k_1 C_{Br_2} - k_2 C_{Br^\bullet} C_{H_2} + k_3 C_{H^\bullet} C_{Br_2} + k_4 C_{H^\bullet} C_{HBr} - 2k_5 C_{Br^\bullet}^2 \tag{7.45}$$

De acordo com o princípio do estado quase estacionário, as velocidades resultantes de formação de $H^\bullet$ e $Br^\bullet$ são nulas, ou seja, $R_{H^\bullet} = R_{Br^\bullet} = 0$. Com isso, a partir das Equações (7.44) e (7.45), tem-se:

$$2k_1 C_{Br_2} = 2k_5 C_{Br^\bullet}^2$$

$$C_{Br^\bullet} = \left( \frac{k_1}{k_5} \right)^{1/2} \left( C_{Br_2} \right)^{1/2} \tag{7.46}$$

A partir da Equação (7.44), tem-se:

$$k_2 C_{Br^\bullet} C_{H_2} - k_3 C_{H^\bullet} C_{Br_2} - k_4 C_{H^\bullet} C_{HBr} = 0$$

$$C_{H^\bullet} = \frac{k_2 C_{Br^\bullet} C_{H_2}}{k_3 C_{Br_2} + k_4 C_{HBr}} \qquad (7.47)$$

Substituindo-se a Equação (7.46) na Equação (7.47), obtém-se:

$$C_{H^\bullet} = \frac{k_2 \left(\dfrac{k_1}{k_5}\right)^{1/2} \left(C_{Br_2}\right)^{1/2} C_{H_2}}{k_3 C_{Br_2} + k_4 C_{HBr}} \qquad (7.48)$$

O produto HBr é formado nas etapas (2) e (3) e consumido na etapa (4), então, de acordo com a Equação (6.11), a velocidade resultante de sua formação é:

$$R_{HBr} = k_2 C_{Br^\bullet} C_{H_2} + k_3 C_{H^\bullet} C_{Br_2} - k_4 C_{H^\bullet} C_{HBr} \qquad (7.49)$$

Combinando-se a Equação (7.44) na condição de $R_{H^\bullet} = 0$ com a Equação (7.49), tem-se:

$$R_{HBr} = 2k_3 C_{H^\bullet} C_{Br_2} \qquad (7.50)$$

Substituindo-se a Equação (7.48) na Equação (7.50), obtém-se:

$$R_{HBr} = \frac{2k_2 k_3 \left(\dfrac{k_1}{k_5}\right)^{1/2} C_{H_2} \left(C_{Br_2}\right)^{1/2} C_{Br_2}}{k_3 C_{Br_2} + k_4 C_{HBr}} =$$

$$\frac{\frac{2k_2 k_3}{k_4} \left(\dfrac{k_1}{k_5}\right)^{1/2} C_{H_2} \left(C_{Br_2}\right)^{1/2}}{\dfrac{k_3}{k_4} + \dfrac{C_{HBr}}{C_{Br_2}}} = \frac{k'_1 \left(C_{H_2}\right) \left(C_{Br_2}\right)^{1/2}}{k'_2 + C_{HBr}/C_{Br_2}} \qquad (7.51)$$

onde $k'_1 = (2\,k_2 k_3/k_4)(k_1/k_5)^{1/2}$ e $k'_2 = k_3/k_4$. Como se observa, a Equação (7.51) é equivalente à Equação (7.36), evidenciando a consistência do método usado para sua dedução a partir do mecanismo proposto.

Reações em etapas

No mecanismo proposto não está incluída a dissociação do $H_2$ porque a equação empírica não requer isso. A explicação é que a energia de dissociação de $H_2$, que é igual a 432 kJ/mol, é bem maior que a do $Br_2$, que é igual a apenas 190 kJ/mol. Uma concentração elevada de HBr inibe a reação, como se pode ver HBr no denominador da Equação (7.51), e uma concentração elevada de $Br_2$ neutraliza essa inibição. Com isso, fica evidente que HBr e $Br_2$ estão competindo pela mesma espécie química, e que, mais provavelmente são átomos de hidrogênio, razão pela qual se tem como inibição da etapa (4). Essa reação de inibição pode ser neutralizada pela adição de um grande excesso de $Br_2$, pois isso provoca uma aceleração da etapa (3), como previsto na Equação (7.51).

No que diz respeito às duas constantes experimentais que aparecem na Equação (7.51) podem-se fazer alguns comentários. A velocidade de formação de HBr é favorecida se aumentar as constantes $k_1$, $k_2$ e $k_3$ ou se as etapas (1), (2) e (3) forem mais rápidas. A etapa (1) produz radicais $Br^\bullet$ e as etapas (2) e (3) produzem HBr. A velocidade de formação de HBr é diminuída se aumentar as constantes $k_4$ e $k_5$ ou se as etapas (4), inibição, e (5), terminação, forem mais rápidas. Se $k_1$ e $k_5$ sofrerem alterações idênticas ou se as velocidades das etapas (1) e (5) forem alteradas da mesma magnitude, não ocorrerá qualquer mudança na velocidade global, pois a etapa de iniciação é oposta à etapa de terminação.

De maneira semelhante, mudanças de mesma magnitude em $k_3$ e $k_4$ não afetam a velocidade global de produção de HBr, pois ambas consomem $H^\bullet$ e produzem $Br^\bullet$; a etapa (3) produz HBr e a etapa (4) consome HBr.

> **Exemplo 7.8   Avaliação de parâmetro cinético de reação em cadeia.**

Os dados experimentais abaixo referentes à reação em fase gasosa $H_2 + Br_2 \rightleftarrows 2HBr$ foram obtidos em uma temperatura de 308 °C.

| Experimento | Veloc. inicial ($R_{HBr}$) (mol/Ls) | Conc. inicial $H_2$ (mol/L) | Conc. inicial $Br_2$ (mol/L) |
|:---:|:---:|:---:|:---:|
| 1 | $2,3 \cdot 10^{-6}$ | 0,24 | 0,20 |
| 2 | $7,0 \cdot 10^{-6}$ | 0,36 | 0,80 |
| 3 | $7,0 \cdot 10^{-6}$ | 0,72 | 0,20 |

**328**                                        Cinética química das reações homogêneas

a) Obtenha a expressão da velocidade de consumo de HBr.
b) Determine o valor da constante de velocidade global.

***Solução:***

a) No início da reação, a concentração de HBr é muito pequena, $C_{HBr} \approx 0$, então a Equação (7.51) pode ser simplificada para a seguinte forma:

$$R_{HBr} = \frac{k_1' \left(C_{H_2}\right)\left(C_{Br_2}\right)^{1/2}}{k_2'} = k\left(C_{H_2}\right)\left(C_{Br_2}\right)^{1/2} \qquad (E7.8.1)$$

onde $k = k_1'/k_2'$.

b) A partir da Equação (E7.8.1) e dos dados fornecidos, podem-se calcular valores de k para os três experimentos e o valor médio.

$$k_1 = \left(2,3\cdot 10^{-6}\right)/\left[(0,24)\cdot(0,20)^{0,5}\right] = 2,143\cdot 10^{-5} \ \left(L/mol\right)^{1/2} s^{-1}$$

$$k_2 = \left(7,0\cdot 10^{-6}\right)/\left[(0,36)\cdot(0,80)^{0,5}\right] = 2,173\cdot 10^{-5} \ \left(L/mol\right)^{1/2} s^{-1}$$

$$k_3 = \left(7,0\cdot 10^{-6}\right)/\left[(0,72)\cdot(0,20)^{0,5}\right] = 2,173\cdot 10^{-5} \ \left(L/mol\right)^{1/2} s^{-1}$$

$$k = \bar{k} = \left[(2,143+2,173+2,173)\cdot 10^{-5}\right]/3 = 2,163\cdot 10^{-5} \ \left(L/mol\right)^{1/2} s^{-1}$$

---

### 7.5.3   Reação de decomposição do $N_2O_5$

A reação de decomposição do $N_2O_5$ é outro exemplo clássico de reação em etapas de sequência aberta. Superficialmente, seria uma decomposição unimolecular típica representada pelas seguintes equações estequiométrica e cinética:

$$2N_2O_5 \rightarrow 4NO_2 + O_2 \qquad (7.52)$$

$$R_{O_2} = k_{obs}C_{N_2O_5} \qquad (7.53)$$

Reações em etapas

onde $R_{O_2}$ e $k_{obs}$ são a velocidade de formação de $O_2$ e a constante de velocidade global, respectivamente.

Os fatos experimentais, no entanto, apontam para o seguinte mecanismo:

etapa (1): $N_2O_5 \xrightarrow{k_1} NO_2 + NO_3^\bullet$

etapa (2): $NO_2 + NO_3^\bullet \xrightarrow{k_2} N_2O_5$

etapa (3): $NO_2 + NO_3^\bullet \xrightarrow{k_3} NO_2 + NO^\bullet + O_2$

etapa (4): $NO^\bullet + N_2O_5 \xrightarrow{k_4} 3NO_2$

onde $k_1$, $k_2$, $k_3$ e $k_4$ são constantes de velocidade de reação das etapas 1, 2, 3 e 4, respectivamente. As etapas (1) e (2) representam a decomposição unimolecular reversível do $N_2O_5$. Somando-se as etapas (1), (3) e (4), obtém-se a Equação (7.52), evidenciando que o mecanismo proposto é consistente com a estequiometria global da reação.

A partir desse mecanismo e dos princípios da independência entre etapas e do estado quase estacionário, pode-se deduzir uma equação para a velocidade de consumo de $N_2O_5$ ou formação de $NO_2$ ou $O_2$.

Nas etapas de (1) a (4), $N_2O_5$ é reagente, $NO_2$ e $O_2$ são produtos e $NO_3^\bullet$ e $NO^\bullet$ são intermediários de reação. Esses intermediários não aparecem na equação estequiométrica global, Equação (7.52), nem na equação de velocidade observada, Equação (7.53). Assumindo-se que todas as etapas sejam elementares e independentes se pode aplicar a Equação (6.11), a partir da qual, para as espécies $NO_3^\bullet$ e $NO^\bullet$, se tem as velocidades resultantes de formação de $NO_3^\bullet (R_{NO_3^\bullet})$ e de $NO^\bullet (R_{NO^\bullet})$.

$$R_{NO_3^\bullet} = \nu_{1NO_3^\bullet} r_1 + \nu_{2NO_3^\bullet} r_2 + \nu_{3NO_3^\bullet} r_3 \qquad (7.54)$$

$$R_{NO^\bullet} = \nu_{3NO^\bullet} r_3 + \nu_{4NO^\bullet} r_4 \qquad (7.55)$$

Como se observa, o intermediário $NO_3^\bullet$ aparece nas etapas (1), (2) e (3), enquanto $NO^\bullet$ aparece nas etapas (3) e (4).

Aplicando-se a Equação (6.8) a cada uma das etapas, obtém-se:

$$r_1 = k_1 C_{N_2O_5} \qquad (7.56)$$

$$r_2 = k_2 C_{NO_2} C_{NO_3^\bullet} \qquad (7.57)$$

$$r_3 = k_3 C_{NO_2} C_{NO_3^\bullet} \qquad (7.58)$$

$$r_4 = k_4 C_{NO^\bullet} C_{N_2O_5} \qquad (7.59)$$

Os valores dos números estequiométricos para o $NO_3^\bullet$ são: $\nu_{1NO_3^\bullet} = 1$ e $\nu_{2NO_3^\bullet} = \nu_{3NO_3^\bullet} = -1$ e para o $NO^\bullet$ são: $\nu_{3NO_3^\bullet} = 1$ e $\nu_{4NO_3^\bullet} = -1$. Substituindo-se as expressões de (7.56) a (7.59) e os valores dos números estequiométricos ($\nu$) nas Equações (7.54) e (7.55), tem-se:

$$R_{NO_3^\bullet} = k_1 C_{N_2O_5} - k_2 C_{NO_2} C_{NO_3^\bullet} - k_3 C_{NO_2} C_{NO_3^\bullet} \qquad (7.60)$$

$$R_{NO^\bullet} = k_3 C_{NO_2} C_{NO_3^\bullet} - k_4 C_{NO^\bullet} C_{N_2O_5} \qquad (7.61)$$

De acordo com a hipótese de estado quase estacionário, as velocidades resultantes de formação de $NO_3^\bullet$ e $NO^\bullet$ são nulas, ou seja, $R_{NO_3^\bullet} = R_{NO^\bullet} = 0$. Com isso, a partir das Equações (7.60) e (7.61), tem-se:

$$C_{NO_3^\bullet} = \frac{k_1 C_{N_2O_5}}{C_{NO_2} \left( k_2 + k_3 \right)} \qquad (7.62)$$

$$C_{NO^\bullet} = \frac{k_3 C_{NO_2} C_{NO_3^\bullet}}{k_4 C_{N_2O_5}} \qquad (7.63)$$

Podem-se expressar as velocidades de consumo de $N_2O_5$, de formação de $NO_2$ ou de $O_2$. O componente $O_2$ é formado apenas na etapa (3), então sua velocidade de formação é:

$$R_{O_2} = k_3 C_{NO_2} C_{NO_3^\bullet} = \frac{k_1 k_3 C_{N_2O_5}}{\left( k_2 + k_3 \right)} = k_{obs} C_{N_2O_5} \qquad (7.64)$$

Reações em etapas

onde $k_{obs} = (k_1 k_3)/(k_2 + k_3)$ = constante a ser avaliada experimentalmente.

De acordo com a Equação (7.64), a cinética de formação de $O_2$ a partir da decomposição do $N_2O_5$ é de primeira ordem em relação ao $N_2O_5$.

Pode-se também expressar a velocidade de consumo de $N_2O_5$ a partir da relação estequiométrica entre velocidades de consumo e formação da equação global – Equação (7.52) –, ou seja:

$$\frac{\left(-R_{N_2O_5}\right)}{2} = \frac{R_{O_2}}{1} \tag{7.65}$$

$$\left(-R_{N_2O_5}\right) = 2R_{O_2} = 2k_{obs}C_{N_2O_5} \tag{7.66}$$

De acordo com a Equação (7.66), a velocidade de consumo de $N_2O_5$ é o dobro da velocidade de formação de $O_2$, o que está de acordo com a equação estequiométrica global, Equação (7.52).

## Exemplo 7.9   Avaliação da constante de uma reação não em cadeia.

Ao monitorar a reação $2N_2O_5 \rightarrow 4NO_2 + O_2$, ao longo do tempo foram obtidos os dados experimentais mostrados na Tabela E7.9.1.

Obtenha a expressão da velocidade de consumo de reagente e formação de produtos.

### Tabela E7.9.1 – Dados do E7.9.

| Tempo (min): | 0 | 10 | 20 | 30 | 40 | 50 | 60 |
|---|---|---|---|---|---|---|---|
| $C_{N_2O_5}$ (mol/L): | 0,0165 | 0,0124 | 0,0093 | 0,0071 | 0,0053 | 0,0039 | 0,0029 |

**Solução:**
Pode-se resolver esse problema pelo método integral discutido no capítulo 4. Assume-se que a Equação (7.66) seja aplicável à reação, realiza-se sua integração, a partir dos dados experimentais calcula-se a constante de velocidade e verifica-se a veracidade da hipótese.

$$\left(-\frac{dC_{N_2O_5}}{dt}\right) = 2k_{obs}C_{N_2O_5} = k'_{obs}C_{N_2O_5}$$

$$-\int_{(C_{N_2O_5})_0}^{C_{N_2O_5}} \frac{dC_{N_2O_5}}{C_{N_2O_5}} = k'_{obs}\int_0^t dt = k'_{obs}t$$

$$-\ln\left[\frac{C_{N_2O_5}}{(C_{N_2O_5})_0}\right] = k'_{obs}t \qquad (E7.9.1)$$

A partir dos dados experimentais fornecidos, calculam-se os diversos valores do termo do primeiro membro da Equação (E7.9.1), como estão mostrados na tabela a seguir.

| Tempo (min): | 0 | 10 | 20 | 30 | 40 | 50 | 60 |
|---|---|---|---|---|---|---|---|
| $C_{N_2O_5}$ (mol/L): | 0,0165 | 0,0124 | 0,0093 | 0,0071 | 0,0053 | 0,0039 | 0,0029 |
| $-\ln\left[\frac{C_{N_2O_5}}{(C_{N_2O_5})_0}\right]$ | 0 | 0,2857 | 0,5733 | 0,8433 | 1,1357 | 1,4424 | 1,7387 |

Os dados experimentais do primeiro membro da Equação (E7.9.1) em função do tempo (A = $N_2O_5$) estão representados em um gráfico, Figura E7.9.1. Ao ajustar esses dados a uma reta por regressão linear, obteve-se um coeficiente de correlação igual a 0,9861.

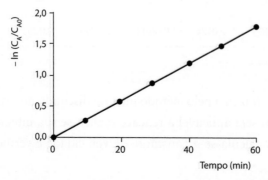

**Figura E7.9.1** – [$-\ln(C_A/C_{A0})$] em função do tempo (min).

Trata-se de um bom ajuste, confirmando a cinética de primeira ordem em relação ao $N_2O_5$.

$$-\ln\left[\frac{C_{N_2O_5}}{0,0165}\right] = 0,0297t + 0,0008 \qquad \text{(E7.9.2)}$$

onde $k'_{obs} = 0,0297$ $min^{-1}$.

---

Nos exemplos resolvidos de reações em etapas, não foram avaliadas constantes individuais. Isso ocorreu porque o principal interesse é obter uma equação cinética consistente com os dados experimentais. Quando o interesse diz respeito à proposição de um mecanismo para a reação em estudo, avaliar as constantes individuais torna-se relevante e até necessário.

## 7.6 Desenvolvimento de um mecanismo de reação

*Mecanismo de reação* é um conjunto de etapas elementares proposto para explicar como uma reação ocorre. Seu conhecimento é importante tanto para a cinética como para a engenharia de reações, pois pode ajudar a determinar as melhores condições operacionais para tornar uma reação mais eficiente.

Não há um conjunto fixo de regras a ser seguido, mas um mecanismo proposto deve ser consistente com a equação estequiométrica global e com a equação de velocidade empírica. Comprovar a consistência de um dado mecanismo não é uma tarefa fácil. Geralmente, confrontam-se as leis de velocidade previstas e as empíricas. A dificuldade surge na avaliação da concentração de intermediários, que normalmente é muito baixa nas condições reacionais. Apesar dessas dificuldades, um mecanismo incompleto ou impreciso que contenha a essência do caminho da reação pode ser mais valioso que uma equação de velocidade puramente empírica.

Para possibilitar uma proposta de mecanismo para determinada reação, são necessárias informações cinéticas e termodinâmicas. No estudo cinético, monitora-se a reação para avaliar, ao longo do tempo, a variação das concentrações de reagentes, produtos, intermediários etc. A partir dessas informações, formula-se uma equação empírica para a velocidade de reação.

No estudo termodinâmico, acompanha-se a reação para verificar como ela evolui até atingir o equilíbrio. Dados de equilíbrio permitem a avaliação de constantes de velocidade de etapas reversíveis individuais.

Dispondo-se dessas informações, sugere-se o seguinte procedimento:

a) propõe-se um mecanismo simples e a equação estequiométrica correspondente;
b) assume-se que a reação ocorra em uma única etapa e que seja elementar. A partir dos dados cinéticos experimentais, ajusta-se uma equação cinética usando um dos métodos propostos no capítulo 4;
c) se não for possível obter a equação cinética pelo procedimento do item b, então a reação pode ser em etapas. Se tiver sido detectada a presença de intermediários, propõe-se um mecanismo composto de várias etapas elementares;
d) deduz-se uma expressão de velocidade para o mecanismo proposto seguindo o procedimento apresentado no item 7.5;
e) se a expressão obtida no item d for consistente com os dados experimentais, então o mecanismo proposto é aceitável. Caso isso não ocorra, deve-se propor outro mecanismo e repetir o item d até que os dados se ajustem à equação cinética obtida experimentalmente.

Nesse procedimento geral para desenvolver um mecanismo de reação, há dois tipos de informações muito importantes: a presença de intermediários e a forma da equação de velocidade experimental.

Com relação à presença de intermediários, sabe-se que qualquer reação em etapas envolve tais espécies químicas, então, ao detectar esses intermediários, mesmo que seja apenas um, deduz-se que a reação deve envolver pelo menos duas etapas e, portanto, trata-se de uma reação em etapas. Há casos em que o intermediário é tão estável que é possível isolá-lo e caracterizá-lo, mas o mais comum são intermediários altamente reativos com baixíssimas concentrações. Nesses casos, sua detecção pode ser muito difícil.

Examinar a forma da equação de velocidade experimental constitui um dos métodos mais comumente usados para identificar uma reação composta. Sabe-se que a ordem global de uma reação é uma grandeza experimental e, se a reação for elementar, é igual à sua molecularidade, ou seja, a equação cinética pode ser escrita com base apenas na estequiometria da reação.

Por exemplo, se, na análise de dados experimentais for observado que a velocidade de consumo de um reagente A $(-R_A)$ varia linearmente com sua concentração, $(C_A) = f(t)$, então:

a) se não tiver sido detectada a presença de intermediários, pode tratar-se de uma reação elementar de primeira ordem com um mecanismo do tipo A → produtos.

b) se tiver sido detectada a presença de intermediários, então trata-se de uma reação em etapas, cujo mecanismo pode ser A $\rightleftarrows$ B → C.

## Referências

CARR, R. W. **Chemical kinetics:** modeling of chemical reactions. v. 42. Oxford: Elsevier, 2007. 297 p.

HELFFERICH, F. G. **Comprehensive chemical kinetics:** kinetics of homogeneous multistep reactions. Oxford: Elsevier, 2001. 426 p.

IUPAC. **Compendium of chemical terminology:** the gold book. 2. ed. Disponível em: <http://goldbook.iupac.org>. Acesso em: 10 set. 2013.

MORTIMER, M.; TAYLOR, P. **The molecular world:** chemical kinetics and mechanism. Milton Keynes: The Open University, 2002. 262 p.

PYUN, C. W. Steady-state and equilibrium approximations in chemical kinetics. **Journal of Chemical Education,** v. 48, n. 3, p. 194, 1971.

RAE, M.; BERBERAN-SANTOS, M. N. A generalized pre-equilibrium approximation in chemical and photophysical kinetics. Journal of Chemical Education, v. 81, n. 3, 2004.

WIKIBOOKS. Chemical principles: rates and mechanisms of chemical reactions. Disponível em: <http://en.wikibooks.org/wiki/Chemical_Principles/>. Acesso em: 1 nov. 2013.

WRIGHT, M. R. **An introduction to chemical kinetics.** West Sussex: John Wiley & Sons Ltd., 2004. 462 p.

# CAPÍTULO 8

# MODELAGEM CINÉTICA

Modelagem cinética diz respeito ao estudo de uma reação com a finalidade de desenvolver uma equação ou um sistema de equações diferenciais e algébricas, associadas entre si, que definem as leis de velocidade para todas as etapas dessa reação.

Um modelo cinético é importante para dado processo químico porque pode descrever a variação de composição da mistura ou o avanço da reação ao longo do tempo em função de variáveis operacionais como temperatura, pressão e composição. Isso possibilita a elaboração de um projeto e uma análise do reator e a condução do processo em condições operacionais otimizadas.

Dispondo-se de um mecanismo para determinada reação, para o desenvolvimento de um modelo cinético, algumas etapas principais podem ser propostas: a) detectar, identificar e avaliar a concentração das espécies químicas participantes; b) avaliar a velocidade de reação; c) caracterizar matematicamente a reação; d) avaliar os parâmetros da equação cinética.

O objetivo deste capítulo é mostrar como são aplicados os conceitos e as deduções feitas nos capítulos anteriores. São apresentados os mecanismos e o desenvolvimento de modelos cinéticos para as reações enzimáticas, de polimerização e de

## 338 · Cinética química das reações homogêneas

transesterificação. Ressalta-se que não há a intenção de apresentar revisões desses três temas, pois podem ser encontradas nas referências indicadas no final do capítulo.

## 8.1 Reações enzimáticas

*Reações enzimáticas* são reações catalisadas por enzimas, substâncias com propriedades catalíticas excepcionais, que interagem com reagentes, nesse caso denominados substratos, transformando-os quimicamente em produtos.

Atualmente, as aplicações práticas das enzimas são um negócio de grandes proporções e seus usos comerciais se concentram, principalmente, em indústriais de alimentos, de detergente, têxtil, de couro, de papel e celulose, entre outras. De fato, como catalisadores biológicos, as enzimas constituem a peça-chave da biotecnologia e da bioindústria, e o conhecimento de sua natureza, de suas propriedades e da cinética das reações que elas catalisam são de fundamental importância para um uso apropriado.

A modelagem cinética de reações enzimáticas envolve como fatores mais importantes as concentrações de enzima, substrato, produto, inibidor e ativador, pH, força iônica e temperatura. A avaliação criteriosa desses fatores possibilita a obtenção de uma equação cinética empírica necessária aos cálculos de projeto de novos processos biotecnológicos, esses cálculos devem visar à avaliação do desempenho de processos já em operação e projeto de experimentos que usam enzimas isoladas.

Há duas abordagens para explicar o comportamento cinético das reações catalisadas por enzimas. A primeira se fundamenta em *equilíbrios químicos* ou, mais especificamente, no princípio do *estado de pré-equilíbrio* e foi utilizada no começo do século XX por V. Henri para deduzir uma das primeiras equações cinéticas e, um pouco mais tarde, por L. Michaelis e M. L. Menten, que utilizaram as hipóteses propostas por Henri e deduziram uma equação que ficou conhecida como equação de Michaelis-Menten. A outra abordagem utiliza o princípio do *estado quase estacionário ou pseudoestacionário* e foi usada em 1925 por G. E. Briggs e J. B. S. Haldane para deduzir uma equação cinética equivalente à equação de Michaelis-Menten. Ambas as abordagens são amplamente utilizadas no tratamento cinético de reações enzimáticas.

A seguir, utilizando-se estas duas abordagens, discute-se a modelagem cinética de uma reação enzimática em solução líquida com um único substrato e uma única enzima conduzida em um reator batelada.

Modelagem cinética **339**

### 8.1.1 Hipótese de pré-equilíbrio: modelo de Michaelis-Menten

Com base na hipótese de pré-equilíbrio, desenvolve-se um modelo cinético para um sistema reacional em que um único substrato (S) sob a ação de uma única enzima (E) forma um complexo enzima-substrato (ES). Esse complexo sofre decomposição, para formar diretamente o produto (P) e recuperar a enzima livre (E) ou reage reversivelmente para regenerar o substrato (S). O mecanismo clássico desse tipo de reação é escrito pela seguinte equação global:

$$E + S \underset{k_2}{\overset{k_1}{\rightleftarrows}} ES \overset{k_3}{\rightarrow} P + E \tag{8.1}$$

De acordo com a hipótese de pré-equilíbrio, a enzima, o substrato e o complexo enzima-substrato estão em equilíbrio, o que significa dizer que a velocidade de decomposição do complexo ES para formar E e S é muito maior que a velocidade de formação de E e P, ou seja, $k_2 \gg k_3$.

Para esse mecanismo de reação, a partir das Equações (6.8), (6.12) e (6.13), têm-se as seguintes velocidades de consumo e formação:

**Velocidade resultante de consumo de S:**

$$\left(-R_S\right) = -\frac{dC_S}{dt} = k_1 C_E C_S - k_2 C_{ES} \tag{8.2}$$

**Velocidade resultante de formação de ES:**

$$\left(R_{ES}\right) = \frac{dC_{ES}}{dt} = k_1 C_E C_S - k_2 C_{ES} - k_3 C_{ES} \tag{8.3}$$

**Velocidade de formação de P:**

$$\left(R_P\right) = \frac{dC_P}{dt} = k_3 C_{ES} \tag{8.4}$$

onde $C_E$, $C_S$, $C_P$ e $C_{ES}$ são as concentrações de enzimas livres, substrato, produto e complexo enzima-substrato ou enzimas ligadas, respectivamente.

Se a condição de pré-equilíbrio for satisfeita, a velocidade de consumo de S iguala-se à velocidade de sua formação, ou seja, $(-R_S) = 0$. A partir da Equação (8.2), tem-se:

$$(-R_S) = 0 = k_1 C_E C_S - k_2 C_{ES}$$ (8.5)

$$C_{ES} = \frac{k_1}{k_2} C_E C_S$$ (8.6)

A concentração de enzimas livres $(C_E)$ não é mensurável de forma direta e deve ser avaliada a partir de um balanço material de enzimas contidas na mistura reacional, ou seja, a massa total de enzimas é igual à soma da massa de enzimas livres com a massa de enzimas ligadas. Em termos de concentrações, para um sistema de volume constante, tem-se:

$$C_{Et} = C_E + C_{ES}$$ (8.7)

onde $C_{Et}$ é a concentração total de enzimas. Isolando-se $C_E$ da Equação (8.7), substituindo-se a expressão obtida na Equação (8.6) e o resultado na Equação (8.4), obtém-se:

$$C_{ES} = \frac{k_1}{k_2} \left( C_{Et} - C_{ES} \right) C_S = \frac{1}{K_S} \left( C_{Et} - C_{ES} \right) C_S$$

$$C_{ES} = \frac{C_{Et} C_S}{K_S + C_S}$$ (8.8)

$$R_P = \left( -R_S \right) = \frac{k_3 C_{Et} C_S}{K_S + C_S} = \frac{V_{máx} C_S}{K_S + C_S}$$ (8.9)

onde $K_S = k_2/k_1$ = constante de dissociação do complexo enzima-substrato e $V_{máx} = k_3 C_{Et}$ = a velocidade máxima de consumo de substrato.

A Equação (8.9) mostra como a velocidade de formação do produto P se altera com a variação de $C_S$, $K_S$ e $V_{máx}$ e é conhecida como modelo de Michaelis-Menten,

Modelagem cinética **341**

mas, de acordo com Segel (1993), é mais apropriadamente denominada modelo de Henri-Michaelis-Menten. Nessa equação, $V_{máx}$ tem as mesmas unidades de $(-R_S)$ e $K_S$ tem as mesmas unidades de $C_S$. Unidades típicas para $(-R_S)$ são mol/L·s e kmol/L·s e, para $C_S$ são mol/L e kmol/L.

Quando o comportamento cinético de uma reação enzimática não segue a Equação (8.9), diz-se que a reação não exibe a cinética de Michaelis-Menten. Nesse caso, é necessário considerar outros modelos cinéticos.

No desenvolvimento do modelo cinético baseado na hipótese de pré-equilíbrio em que $k_2 \gg k_3$, obteve-se uma relação entre $C_{ES}$, $C_E$, $C_S$ e $K_S$, como mostra a Equação (8.8). Isso constitui uma limitação, pois quando as constantes de velocidade $k_2$ e $k_3$ tiverem a mesma ordem de grandeza, o que pode ocorrer em muitas reações catalisadas por enzimas, $C_{ES}$ não será mais dependente apenas de $C_E$, $C_S$ e $K_S$. Nesse caso, para o desenvolvimento de um modelo cinético, é necessário um tratamento mais rigoroso, como é o caso do método do estado quase estacionário ou pseudoestacionário.


### 8.1.2 Hipótese de estado quase estacionário: modelo de Briggs-Haldane

Em 1925, G. E. Briggs e J. B. S. Haldane deduziram uma equação cinética geral para o mecanismo apresentado na Equação (8.1) sem usar a hipótese de pré-equilíbrio utilizada para a dedução da equação de Henri-Michaelis-Menten. Eles se fundamentaram na hipótese de estado quase estacionário ou pseudoestacionário, a qual, para o presente caso, assume que "a concentração de um produto intermediário, no caso o complexo enzima-substrato (ES) na Equação (8.1), é muito baixa, quase constante, durante o curso da reação e, consequentemente, sua variação com o tempo é aproximadamente igual a zero, $dC_{ES}/dt \cong 0$".

A partir da Equação (8.3), tem-se:

$$\left(R_{ES}\right) = \frac{dC_{ES}}{dt} = k_1 C_E C_S - k_2 C_{ES} - k_3 C_{ES} = 0 \tag{8.10}$$

Isolando-se $C_E$ da Equação (8.7), substituindo-se o resultado na Equação (8.10), obtém-se:

$$C_{ES} = \frac{k_1 C_{Et} C_S}{k_1 C_S + k_2 + k_3} \tag{8.11}$$

Substituindo-se $C_{ES}$ da Equação (8.11) na Equação (8.4), obtém-se:

$$R_P = \frac{k_1 k_3 C_{Et} C_S}{k_1 C_S + k_2 + k_3} \qquad (8.12)$$

Introduzindo-se os parâmetros $V_{máx} = k_3 C_{Et}$ = velocidade máxima de consumo de substrato e $K_m = (k_2 + k_3)/k_1$, a Equação (8.12) passa para a seguinte forma:

$$R_P = \frac{V_{máx} C_S}{k_m + C_S} \qquad (8.13)$$

A Equação (8.13) é a forma usual da equação de Michaelis-Menten apresentada na Equação (8.9), mas as constantes $K_m$ e $K_S$ têm significados diferentes. A constante $K_m$ é uma constante dinâmica ou de pseudoequilíbrio que expressa a relação entre as concentrações reais de estado pseudoestacionário, no lugar de concentrações de equilíbrio que ocorrem na constante $K_S$. Observa-se que quanto maior a relação $C_{S0}/C_{Et}$, mais válida se torna a hipótese de estado quase estacionário, pois o aumento dessa relação aumenta o período de reação durante o qual se tem $dC_{ES}/dt \cong 0$.

Pode-se dizer que a equação de Michaelis-Menten deduzida com base na hipótese de pré-equilíbrio é um caso especial da equação de Briggs-Haldane deduzida com base na hipótese de estado quase estacionário.

Isso pode ser demonstrado facilmente, como segue: sendo $k_2 \gg k_3$, então $K_m = (k_2 + k_3)/k_1 \cong k_2/k_1 \cong K_S$, ou seja, $K_m$ torna-se uma constante de dissociação do complexo ES. Ressalta-se que somente nesse caso essas constantes igualam-se, não devendo ser confundidas como sinônimos para outras situações.

Apesar dessas limitações, o tratamento de Michaelis-Menten é importante por duas razões principais: a) é uma técnica simples e direta de obter modelos cinéticos para reações enzimáticas sem o conhecimento prévio das constantes de velocidade; b) para muitas situações, incluindo aquela tratada anteriormente, as duas abordagens dão resultados similares, diferindo apenas nas constantes envolvidas.

O tratamento apresentado por Michaelis-Menten é aplicável a uma grande variedade de reações enzimáticas. No entanto, para deduzir um modelo cinético para reações enzimáticas reversíveis, é mais apropriado o tratamento da hipótese de estado quase estacionário.

Modelagem cinética

### 8.1.3 Reações enzimáticas reversíveis

Há casos em que o grau de reversibilidade de uma reação é tão pequeno que pode ser desprezado e a reação pode ser tratada como irreversível, mas, em outros, as reações reversas devem ser levadas em conta, como é o caso da reação de transformação da glicose em frutose pela enzima glicose isomerase.

Em um dos casos mais simples desse tipo de reação, uma única enzima catalisa a transformação química de um único substrato, mas a etapa de decomposição do complexo enzima-substrato (ES) que regenera a enzima E e produz o produto P também é reversível. O mecanismo dessa reação pode ser expresso pela seguinte equação estequiométrica:

$$E + S \underset{k_2}{\overset{k_1}{\rightleftarrows}} ES \underset{k_4}{\overset{k_3}{\rightleftarrows}} P + E \tag{8.14}$$

Para esse mecanismo, a velocidade resultante de consumo de S é dada pela mesma expressão – Equação (8.2) – do mecanismo dado na Equação (8.1). Porém, a velocidade resultante de formação do complexo enzima-substrato (ES) é alterada e deve ser expressa por:

$$R_{ES} = \frac{dC_{ES}}{dt} = k_1 C_E C_S - k_2 C_{ES} - k_3 C_{ES} + k_4 C_E C_P \tag{8.15}$$

Ao atingir o estado quase estacionário, tem-se $dC_{ES}/dt \cong 0$. Aplicando-se essa condição à Equação (8.15), substituindo-se $C_E$ da Equação (8.7) e isolando-se $C_{ES}$, obtém-se:

$$\frac{dC_{ES}}{dt} = k_1 C_E C_S - k_2 C_{ES} - k_3 C_{ES} + k_4 C_E C_P = 0$$

$$k_1 \left( C_{Et} - C_{ES} \right) C_S - k_2 C_{ES} - k_3 C_{ES} + k_4 \left( C_{Et} - C_{ES} \right) C_P = 0$$

$$C_{ES} = \frac{k_1 C_{Et} C_S + k_4 C_{Et} C_P}{k_1 C_S + k_2 + k_3 + k_4 C_P} \tag{8.16}$$

Combinando-se as Equações (8.7) e (8.16) com a Equação (8.2), tem-se:

$$(-R_S) = \frac{k_1 k_3 C_{Et} C_S - k_2 k_4 C_{Et} C_P}{k_1 C_S + k_2 + k_3 + k_4 C_P} \tag{8.17}$$

Para simplificar a Equação (8.17), definem-se os seguintes parâmetros:

$$K_{mS} = \frac{k_2 + k_3}{k_1} \qquad e \qquad K_{mP} = \frac{k_2 + k_3}{k_4} \tag{8.18a}$$

$$V_{máxd} = k_3 C_{Et} \qquad e \qquad V_{máxr} = k_2 C_{Et} \tag{8.18b}$$

onde $V_{máxd}$ e $V_{máxr}$ são as velocidades máximas de consumo de substrato para as reações direta e reversa, respectivamente, e $K_{mS}$ e $K_{mP}$ são constantes relativas ao substrato e ao produto, respectivamente. Com esses parâmetros, a Equação (8.17) passa a ser escrita como:

$$(-R_S) = \frac{K_{mP} V_{máxd} C_S - K_{mS} V_{máxr} C_P}{K_{mS} K_{mP} + K_{mP} C_S + K_{mS} C_P} \tag{8.19}$$

A Equação (8.19) descreve a variação da velocidade de consumo de substrato (S) em função das concentrações de substrato, de produtos e de vários parâmetros definidos nas Equações (8.18a) e (8.18b). É importante destacar que $C_{Et}$ representa a concentração de sítios catalíticos; logo, se a enzima tiver um sítio por molécula, então $C_{Et}$ é a concentração de enzima.

No mecanismo apresentado na Equação (8.14), têm-se duas reações reversíveis no equilíbrio; para cada uma delas, as velocidades das reações direta e reversa se igualam e a condição de consistência termodinâmica estabelecida pela Equação (6.22) deve ser atendida, ou seja:

$$k_1 C_E C_S = k_2 C_{ES} \Rightarrow K_{e1} = \frac{k_1}{k_2} = \frac{C_{ES}}{C_E C_S} \tag{8.20a}$$

$$k_3 C_{ES} = k_4 C_E C_P \Rightarrow K_{e2} = \frac{k_3}{k_4} = \frac{C_E C_P}{C_{ES}} \tag{8.20b}$$

# Modelagem cinética

$$K_e = \frac{C_E C_P}{C_E C_S} = \frac{C_P}{C_S} \tag{8.21}$$

onde $K_{e1}$, e $K_{e2}$ e $K_e$ são constantes de equilíbrio da primeira e segunda reações e da reação global, respectivamente.

Combinando-se as Equações (8.18a) a (8.21), tem-se:

$$K_e = \frac{C_{Pe}}{C_{Se}} = \frac{K_{mP}}{K_{mS}} \frac{V_{máxd}}{V_{máxr}} \tag{8.22}$$

A Equação (8.22) relaciona os valores das constantes $K_m$ e $V_{máx}$ com a constante de equilíbrio $K_e$, é denominada relação de Haldane e indica que os parâmetros cinéticos enzimáticos não são todos independentes, mas estão inter-relacionados pela termodinâmica da reação global.

## 8.1.4 Determinação experimental dos parâmetros $K_S$ e $V_{máx}$

Para se ter um modelo cinético útil para cálculos de projeto de biorreatores ou análise de processo-biotecnológico, é necessário avaliar os parâmetros cinéticos $K_S$ ou $K_m$ e $V_{máx}$ a partir de dados experimentais. Essa avaliação pode ser feita por meio dos diferentes métodos apresentados no capítulo 5. A seguir, são apresentados os métodos integral e diferencial.

**Método integral:**

Para uma reação enzimática conduzida em um reator batelada de volume constante, a Equação (8.9) pode ser escrita como:

$$-\frac{dC_S}{dt} = \frac{V_{máx} C_S}{K_S + C_S} = \frac{V_{máx}}{1 + \frac{K_S}{C_S}} \tag{8.23}$$

Integrando-se a Equação (8.23) desde $t = 0$, $C_S = C_{S0}$ até $t$ e $C_S$, tem-se:

$$-\int_{C_{S0}}^{C_S} \left(1 + \frac{K_S}{C_S}\right) dC_S = \int_0^t V_{máx} \, dt$$

$$t = \frac{C_{S0} - C_S}{V_{máx}} + \frac{K_S}{V_{máx}} \ln\left(\frac{C_{S0}}{C_S}\right) \quad (8.24)$$

A Equação (8.24) pode ser expressa na seguinte forma:

$$\frac{1}{t}\ln\left(\frac{C_{S0}}{C_S}\right) = \frac{V_{máx}}{K_S} - \frac{C_{S0} - C_S}{K_S t} \quad (8.25)$$

Dispondo-se de dados experimentais de $C_S = f(t)$, alocam-se os dados do primeiro membro da Equação (8.25) em função de $(C_{S0} - C_S)/t$ em um gráfico; se os dados se ajustarem ao modelo de Michaelis-Menten, o resultado é uma reta. Realiza-se uma regressão linear, obtendo-se como coeficiente angular $-1/K_S$, de onde se calcula $K_S$, e coeficiente linear $V_{máx}/K_S$, de onde se calcula $V_{máx}$ (Figura 8.1).

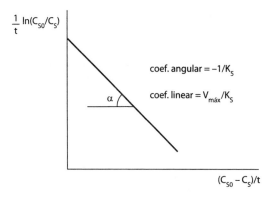

**Figura 8.1** – Reta ajustada pela Equação (8.25) para avaliar $K_S$ e $V_{máx}$.

A Equação (8.25) pode ser expressa em termos de conversão fracional de substrato, a qual é denotada por $X_S$ e é relacionada com sua concentração por $C_S = C_{S0}(1 - X_S)$. Substitui-se essa relação na Equação (8.25) para obter o seguinte resultado:

$$\frac{1}{t}\ln\left(\frac{1}{1 - X_S}\right) = \frac{V_{máx}}{K_S} - \frac{C_{S0} X_S}{K_S t} \quad (8.26)$$

Para usar a Equação (8.26) no cálculo dos parâmetros $K_S$ e $V_{máx}$, alocam-se os dados de $(1/t)\ln[1/(1 - X_S)] = f[(C_{S0}X_S)/t]$ em um gráfico, realiza-se uma regressão linear e obtém-se como coeficiente linear $V_{máx}/K_S$ e como coeficiente angular $-1/K_S$.

**Método diferencial:**

Dispondo-se de dados experimentais de $C_S = f(t)$, calculam-se os dados de $(-R_S) = f(t)$ e expressa-se a Equação (8.9) na forma linearizada.

$$\frac{1}{(-R_S)} = \frac{1}{V_{máx}} + \frac{K_S}{V_{máx} C_S} \quad (8.27)$$

Alocam-se os dados de $1/(-R_S) = f(1/C_S)$ em um gráfico; se esses dados se ajustarem ao modelo de Michaelis-Menten, o resultado é uma reta. Realiza-se uma regressão linear e obtém como coeficiente linear $1/V_{máx}$, de onde se calcula $V_{máx}$, e como coeficiente angular $K_S/V_{máx}$, de onde se calcula $K_S$ (Figura 8.2).

A determinação dos parâmetros cinéticos com base na linearização de dados, como foi feito com as equações apresentadas, pode introduzir erros consideráveis, razão pela qual a melhor forma de analisar dados cinéticos de reações enzimáticas visando à estimativa dos parâmetros cinéticos $K_S$ ou $K_m$ e $V_{máx}$ é ajustá-los diretamente à Equação (8.9) ou à Equação (8.13) por meio de uma regressão não linear (LEATHERBARROW, 1990; RANALDI; VANNI; GIACHETTI, 1999; DUGGLEBY, 2001). De acordo com Ranaldi, Vanni e Giachetti (1999), a transformação da equação de Michaelis-Menten em uma forma linear pode resultar em valores de $K_S$ e $V_{máx}$ com discrepâncias de até 150% em relação àqueles obtidos pela regressão não linear.

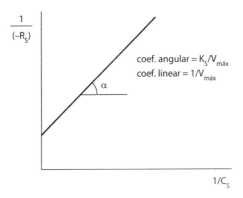

**Figura 8.2** – Reta ajustada pela Equação (8.27) para avaliar $K_S$ e $V_{máx}$.

**348**                                    Cinética química das reações homogêneas

## Exemplo 8.1    Cálculo dos parâmetros $K_m$ e $V_{máx}$.

Uma reação enzimática foi realizada com a finalidade de decompor o peróxido de hidrogênio em água e oxigênio. A concentração do peróxido foi avaliada em função do tempo para uma mistura reacional com um pH de 6,76 e temperatura de 30 °C. Os dados estão na tabela a seguir:

| t (min): | 0 | 10 | 20 | 50 | 100 |
|---|---|---|---|---|---|
| $C_{H_2O_2}$(mol/L): | 0,02 | 0,0178 | 0,0158 | 0,0106 | 0,005 |

a) Determine os parâmetros $K_m$ e $V_{máx}$.
b) Para uma concentração enzimática três vezes maior, calcule a concentração do substrato após 20 minutos de reação.

***Solução:***

Essa reação pode ser representada pela Equação (8.1), em que S é a água oxigenada ($H_2O_2$) e P é o produto da reação ($H_2O + O_2$). Assim, pode-se usar a Equação (8.25) para calcular os parâmetros $K_m$ e $V_{máx}$, ou seja:

$$\frac{1}{t}\ln\left(\frac{C_{S0}}{C_S}\right) = \frac{V_{máx}}{K_m} - \frac{1}{K_m}\left(\frac{C_{S0} - C_S}{t}\right) \tag{E8.1.1}$$

a) A partir da Equação (E8.1.1) e dos dados fornecidos, podem-se calcular os seguintes dados:

| $\left(\frac{C_{S0}-C_S}{t}\right)\cdot 10^4$: | 2,25 | 2,10 | 1,88 | 1,5 |
|---|---|---|---|---|
| $\frac{1}{t}\ln\left(\frac{C_{S0}}{C_S}\right)\cdot 10^3$: | 11,94 | 11,79 | 12,70 | 13,86 |

A partir desses dados é possível fazer uma regressão linear, da qual se tem como coeficientes angular $-1/K_m$ e linear $V_{máx}/K_m$ (Figura E8.1.1).

# Modelagem cinética

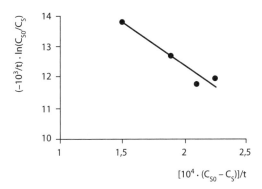

**Figura E8.1.1** – Dados da regressão linear da Equação (E8.1.1).

- Cálculo de $K_m$: coeficiente angular

$$-\frac{1}{K_m} = -28,098 \Rightarrow K_m = 0,03559 \text{ mol/L}$$

- Cálculo de $V_{máx}$: coeficiente linear

$$\frac{V_{máx}}{K_m} = 0,018003 \Rightarrow V_{máx} = 6,407 \cdot 10^{-4} \text{ mol/min}$$

b) Ao alterar a concentração da enzima, altera-se o valor de $V_{máx}$, pois $V_{máx} = k_3 \cdot E_t$. O novo valor de $V_{máx}$, denotado por $(V_{máx})_1$, é:

$$(V_{máx})_1 = k_3 (E_t)_1 = k_3 (3E_t) = 3 \cdot 6,407 \cdot 10^{-4} = 19,221 \cdot 10^{-4} \text{ mol/min}$$

Utilizando-se esse novo valor da velocidade máxima $(V_{máx})_1$ na Equação (E8.1.1), tem-se:

$$\frac{1}{20}\ln\left(\frac{0,02}{C_S}\right) = \frac{19,221 \cdot 10^{-4}}{0,03559} - \frac{1}{0,03559}\left(\frac{0,02 - C_S}{20}\right) \quad \text{(E8.1.2)}$$

Resolvendo-se a Equação (E8.1.2) por tentativas e erros, obtém-se:

$$C_S = 0,0092 \text{ mol/L}$$

## 8.2 Polimerização

*Polimerização* é uma reação química em que reagentes, denominados monômeros, são transformados para produzir o produto, denominado polímero. Monômero é uma molécula pequena que pode combinar com outras de mesmo tipo ou de tipos diferentes para formar o polímero. Polímero significa "muitas partes" e designa uma molécula longa, constituída de unidades químicas repetidas conectadas por ligações covalentes. A palavra "macromolécula" é utilizada e muito bem-aceita como sinônimo de polímero. O que distingue polímeros de outras moléculas é a repetição de subunidades idênticas, similares ou complementares em suas cadeias. Essas unidades químicas repetidas, normalmente, apresentam mais de cinco e menos de 500 átomos.

Uma polimerização só ocorre se os monômeros envolvidos tiverem funcionalidade igual ou maior que dois, mas, uma vez iniciada, as moléculas que são formadas, vão crescer enquanto houver fornecimento de reagentes. A funcionalidade de um monômero refere-se à sua capacidade de se ligar a outros, ou seja, é o número de ligações que ele pode fazer. Com relação à funcionalidade, um monômero pode ser mono, bi, tri e polifuncional, quando é capaz de realizar uma, duas, três, quatro ou mais ligações químicas, respectivamente. Ressalta-se que um monômero monofuncional não tem a capacidade de formar polímeros, podendo formar no máximo um dímero.

Há várias formas de polimerização e diferentes sistemas para categorizá-las. Com base na estrutura de polímeros, em 1929, Carothers dividiu as polimerizações em dois grupos: polimerização de adição e polimerização de condensação. Anos mais tarde, em 1953, com base no mecanismo de reação, Flory dividiu-as em polimerizações em cadeia e em etapas. De fato, essas classificações estão muito próximas. Em geral, a polimerização em etapas é uma reação de condensação que ocorre entre monômeros polifuncionais ou diferentes, na qual são liberadas pequenas moléculas, como $HCl$, $H_2O$, $KCl$ e $NH_3$, e a polimerização em cadeia é uma reação de adição de monômeros insaturados, na qual não são formados subprodutos. Isso quer dizer que a unidade estrutural de um polímero formado por uma polimerização em etapas contém menos átomos que o monômero, ou monômeros, a partir do qual foi obtido; um polímero formado por uma polimerização em cadeia tem sua unidade estrutural com a mesma fórmula molecular do monômero.

A seguir, são apresentadas as deduções de equações cinéticas e os procedimentos para avaliação de seus parâmetros de ambos os tipos de polimerização, em etapas

Modelagem cinética

e em cadeias. Antes, porém, tendo em vista a importância das características de um polímero, faz-se uma breve discussão desse tema.

### 8.2.1 Caracterização de um polímero

Um dos primeiros passos no estudo da cinética da polimerização é conhecer as características do produto formado, o polímero. Na química orgânica convencional que trata das moléculas pequenas, é universalmente aceito que as moléculas de qualquer composto puro têm a mesma massa molar. No caso de polímeros, o conceito de massa molar única e definitiva apresenta problemas consideráveis. No entanto, se o polímero apresentar todas as moléculas com a mesma massa molar, ele é denominado *monodisperso*; caso contrário, se as moléculas poliméricas apresentarem diferentes números de unidades químicas repetidas, é chamado *polidisperso*.

As propriedades características dos polímeros dependem do tamanho das moléculas, por isso é essencial ter um método para descrever suas dimensões. Grau de polimerização de uma dada molécula polimérica (Gp) é o número de unidades químicas repetidas na cadeia. Então, se a massa molar da unidade química repetida for $M_0$ e da molécula polimérica for $M_i$, respectivamente, tem-se:

$$Gp = \frac{M_i}{M_0} \qquad (8.28)$$

Algumas vezes, $M_0$ pode ser tomada como a massa molar do monômero e, frequentemente, Gp é identificado com o comprimento da cadeia, mas ressalta-se que o termo comprimento de cadeia só é aplicável a polímeros lineares, não tendo qualquer significado para polímeros ramificados ou reticulados.

As moléculas poliméricas podem apresentar diferentes tamanhos, e a distribuição da massa molar depende do mecanismo e das condições de síntese do polímero. Apesar dos enormes avanços no desenvolvimento das técnicas para a caracterização completa da massa molar de um polímero pela medida de sua distribuição, ainda é um pouco difícil realizá-la para todos os polímeros. Por isso, torna-se conveniente medir um ou mais valores médios da massa molar.

A princípio, a massa molar média de um polímero pode ser definida de diversas maneiras e cada uma resulta em um valor diferente, exceto para um polímero monodisperso. As duas médias mais comumente utilizadas são a massa molar média numérica ($\bar{M}_n$), Equação (2.13) ou (2.14), e a massa molar média ponderada ($\bar{M}_w$).

$$\bar{M}_n = \sum x_i M_i = \frac{1}{\sum (w_i / M_i)} \tag{8.29}$$

$$\bar{M}_w = \sum w_i M_i \tag{8.30}$$

onde $x_i$ e $w_i$ são a fração numérica e a fração mássica de moléculas de massa molar $M_i$ na mistura reacional.

Tendo-se em vista as definições apresentadas nas Equações (8.29) e (8.30), é possível definir um grau de polimerização médio numérico ($\bar{X}_n$) e um grau de polimerização médio ponderado ($\bar{X}_w$) pelas seguintes expressões:

$$\bar{X}_n = \frac{\bar{M}_n}{M_0} \tag{8.31}$$

$$\bar{X}_w = \frac{\bar{M}_w}{M_0} \tag{8.32}$$

A partir das Equações (8.31) e (8.32), as massas molares médias podem ser facilmente convertidas em graus médios de polimerização.

## Exemplo 8.2  Influência da massa molar individual sobre $\bar{M}_n$ e $\bar{M}_w$.

Analise a influência da massa molar de polímeros individuais sobre as massas molares médias de uma mistura polimérica formada por um polímero (1) com massa molar igual a $10^5$ g/mol e outro polímero nas proporções e massas molares que seguem: a) 1% e 10% em peso do polímero (2) com massa molar igual a $10^7$ g/mol; b) 1% e 10% em peso do polímero (3) com massa molar igual a $10^4$ g/mol e c) 1% e 10% em peso do polímero (4) com massa molar igual a $10^2$ g/mol.

Modelagem cinética **353**

***Solução:***

Essa análise pode ser feita calculando-se os valores de $\bar{M}_n$ e $\bar{M}_w$ das misturas poliméricas formadas pelos polímeros (1) e (2), (1) e (3), e (1) e (4) nas proporções indicadas, 1% e 10%, usando-se uma base de cálculo de 100 gramas e as Equações (2.3), (8.29) e (8.30).

a-1)   Mistura de 1% ou 1 g do polímero (2) e 99 g do polímero (1):

Fração mássica do polímero (1): $w_1 = 99/100 = 0{,}99$
Fração mássica do polímero (2): $w_2 = 1/100 = 0{,}01$

Massa molar média numérica ($\bar{M}_n$):

$$\bar{M}_n = \frac{1}{\sum \left( w_i / M_i \right)} = \frac{1}{\left(\frac{0{,}99}{10^5}\right) + \left(\frac{0{,}01}{10^7}\right)} = 100999 \text{ g/mol}$$

Massa molar média ponderada ($\bar{M}_w$):

$$\bar{M}_w = \sum w_i M_i = 0{,}99 \cdot 10^5 + 0{,}01 \cdot 10^7 = 199000 \text{ g/mol}$$

Seguindo-se esse mesmo procedimento para os demais itens, tem-se:

a-2)   Mistura de 10% ou 10 g do polímero (2) e 90 g do polímero (1):

$$\bar{M}_n = 110988 \frac{\text{g}}{\text{mol}} \qquad \text{e} \qquad \bar{M}_w = 1090000 \text{ g/mol}$$

b-1)   Mistura de 1% ou 1 g do polímero (3) e 99 g do polímero (1):

$$\bar{M}_n = 91743 \frac{\text{g}}{\text{mol}} \qquad \text{e} \qquad \bar{M}_w = 99100 \text{ g/mol}$$

b-2)   Mistura de 10% ou 10 g do polímero (3) e 90 g do polímero (1):

$$\bar{M}_n = 52631 \frac{\text{g}}{\text{mol}} \qquad \text{e} \qquad \bar{M}_w = 91000 \text{ g/mol}$$

c-1)  Mistura de 1% ou 1 g do polímero (4) e 99 g do polímero (1):

$$\bar{M}_n = 9099\frac{g}{mol} \qquad e \qquad \bar{M}_w = 99001 \ g/mol$$

c-2)  Mistura formada de 10% ou 10 g do polímero (4) e 90 g do polímero (1):

$$\bar{M}_n = 991\frac{g}{mol} \qquad e \qquad \bar{M}_w = 90010 \ g/mol$$

No primeiro caso, item a, em que foi misturado um polímero com massa molar muito maior ($10^7$ g/mol) que o polímero base ($10^5$ g/mol), observa-se que o aumento na proporção de 1% para 10% provocou um efeito muito pequeno sobre $\bar{M}_n$, mas um efeito pronunciado sobre $\bar{M}_w$. O contrário se observa no item b, em que foi misturado ao polímero base um polímero de massa molar baixa ($10^2$ g/mol), ou seja, um efeito muito pequeno sobre $\bar{M}_w$ e um efeito pronunciado sobre $\bar{M}_n$. Isso mostra que as massas molares médias refletem diretamente as distribuições das massas molares correspondentes, ou seja, $\bar{M}_n$ é muito sensível à presença de materiais de massa molar baixa, enquanto $\bar{M}_w$ é muito sensível a materiais de massa molar alta.

Isso ocorre porque uma dada fração mássica contém um grande número de moléculas do polímero de baixa massa molar, mas essa mesma fração mássica contém pequeno número de moléculas do polímero de alta massa molar. Essa é uma das razões pelas quais torna-se indispensável a avaliação de ambas as médias, pois apenas uma pode fornecer uma ideia errada sobre o polímero.

---

### 8.2.2  Polimerização em etapas

A *polimerização em etapas*, frequentemente denominada polimerização por condensação ou policondensação, é uma reação que ocorre quase exclusivamente por meio de reações de condensação que envolvem moléculas monoméricas multifuncionais, mas há exceções. Uma reação de condensação é aquela que ocorre entre um ácido orgânico e um álcool, formando um éster e liberando uma molécula de baixa massa molar. Porém, para que o polímero seja formado, é essencial

Modelagem cinética

que as moléculas monoméricas sejam capazes de reagir em dois ou mais pontos. Por exemplo, a reação entre o ácido tereftálico e o etilenoglicol produz um éster reativo, que ainda tem grupos funcionais que não reagiram, e água.

$$HCOOCC_6C_4COOH + HO(CH_2)_2OH \rightarrow$$

$$HOOCC_6C_4COOC_2H_4OH + H_2O \tag{8.33}$$

Observa-se na Equação (8.33) que o éster produzido tem um grupo ácido (COOH) em um terminal e um grupo hidroxila (OH) no outro, os quais podem reagir com outro monômero para formar um trímero, ou com outro dímero para formar um tetrâmero, e assim por diante até formar uma molécula polimérica. A partir desse raciocínio, pode-se escrever:

monômero + monômero → dímero
dímero + monômero → trímero
dímero + dímero → tetrâmero
trímero + dímero → pentâmero
tetrâmero + monômero→ pentâmero
tetrâmero + dímero → hexâmero
tetrâmero + trímero → heptâmero
etc.

Genericamente, tem-se:

$$n - meros + m - meros \rightarrow (n + m) meros \tag{8.34}$$

Ressalta-se que monômeros bifuncionais produzem polímeros lineares, mas funcionalidades maiores que dois, por exemplo, um triol, cuja funcionalidade é três, com um diácido, produzem polímeros ramificados. Há diferentes polímeros de grande importância industrial produzidos por esse tipo de polimerização, entre eles têm-se poliésteres, poliamidas e poliuretanos.

No caso da reação (8.33) têm-se dois monômeros bifuncionais diferentes, que é a condição necessária para formar uma *macromolécula linear*, na qual cada monômero possui apenas um tipo de grupo funcional. Nessa situação, para obter um polímero de alta massa molar, é necessário trabalhar com uma mistura reacional equimolar, isto é, os reagentes devem estar em quantidades molares iguais, condição muito difícil de ser obtida em nível industrial. Se houver excesso de um dos monômeros, por exemplo, do monômero diácido, vão se formar moléculas poliméricas intermediárias de tamanho pequeno, como $HO-[OCR_1COOR_2-O-]_iOCR_1COOH$, as quais são incapazes de reagir com outras do mesmo tipo, bloqueando a reação.

Para minimizar esse problema, utiliza-se um único monômero contendo ambos os tipos de grupos funcionais, por exemplo, o ácido $\omega$-hidróxido carboxílico $[HOOC-R-OH]$, o qual apresenta um grupo ácido em um terminal da cadeia e um grupo hidroxila no outro terminal. Se essas moléculas estiverem puras, além de serem capazes de reagir entre si, garantem um número de grupos funcionais iguais durante a reação.

Com base nessas duas possibilidades, por exemplo, as polimerizações para a produção de um poliéster e de uma poliamida podem ser resumidas nas seguintes reações generalizadas.

**Poliéster a partir de dois monômeros:**

$$nHOR_1OH + nHOOCR_2COOH \rightarrow$$

$$H-\left[OR_1OOCR_2CO-\right]_n OH + (2n-1)H_2O \tag{8.35}$$

**Poliéster a partir de um monômero bifuncional:**

$$n\ HORCOOH \rightarrow H[-O-R-CO-]_n OH + (n-1)H_2O \tag{8.36}$$

**Poliamida a partir de dois monômeros:**

$$n\ NH_2R_1NH_2 + n\ HOOCR_2COOH \rightarrow$$

$$H\left[-NHR_1-NHOCR_2CO-\right]_n OH + (2n-1)H_2O \tag{8.37}$$

**Poliamida a partir de um monômero bifuncional:**

$$n\ NH_2RCOOH \rightarrow H[-NH-R-CO-]_n OH + (n-1)H_2O \tag{8.38}$$

Além do problema apontado anteriormente, há outros fatores que podem reduzir o rendimento de uma reação desse tipo. Por exemplo, um aumento na concentração do condensado favorece a reação reversa, mas sua remoção minimiza esse problema. Em temperatura ambiente, essa reação normalmente é lenta. Para aumentar sua velocidade, aquecem-se os reagentes e, em alguns casos, adiciona--se um catalisador.

Como já destacado anteriormente, com frequência, a polimerização em etapas e a reação de condensação ou policondensação são tratadas como a mesma coisa, mas, de fato, não são. Há casos em que não se formam produtos de condensação, como na produção de poliuretanos, cuja equação geral é:

$$n \ HOR_1OH + n \ OCNR_2NCO \rightarrow \left[ -O - R_1 - OOCNHR_2NHCO - \right]_n \quad (8.39)$$

Nesse caso, não há liberação de moléculas de baixa massa molar, por isso, os poliuretanos são mais corretamente classificados como polímeros provenientes de uma polimerização em etapas.

Ao observar os mecanismos envolvidos na polimerização em etapas abordados anteriormente, verifica-se que moléculas de diferentes tamanhos estão presentes simultaneamente na mistura reacional durante a reação. Assim, teoricamente, a cinética desse tipo de reação poderia ser muito complicada.

Na prática, seu tratamento é simplificado mediante as seguintes hipóteses:

a) a reatividade de todos os grupos funcionais do mesmo tipo é equivalente e independente do tamanho da molécula na qual se encontram ligados;
b) a mistura reacional é homogênea e monofásica.

A primeira hipótese é a mais importante e, se ela for verdadeira, nos estágios finais da reação, a velocidade de polimerização é baixa por causa da baixa concentração de grupos reativos. Porém, a constante de velocidade de um dado grupo permanece constante.

Tendo em vista essas hipóteses, o estudo cinético de uma polimerização em etapas pode ser feito para duas situações distintas, sem a adição de catalisador (autocatálise) e com a adição externa de catalisador (FLORY, 1953; RUDIN, 1982; YOUNG, 1983).

### 8.2.2.1 Cinética da polimerização em etapas por autocatálise

Neste caso, nenhum catalisador é adicionado à mistura reacional e os grupos ácidos presentes agem como autocatalisadores. Genericamente, a equação estequiométrica da reação pode ser escrita como:

$$\sim COOH + \sim OH + catalis. \overset{k}{\rightarrow} \sim COO \sim + H_2O + catalis. \tag{8.40}$$

Assumindo reação elementar e irreversível, pode-se escrever:

$$\left(-R_{COOH}\right) = -\frac{dC_{COOH}}{dt} = -\frac{dC_{OH}}{dt} = kC_{COOH}C_{OH}C_{catal} \tag{8.41}$$

onde $(-R_{COOH})$ é a velocidade de consumo de reagente, mas que, nesse caso, é denominada velocidade de polimerização $(R_p)$; $C_{COOH}$, $C_{OH}$ e $C_{catal}$ são as concentrações de grupos COOH, OH e de catalisador, respectivamente; e k é a constante de velocidade de consumo de reagentes.

Como os grupos ácidos catalisam a reação, então $C_{catal} = C_{COOH}$. Além disso, se for considerado que os grupos funcionais têm a mesma concentração, ou seja, $C_{COOH} = C_{OH} = C_A$, então a Equação (8.41) passa a ser escrita deste modo:

$$R_p = -\frac{dC_{COOH}}{dt} = kC_{COOH}^2 C_{OH} = -\frac{dC_A}{dt} = kC_A^3 \tag{8.42}$$

A Equação (8.42) pode ser considerada um modelo cinético para a reação em estudo, mas só tem utilidade para análise e projeto de um reator após a avaliação experimental do parâmetro k, que pode ser feita a partir de dados experimentais de $R_p$ obtidos em diferentes condições reacionais.

Outra forma de representar o referido modelo cinético é por meio da integração da Equação (8.42) entre os limites inicial em t = 0 com $C_A = C_{A0}$ e final em dado tempo t, onde se tem a concentração $C_A$, ou seja:

$$-\int_{C_{A0}}^{C_A} \frac{dC_A}{C_A^3} = \int_0^t k \, dt$$

$$\frac{1}{C_A^2} - \frac{1}{C_{A0}^2} = 2kt \tag{8.43}$$

# Modelagem cinética

A Equação (8.43) representa a variação de concentração de A (grupos funcionais COOH ou OH) com o tempo e é a forma integrada do modelo cinético da reação.

A Equação (8.43) pode ser expressa em termos de conversão fracional, a qual, nos livros clássicos de ciências de polímeros, é denotada por p. Então, a partir da Equação (2.28), isola-se $C_A = f(p)$ e substitui-se o resultado na Equação (8.43).

$$p = (C_{A0} - C_A)/C_{A0} \Rightarrow C_A = C_{A0}(1-p)$$

$$\frac{1}{(1-p)^2} = 1 + 2kC_{A0}^2 t \tag{8.44}$$

Dispondo-se de dados experimentais, em dada temperatura, de concentração de grupos funcionais em função do tempo, $C_A = f(t)$, ou da conversão em função do tempo, $p = f(t)$, pode-se avaliar a constante de velocidade (k) por regressão linear a partir das Equações (8.43) ou (8.44), respectivamente. Se houver disponibilidade desses dados experimentais em outras temperaturas, a partir da equação de Arrhenius – Equação (3.38) –, pode-se avaliar os parâmetros A e E, obtendo-se um modelo cinético bem mais abrangente e útil para análise e projeto de um dado processo de polimerização em etapas.

Graficamente, as Equações (8.43) e (8.44) estão representadas nas Figuras 8.3a e 8.3b, respectivamente.

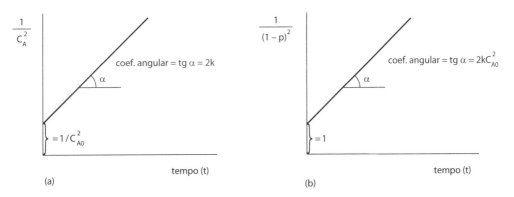

**Figura 8.3** – Representação genérica para calcular k: (a) Equação (8.43) e (b) Equação (8.44).

### 8.2.2.2 Cinética da polimerização em etapas com catalisador externo

Considerando a adição de um catalisador a uma mistura reacional de um diácido com um diol, no lugar da Equação (8.41), tem-se:

$$R_p = -\frac{dC_{COOH}}{dt} = -\frac{dC_{OH}}{dt} = k'C_{COOH}C_{OH} \tag{8.45}$$

onde k' é uma pseudoconstante de velocidade dada por $k' = k\,f(\text{catalisador})$, sendo k a constante de velocidade verdadeira. A constante k' só é realmente constante em dada temperatura, se a substância adicionada for um catalisador verdadeiro, isto é, catalisar a reação, mas não ter sua concentração alterada no transcurso dela.

Nesse caso, para concentrações de grupos funcionais iguais, $C_{COOH} = C_{OH} = C_A$, tem-se:

$$R_p = -\frac{dC_A}{dt} = k'C_A^2 \tag{8.46}$$

$$-\int_{C_{A0}}^{C_A} \frac{dC_A}{C_A^2} = \int_0^t k'\,dt$$

$$\frac{1}{C_A} - \frac{1}{C_{A0}} = k't \tag{8.47}$$

Em termos de conversão fracional (p), tem-se:

$$\frac{p}{1-p} = k'C_{A0}t \tag{8.48}$$

A Equação (8.47) expressa a variação da concentração de grupos funcionais, $C_{COOH}$ ou $C_{OH}$, em função do tempo, e a Equação (8.48) expressa a variação de p, também em função do tempo para dada temperatura.

### 8.2.2.3 Grau de polimerização médio numérico ($\bar{X}_n$)

No lugar de conversão fracional (p), pode-se expressar as Equações (8.44) e (8.48) em termos de grau de polimerização médio numérico ($\bar{X}_n$). Isso é feito

Modelagem cinética

considerando-se um monômero bifuncional que tenha grupos COOH em um de seus terminais e OH no outro. Se o número de moléculas inicialmente presente (t = 0) for $N_0$ e, após um tempo t de reação, for N, então o número total de grupos COOH ou OH reagidos é $(N_0 - N)$.

Com isso, pode-se escrever:

$$p = \frac{\text{número total de grupos reagidos}}{\text{número total de grupos iniciais}} = \frac{N_0 - N}{N_0} \tag{8.49}$$

$$\overline{X}_n = \frac{\text{número total inicial de moléculas}}{\text{número total de moléculas após um tempo t}} = \frac{N_0}{N} \tag{8.50}$$

Combinando-se as Equações (8.49) e (8.50), obtém-se:

$$\overline{X}_n = \frac{1}{1-p} \tag{8.51}$$

A Equação (8.51), conhecida como equação de Carothers, é aplicável ao caso proposto. Também é aplicada para o caso de reações entre um diácido e um diol com quantidades iguais de grupos funcionais na mistura reacional.

Na prática, observa-se que p deve estar próximo da unidade para que o polímero obtido apresente propriedades mecânicas úteis, as quais só começam a ser aceitáveis em grau de polimerização entre 50 e 100 unidades químicas repetidas.

Para se ter uma ideia sobre isso, a partir da Equação (8.51), são calculados alguns valores de $\overline{X}_n$ para diferentes valores de p, como mostra a tabela abaixo.

| p: | 0,5 | 0,9 | 0,99 | 0,999 | 0,9999 |
|---|---|---|---|---|---|
| $\overline{X}_n$: | 2 | 10 | 100 | 1000 | 10000 |

A partir desses dados, verifica-se que em conversão fracional de 50% o composto só tem duas unidades repetidas e, em 99%, tem cem unidades, a partir de onde o material começa a apresentar propriedades mecânicas úteis.

Combinando-se a Equação (8.51) com as Equações (8.44) e (8.48), obtém-se:

**Sem catalisador externo (autocatálise):**

$$\bar{X}_n^2 = 1 + 2kC_{A0}^2 t \qquad (8.52a)$$

**Com catalisador externo:**

$$\bar{X}_n = 1 + k'C_{A0}t \qquad (8.52b)$$

As Equações (8.52a) e (8.52b) expressam a variação do grau de polimerização médio numérico do polímero em função do tempo de reação, para o caso de um monômero bifuncional e para o caso de dois monômeros, sendo um diácido e um diol, mas quando há quantidades iguais de grupos funcionais.

---

### Exemplo 8.3  Cálculo de $\bar{X}_n$ para condições reacionais distintas.

a) Ao realizar uma policondensação de um hidróxido-ácido sem catalisador, obteve-se $\bar{X}_n = 40$ em 10 minutos. Calcule o valor de $\bar{X}_n$ após uma hora de reação.
b) Calcule o valor de $\bar{X}_n$ do item a considerando que a reação seja catalisada por um ácido.

*Solução:*
a) Para o caso de autocatálise, pode-se utilizar a Equação (8.52a), ou seja:

$$C_{A0}^2 = \frac{\bar{X}_n^2 - 1}{2t} = \frac{40^2 - 1}{2 \cdot 10} = 79,95$$

$$\bar{X}_n^2 = 1 + 2kC_{A0}^2 t = 1 + 2 \cdot 79,95 \cdot 60 = 9595 \Rightarrow \bar{X}_n \cong 98$$

b) Para uma reação catalisada, deve-se utilizar a Equação (8.52b), mas o procedimento é semelhante ao do item a.

$$k'C_{A0} = \frac{\bar{X}_n - 1}{t} = \frac{40 - 1}{10} = 3,9$$

# Modelagem cinética

$$\bar{X}_n = 1 + k'C_{A0}t = 1 + 3,9 \cdot 60 = 235$$

---

Ressalta-se que, para o caso de quantidades não estequiométricas, a Equação (8.51) não é mais aplicável e deve-se usar outra equação, a qual é conhecida como equação de Carothers modificada.

$$\bar{X}_n = \frac{1+r_e}{1+r_e-2r_e p} \tag{8.53}$$

onde $r_e$ é a relação entre o número total de grupos funcionais do tipo A (= COOH) ($N_A$) e o número total de grupos funcionais do tipo B (= OH ou $NH_2$) ($N_B$) inicialmente presentes, ou seja, $r_e = N_A/N_B$. O parâmetro $r_e$ deve ser calculado de tal forma que seu valor seja sempre menor ou igual à unidade.

Observa-se que, para uma mistura equimolar em que se tem $N_A = N_B$ ou $r_e = 1$, a Equação (8.53) reduz-se à Equação (8.51).

---

## Exemplo 8.4   Efeito do excesso de grupos funcionais sobre $\bar{X}_n$.

Avalie o efeito do excesso do número de grupos funcionais B sobre o grau de polimerização ($\bar{X}_n$) de um polímero obtido por meio de uma polimerização em etapas conduzida em duas situações distintas: a) com proporção equimolar entre os grupos funcionais; b) com excesso de 5% de grupos B.

Para ambos os casos, considere uma conversão de 99,9%.

### *Solução:*

a) Para a mistura equimolar, a partir da Equação (8.51), tem-se:

$$\bar{X}_n = \frac{1}{1-p} = \frac{1}{1-0,999} = 1000$$

b) Para a mistura com excesso de 5% de B, deve-se, antes, calcular o valor de $r_e$ e, depois, utilizar a Equação (8.53) para calcular $\bar{X}_n$.

$$r_e = \frac{N_A}{N_B} = \frac{1}{1,05} = 0,9524$$

$$\overline{X}_n = \frac{1+r_e}{1+r_e-2r_ep} = \frac{1+0,9524}{1+0,9524-2\cdot0,9524\cdot0,999} = 39,4$$

Observa-se que um excesso de 5% de grupos B teve um efeito significativo sobre $\overline{X}_n$, reduzindo seu valor de 1000 para 39,4. Mesmo no caso extremo de conversão total, $p = 1$, ainda se nota uma redução dramática no grau de polimerização do polímero, de 1000 para 41, evidenciando a importância da manutenção das proporções estequiométricas entre os grupos funcionais durante a reação.

## Exemplo 8.5 Cálculo da constante de velocidade.

Os dados abaixo foram obtidos para a polimerização do ácido 12-hidróxi esteárico no estado fundido na temperatura de 433,5 °C tomando-se amostras da mistura reacional ao longo do tempo. A concentração de grupos ($C_{COOH}$) foi determinada pela titulação de cada amostra com hidróxido de sódio etanólico.

**Tabela E8.5.1** – Dados experimentais do E8.5.

| t(min): | 0 | 4 | 48 | 72 | 96 | 120 | 144 | 168 | 192 |
|---|---|---|---|---|---|---|---|---|---|
| $C_{COOH}$(mol/L): | 3,10 | 1,50 | 0,98 | 0,73 | 0,58 | 0,48 | 0,41 | 0,37 | 0,32 |

a) Determine a ordem de reação e a constante de velocidade.
b) Calcule a conversão fracional (p) e o grau de polimerização após 240 minutos.

### Solução:

Como se trata de uma polimerização em etapas, há duas possibilidades, sem adição de catalisador ou autocatálise (terceira ordem) – Equação (8.43) – e com adição de catalisador (segunda ordem) – Equação (8.47). Assim, pode-se usar o método integral de análise de dados e tentar essas duas possibilidades. Aquela que melhor

Modelagem cinética

se ajustar aos dados é tomada como correta. Para fazer isso, calculam-se $1/C_{COOH}$ e $1/C^2_{COOH}$ (Tabela E8.5.2) e alocam-se esses dados em função do tempo em gráficos (Figuras E8.5.1a e E8.5.1b).

a) Como se observa, o gráfico da Figura E8.5.1a é uma curva, e não uma linha reta, como previsto pelo modelo – Equação (8.43) –, enquanto o gráfico da Figura E8.5.1b está de acordo com a Equação (8.47). Portanto, são dados de uma polimerização de segunda ordem, catalisada por ácidos. A partir de uma regressão linear, tem-se k' = 0,0144 L/(mol · min).

**Tabela E8.5.2** – Dados para avaliação de parâmetros do E8.5.

| t(min) | $C_{COOH}$(mol/L) | $1/C_{COOH}$ | $1/C^2_{COOH}$ |
|---|---|---|---|
| 0 | 3,10 | 0,3226 | 0,1041 |
| 24 | 1,50 | 0,6667 | 0,4444 |
| 48 | 0,98 | 1,098 | 1,0412 |
| 72 | 0,73 | 1,3699 | 1,8765 |
| 96 | 0,58 | 1,7241 | 2,9727 |
| 120 | 0,48 | 2,0833 | 4,3403 |
| 144 | 0,41 | 2,4390 | 5,9488 |
| 168 | 0,37 | 2,7027 | 7,3046 |
| 192 | 0,32 | 3,1250 | 9,7656 |

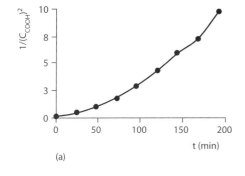
(a)

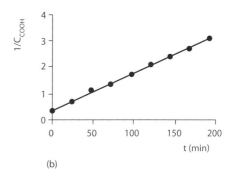
(b)

**Figura E8.5.1** – Dados de: (a) $1/C^2_{COOH} = f(t)$ e b) $1/C_{COOH} = f(t)$.

b) partir das Equações (8.48) e (8.52b), tem-se:

$$\frac{1}{p} = 1 + \frac{1}{k'C_{A0}t} = 1 + \frac{1}{0,0144 \cdot 3,1 \cdot 240} \Rightarrow p = 0,915$$

$$\bar{X}_n = 1 + 0,0144 \cdot 3,1 \cdot 240 = 11,71$$

### 8.2.3 Polimerização em cadeia por adição de radicais livres

A *polimerização em cadeia*, também denominada reação de adição, é uma reação em cadeia que envolve as etapas de iniciação, propagação e terminação. Na iniciação, forma-se um centro ativo que adiciona monômeros para o crescimento da cadeia e que pode ser aniônico, catiônico, radical livre ou complexo de coordenação. Esse centro ativo não pode ser usado de forma indiscriminada para todos os monômeros, razão pela qual aqui se discute apenas a cinética da polimerização pela adição de radicais livres.

Comparando-se com a polimerização em etapas estudada no item anterior, em que espécies de diferentes tamanhos reagem entre si para formar o polímero, verifica-se que na polimerização em cadeia somente o monômero pode reagir com as cadeias em crescimento, ou seja, duas cadeias em crescimento não podem se unir.

Em uma polimerização em cadeia pela adição de radicais livres, os dois grupos funcionais mais importantes são as ligações duplas do tipo carbono-carbono dos alcenos e do tipo carbono-oxigênio dos aldeídos e cetonas e, desses dois, de longe, o primeiro tipo é o mais importante. Normalmente, os monômeros utilizados apresentam a fórmula geral $CH_2 = CR_1R_2$. Alguns exemplos típicos são: etileno ($CH_2 = CH_2$), cloreto de vinila ($CH_2 = CHCl$), estireno ($CH_2 = CHC_6H_6$), acetato de vinila ($CH_2 = CHOOCCH_3$), acrilonitrila ($CH_2 = CHCN$) etc. Como exemplos típicos de polímeros de importância industrial obtidos pela polimerização em cadeia, têm-se polietileno (PE), polipropileno (PP), poliestireno (PS) etc.

Modelagem cinética **367**

### 8.2.3.1 Mecanismo da polimerização em cadeia

O mecanismo da polimerização em cadeia envolve iniciação, constituída de duas etapas – geração de radicais livres e formação de centros ativos –, propagação e terminação da cadeia.

#### Iniciação: geração de radicais livres

*Iniciação* é uma reação que produz radicais livres a partir de substâncias, denominadas iniciadores de cadeia, que são adicionadas à mistura reacional. Um iniciador de cadeia pode ser decomposto em radicais livres pelo aquecimento, pela ação da luz ou por outro meio e isso vai influenciar a velocidade de polimerização e as características do polímero produzido.

*Radicais livres* são espécies químicas que contêm um par de elétrons não emparelhado, são extremamente reativos durante a polimerização, reagem com monômeros que contêm ligação dupla, formam centros ativos que, por sua vez, reagem com outras moléculas monoméricas e produzem a cadeia macromolecular. Em razão da alta reatividade, esses radicais têm vida muito curta, mas eles devem permanecer estáveis tempo suficiente para reagir com uma molécula monomérica e formar um centro ativo.

Entre os iniciadores de polimerização utilizados comercialmente estão os peróxidos e os azocompostos alifáticos. No caso do peróxido de benzoíla (BPO), por ação de calor, ele se quebra em radicais benzoiloxil, que por sua vez se quebram em radicais fenilas e dióxido de carbono. Os radicais fenilas são os radicais livres ($R^\bullet = H_5C_6^\bullet$) que vão iniciar a polimerização.

$$C_6H_5COO - OOCC_6H_5 \xrightarrow{\Delta} 2C_6H_5COO^\bullet \xrightarrow{\Delta} 2H_5C_6^\bullet + 2CO_2 \qquad (8.54)$$

A reação (8.54) pode ocorrer a 60 °C em uma solução benzênica, porém nem todos os radicais formados são capazes de iniciar uma cadeia, pois podem ocorrer reações secundárias entre os radicais produzidos, por exemplo, entre dois radicais benzoiloxil, e recompor o peróxido de benzoíla (BPO).

$$2C_6H_5COO^\bullet \rightarrow C_6H_5COO - OOCC_6H_5 \qquad (8.55)$$

Ou, ainda, pode ocorrer entre dois radicais fenilas, entre um radical fenila e um radical benzoiloxil etc. Essas reações secundárias tendem a reduzir a eficiência das moléculas iniciadoras.

Os azocompostos podem ser decompostos em radicais livres tanto pela ação do calor como pela ação da luz. Por exemplo, o composto 2,2'-azo-bis-isobutironitrila (AIBN), à temperatura ambiente e pela ação de radiação ultravioleta, quebra-se em radicais cianopropilas e nitrogênio. Os radicais cianopropilas são radicais livres $[R^{\bullet} = (CH_3)_2 C^{\bullet}(CN)]$ que podem iniciar uma polimerização.

$$(CH_3)_2 C(CN)N = NC(CN)(CH_3)_2 \overset{hv}{\rightarrow} 2(CH_3)_2 C^{\bullet}(CN) + N_2 \qquad (8.56)$$

Assim como no caso anterior, os radicais formados, em razão do efeito do solvente que os mantém relativamente próximos, podem recombinar e reduzir a eficiência do iniciador. A fotólise permite um melhor controle da produção de radicais, pois a reação pode ser conduzida em temperaturas relativamente baixas e interrompida pela remoção da fonte de radiação.

Os radicais livres também podem ser produzidos a partir de reações de oxir-redução, particularmente importantes em polimerizações em emulsão, porque permitem conduzir a polimerização em temperaturas mais baixas. Por exemplo, a reação entre o peróxido de hidrogênio e o íon ferroso produz íons férricos e radicais hidroxilas em solução, de acordo com a seguinte reação:

$$Fe^{+2} + HOOH \rightarrow Fe^{+3} + OH + OH^{-} \qquad (8.57)$$

### Iniciação: formação do centro ativo

Uma vez formado o radical livre, o próximo passo do processo de iniciação é a formação do centro ativo. Para um radical livre do tipo $R^{\bullet}$ – Equação (8.54) ou (8.56) – e um monômero M, tem-se a formação do centro ativo $RM_1^{\bullet}$, ou seja:

$$R^{\bullet} + M \rightarrow RM_1^{\bullet} \qquad (8.58)$$

Dessa forma, têm-se as duas equações químicas do processo de iniciação: a decomposição do iniciador – Equação (8.54) ou (8.56) – e a reação de adição da primeira molécula monomérica ao radical livre para formar o centro ativo propagador de cadeia, que vai formar a molécula polimérica – Equação (8.58).

Normalmente, os monômeros são moléculas vinílicas de fórmula geral $CH_2 = CHX$, onde X pode ser Cl, $C_6H_5$ etc. Assim, há duas possibilidades de reação com o radical $R^{\bullet}$.

# Modelagem cinética

$$R^{\bullet} + H_2C = C(X)H \rightarrow R - CH_2 - CXH^{\bullet} \tag{8.59}$$

$$R^{\bullet} + H_2C = C(X)H \rightarrow R - HC(X) - CH_2^{\bullet} \tag{8.60}$$

A quantidade relativa dos dois radicais produzidos – Equação (8.59) e (8.60) – depende da diferença entre as energias de ativação das duas reações. A energia de ativação da reação (8.60) é levemente maior que da reação (8.59), isso porque o grupo X, que normalmente é grande, tende a dificultar a aproximação do radical $R^{\bullet}$. A energia de ativação mais baixa na reação (8.59) conduz à formação predominante de centros ativos do tipo $R-CH_2-CXH^{\bullet}$.

## Propagação

A *propagação* é uma reação que ocorre entre o centro ativo formado na etapa de iniciação e o monômero presente na mistura reacional. A partir do centro ativo $RM_1^{\bullet}$ formado na Equação (8.58), têm-se as seguintes reações de propagação:

$$RM_1^{\bullet} + M \rightarrow RM_2^{\bullet} \tag{8.61}$$

$$RM_2^{\bullet} + M \rightarrow RM_3^{\bullet} \tag{8.62}$$

$$RM_3^{\bullet} + M \rightarrow RM_4^{\bullet} \tag{8.63}$$

e assim por diante.

Genericamente, essas reações de propagação podem ser expressas como:

$$M_i^{\bullet} + M \rightarrow M_{i+1}^{\bullet} \tag{8.64}$$

O tempo médio de vida de uma cadeia em crescimento é muito pequeno, e centenas de adições podem ocorrer em poucos segundos. De fato, a adição de uma unidade monomérica à cadeia em crescimento pode ocorrer em apenas milésimos de segundo.

Quando os monômeros são moléculas vinílicas de fórmula geral $CH_2 = CHX$, assim como na reação entre os radicais ($R^{\bullet}$) e a primeira molécula monomérica (M), também há duas possibilidades para a ocorrência da adição, ou seja:

$$RCH_2 - CXH^{\bullet} + H_2C = C(X)H \rightarrow RCH_2CXH - CH_2 - CXH^{\bullet} \tag{8.65}$$

$$RCH_2 - CXH^{\bullet} + H_2C = C(X)H \rightarrow RCH_2CXH - CXH - CH_2^{\bullet} \qquad (8.66)$$

O primeiro tipo de adição – Equação (8.65) – é denominado adição "cabeça--calda" e o segundo tipo – Equação (8.66) – "cabeça-cabeça". Em razão do impedimento estérico, as reações de adição em polímeros vinílicos são predominantemente do tipo "cabeça-calda", dando um polímero que alternam as unidades $-CH_2-$ e $-CHX-$.

### Terminação

A *terminação* é uma reação que ocorre entre centros ativos ou cadeias em crescimento, que são radicais livres ou também denominados transportadores de cadeia formados pelas reações de propagação. Durante essa reação, duas cadeias em crescimento interagem entre si e tornam-se mutuamente terminadas, constituindo o produto final, o polímero.

Os dois mecanismos mais importantes de uma reação de terminação são a combinação e o desproporcionamento. Na reação de combinação, duas cadeias em crescimento unem-se para formar uma única molécula polimérica.

$$\sim CH_2 - CXH^{\bullet} + \sim CH_2 - CXH^{\bullet} \rightarrow \sim CH_2CXH - CXHCH_2 \sim \qquad (8.67)$$

De acordo com a Equação (8.67), a reação de combinação produz uma ligação "cabeça-cabeça".

Na reação de desproporcionamento, um átomo de hidrogênio é transferido de uma cadeia em crescimento para outra.

$$\sim CH_2 - CXH^{\bullet} + \sim CH_2 - CXH^{\bullet} \rightarrow \sim CH_2CXH_2 + CXH = CH \sim \qquad (8.68)$$

Nesse caso, as duas cadeias em crescimento tornam-se duas moléculas poliméricas, uma com um grupo terminal saturado e outra com um grupo terminal insaturado. Além disso, as moléculas finais apresentam fragmentos do iniciador em apenas um terminal, enquanto na terminação por combinação há fragmentos do iniciador em ambos os terminais da cadeia polimérica.

Em geral, verifica-se que ambos os tipos de terminação ocorrem em qualquer sistema em particular, mas em diferentes graus. Por exemplo, na polimerização do poliestireno, a terminação ocorre principalmente por combinação, enquanto

Modelagem cinética

na formação do poli (metacrilato de metila) obtido em temperaturas elevadas, a terminação se dá quase exclusivamente por desproporcionamento; já em temperaturas baixas, observam-se ambos os tipos de terminação.

Ressalta-se que a terminação pode ocorrer através de outros mecanismos, entre os quais a transferência de cadeia, a qual é discutida mais adiante.

### 8.2.3.2 Cinética da polimerização em cadeia

O tratamento cinético da polimerização em cadeia é feito separadamente para cada uma das três etapas (iniciação, propagação e terminação).

A equação química de decomposição de um iniciador (I), de acordo com as reações (8.54) ou (8.56), pode ser escrita como:

$$I \xrightarrow{k_i} 2R^{\bullet} \tag{8.69}$$

onde $k_i$ é a constante de velocidade de consumo ou decomposição de I e $R^{\bullet}$ é o radical livre. Assumindo-se que a reação (8.69) seja elementar e irreversível, a velocidade de consumo de I ($-R_I$) pode ser escrita como:

$$\left(-R_I\right) = -\frac{dC_I}{dt} = k_i C_I \tag{8.70}$$

onde $C_I$ é a concentração de iniciador. Para uma reação conduzida em reator batelada, com volume constante, que normalmente são os casos de polimerização, a partir da Equação (3.10), tem-se:

$$\frac{\left(-R_I\right)}{1} = \frac{R_{R^{\bullet}}}{2} \tag{8.71}$$

onde $R_{R^{\bullet}}$ é a velocidade de formação de radicais livres. Combinando-se as Equações (8.70) e (8.71), tem-se:

$$R_{R^{\bullet}} = \frac{dC_{R^{\bullet}}}{dt} = 2\left(-R_I\right) = 2k_i C_I \tag{8.72}$$

Uma vez formado o radical livre $R^{\bullet}$, em contato com o monômero M, inicia-se a formação de centros ativos ($RM_1^{\bullet}$), os quais também são radicais livres, ou seja:

$$R^{\bullet} + M \xrightarrow{k_r} RM_1^{\bullet} \qquad (8.73)$$

onde $k_r$ é a constante de velocidade de consumo de radicais livres ($R^{\bullet}$).

Assumindo-se como reação elementar e irreversível, a partir da Equação (8.73), as velocidades de consumo de $R^{\bullet}$ ou de monômero (M) podem ser expressas por:

$$\left(-R_{R^{\bullet}}\right) = \left(-R_M\right) = -\frac{dC_{R^{\bullet}}}{dt} = -\frac{dC_M}{dt} = k_r C_{R^{\bullet}} C_M \qquad (8.74)$$

onde $C_{R^{\bullet}}$ e $C_M$ são as concentrações de radicais livres e de monômeros, respectivamente.

As duas reações – Equações (8.69) e (8.73) – participam do processo de iniciação, mas a segunda – Equação (8.73) – é muito mais rápida que a primeira, $k_r \gg k_i$; assim, a velocidade de formação de centros ativos é controlada pela reação de formação de radicais livres – Equação (8.69) –, que é a etapa mais lenta. Além disso, verifica-se que a quantidade de monômeros consumida durante a formação de centros ativos é muito pequena, podendo ser considerada desprezível. Em virtude disso, leva-se em conta apenas a reação de decomposição do iniciador – Equação (8.69). No entanto, é necessário considerar que nem todos os radicais formados na reação de decomposição vão iniciar uma cadeia; uma fração deles vai desaparecer em diferentes circunstâncias, por exemplo, pela recombinação direta de dois radicais, pela reação de um radical com oxigênio do ar, ou pela reação do radical com outra substância inibidora presente na mistura reacional. Em razão dessas perdas de radicais, a eficiência do iniciador não é 100%, então se introduz um fator de eficiência ($\varphi$) para levar em conta a quantidade efetiva de radicais livres produzidos. Com isso, a Equação (8.69) passa para a seguinte forma:

$$R_{R^{\bullet}} = \frac{dC_{R^{\bullet}}}{dt} = R_i = 2k_i \varphi C_I \qquad (8.75)$$

Em geral, a velocidade de formação de radicais livres, $R_{R^{\bullet}}$, é denominada velocidade de iniciação ($R_i$).

Uma vez formados os radicais livres, inicia-se a reação de propagação, na qual moléculas monoméricas são adicionadas à cadeia em crescimento até atingir um polímero do tamanho desejado. Tais cadeias em crescimento, de fato, também

Modelagem cinética

**373**

são radicais livres e aqui denotados por ($M_i^\bullet$). Com isso, a Equação (8.61) à (8.64) podem ser escritas como:

$$M_1^\bullet + M \xrightarrow{k_p} M_2^\bullet \tag{8.76}$$

$$M_2^\bullet + M \xrightarrow{k_p} M_3^\bullet \tag{8.77}$$

$$M_3^\bullet + M \xrightarrow{k_p} M_4^\bullet \tag{8.78}$$

$$\cdots \qquad \cdots \qquad \cdots$$

$$M_i^\bullet + M \xrightarrow{k_p} M_{i+1}^\bullet \tag{8.79}$$

onde $k_p$ é a constante de velocidade de consumo de reagentes, denominada constante de velocidade da reação de propagação. Como se observa, supôs-se que a constante $k_p$ é a mesma para todas as reações de crescimento de cadeia, o que significa dizer que se assumiu reatividade dos radicais livres $M_i^\bullet$ independente do tamanho da cadeia.

O monômero (M) é consumido tanto na reação de formação de centros ativos – Equação (8.73) – como nas reações de propagação – Equações (8.76) à (8.79) –, mas, como já foi dito anteriormente, a quantidade consumida de monômero na formação de centros ativos é muito pequena, podendo ser considerada desprezível. Assim, de acordo com a Equação (6.10), a velocidade resultante de consumo de monômero ($-R_M$) nas reações (8.76) a (8.79) é:

$$(-R_M) = -\frac{dC_M}{dt} = k_p C_M C_{M_1^\bullet} + k_p C_M C_{M_2^\bullet} + \dots + k_p C_M C_{M_i^\bullet} =$$

$$k_p C_M \left( C_{M_1^\bullet} + C_{M_2^\bullet} + \dots + C_{M_i^\bullet} \right) = k_p C_M \sum C_{M_i^\bullet} \tag{8.80}$$

onde $C_{M_1^\bullet}, C_{M_2^\bullet}, \cdots, C_{M_i^\bullet}$ são as concentrações dos radicais livres $M_1^\bullet, M_2^\bullet, \cdots, M_i^\bullet$, respectivamente, e $\sum C_{M_i^\bullet}$ é a concentração total de radicais livres ou cadeias em crescimento. A Equação (8.80) fornece a velocidade resultante de consumo de monômeros e, normalmente, é denominada velocidade de polimerização ($R_p$). Sua utilidade é limitada em razão da dificuldade em avaliar experimentalmente a concentração de radicais livres ($\Sigma C_{M_i^\bullet}$), cujo valor é muito baixo, da ordem de $10^{-8}$ mol/L. O que se faz é uma avaliação indireta desse termo eliminando-o da Equação (8.80).

A reação de terminação é bimolecular e pode ocorrer por combinação ou desproporcionamento. Genericamente, essas reações podem ser escritas como:

$$M_i^\bullet + M_j^\bullet \xrightarrow{k_{tc}} M_{i+j} \tag{8.81}$$

$$M_i^\bullet + M_j^\bullet \xrightarrow{k_{td}} M_i + M_j \tag{8.82}$$

onde $k_{tc}$ e $k_{td}$ são as constantes de velocidade das reações de terminação por combinação e desproporcionamento, respectivamente.

No processo de iniciação são formados dois radicais livres $R^\bullet$, que formam dois centros ativos ou duas cadeias em crescimento, as quais, no processo de terminação, são interrompidas ou por um ou por outro dos mecanismos apontados. Assim, para cada tipo de terminação deve-se escrever uma expressão da velocidade resultante do consumo de cadeias em crescimento e, para ambas, as equações são semelhantes, ou seja:

Para a terminação por combinação:

$$\left(-R_{M_i^\bullet}\right) = -\frac{dC_{M_i^\bullet}}{dt} = 2k_{tc} \sum C_{M_i^\bullet} \sum C_{M_j^\bullet} = 2k_{tc} \left(\sum C_{M_i^\bullet}\right)^2 \tag{8.83}$$

Para a terminação por desproporcionamento:

$$\left(-R_{M_i^\bullet}\right) = -\frac{dC_{M_i^\bullet}}{dt} = 2k_{td} \sum C_{M_i^\bullet} \sum C_{M_j^\bullet} = 2k_{td} \left(\sum C_{M_i^\bullet}\right)^2 \tag{8.84}$$

Supondo-se que a terminação ocorra por meio de ambos os mecanismos, simultaneamente, então se pode substituir $k_{tc} + k_{td}$ por uma constante de velocidade de terminação global $k_t$. Além disso, tendo em vista que as quantidades de radicais

Modelagem cinética

ativos i e j consumidas são iguais, a velocidade global da reação de terminação $(-R_t)$ pode ser expressa por:

$$\left(-R_t\right) = -\frac{dC_{M_i^\bullet}}{dt} = \text{Equação } (8.83) + \text{Equação } (8.84) = 2k_t \left(\sum C_{M_i^\bullet}\right)^2 \quad (8.85)$$

Valores típicos de $k_t$ estão entre $10^6$ e $10^8$ L/(mol · s); esses valores são bem superiores aos valores de $k_p$. Esse fato não impede a propagação, pois os centros ativos estão em concentrações muito baixas e também porque a velocidade de polimerização depende de raiz quadrada de $k_t$.

Tanto a Equação (8.80) como a Equação (8.85) dependem de $\sum C_{M_i^\bullet}$, cuja avaliação pode ser feita utilizando-se a hipótese de estado quase estacionário abordada no item 7.4.2. De acordo com essa hipótese, para o presente caso, a concentração de cadeias ativas em crescimento permanece quase constante durante a reação, ou seja, sua variação com o tempo torna-se e permanece igual a zero, $dC_{M_i^\bullet} / dt \approx 0$. Isso é o mesmo que dizer que a velocidade de iniciação é igual à velocidade de terminação, ou seja, $R_i = (-R_t)$. Com isso, a partir das Equações (8.75) e (8.85), tem-se:

$$2k_i \varphi C_I = 2k_t \left(\sum C_{M_i^\bullet}\right)^2$$

$$\sum C_{M_i^\bullet} = \left(\frac{k_i \varphi C_I}{k_t}\right)^{1/2} \quad (8.86)$$

A partir da Equação (8.86), de forma indireta, pode-se avaliar a concentração total de cadeias em crescimento $(\sum C_{M_i^\bullet})$. Substituindo-se o somatório da Equação (8.86) na Equação (8.80), tem-se:

$$\left(-R_M\right) = -\frac{dC_M}{dt} = R_p = \frac{k_p \left(k_i \varphi\right)^{1/2}}{\left(k_t\right)^{1/2}} C_M C_I^{1/2} \quad (8.87)$$

A Equação (8.87) apresenta a velocidade de consumo de monômeros ou velocidade de polimerização $(R_p)$ e pode ser expressa, por exemplo, em mol de monômero por unidade de volume e unidade de tempo.

Essa equação pode ser considerada um modelo cinético da polimerização em cadeia e, se desejado, pode-se integrá-la para obter $C_M = f(t)$. Para essa integração, é necessário dispor de $C_I = f(t)$, a qual é obtida pela integração da Equação (8.70).

$$\int_{C_{I0}}^{C_I} \frac{dC_I}{C_I} = -k_i \int_0^t dt$$

$$C_I = C_{I0} e^{-k_i t} \tag{8.88}$$

Substituindo-se $C_I$ da Equação (8.88) na Equação (8.87) e integrando, tem-se:

$$-\frac{dC_M}{dt} = \frac{k_p (k_i \varphi)^{1/2}}{(k_t)^{1/2}} C_M \left(C_{I0} e^{-k_i t}\right)^{1/2} = k_p C_M \left(\frac{C_{I0} k_i \varphi}{k_t}\right)^{1/2} e^{-\frac{k_i t}{2}}$$

$$-\int_{C_{M0}}^{C_M} \frac{dC_M}{C_M} = k_p \left(\frac{C_{I0} k_i \varphi}{k_t}\right)^{1/2} \int_0^t e^{-\frac{k_i t}{2}} dt$$

$$-\ln\left(\frac{C_M}{C_{M0}}\right) = \frac{2k_p}{k_t^{1/2}} \left(\frac{\varphi C_{I0}}{k_i}\right)^{1/2} \left(1 - e^{-\frac{k_i t}{2}}\right) \tag{8.89}$$

A Equação (8.89) fornece a concentração de monômeros em função do tempo de reação e possibilita o cálculo da quantidade de polímero produzida em termos de mol de monômero convertido em dado tempo e em dada temperatura.

Pode-se expressar a Equação (8.89) em termos de comprimento de cadeia cinética ($\bar{v}$) definido como o *número médio de monômeros que reagem com um centro ativo desde sua formação até sua terminação*, ou seja:

$$\bar{v} = \frac{\text{velocidade de adição de moléculas à cadeia em crescimento}}{\text{velocidade de formação de cadeia em crescimento}} =$$

$$\frac{\text{velocidade de propagação}}{\text{velocidade de iniciação}} = \frac{-\frac{dC_M}{dt}}{\frac{dC_{R^\bullet}}{dt}} \tag{8.90}$$

Modelagem cinética

**377**

Substituindo-se as Equações (8.72) e (8.80) na Equação (8.90), para $\varphi = 1$, tem-se:

$$\overline{v} = \frac{k_p C_M \displaystyle\sum C_{M_i^\bullet}}{2k_i C_I} = \frac{k_p C_M}{2\left(k_i k_t\right)^{1/2} C_I^{1/2}}$$

(8.91)

A Equação (8.91) mostra que o número médio de monômeros convertidos em polímero por radical é diretamente proporcional à concentração de monômero e inversamente proporcional à concentração de iniciador.

Também se pode expressar a Equação (8.89) em termos de grau de polimerização médio numérico do polímero ($\overline{X}_n$), o qual, para esse caso, em qualquer instante, é a razão entre a velocidade de consumo de monômero e a velocidade de produção de uma molécula polimérica completa, ou seja:

$$\overline{X}_n = \frac{-dC_M/dt}{dC_{polímero}/dt}$$

(8.92)

A velocidade de formação do polímero que aparece no denominador da Equação (8.92) é obtida a partir da seguinte equação:

$$\frac{dC_{polímero}}{dt} = k_{tc}\left(\sum C_{M_j^\bullet}\right)^2 + 2k_{td}\left(\sum C_{M_i^\bullet}\right)^2$$

(8.93)

Substituindo-se as Equações (8.80) e (8.93) na Equação (8.92), tem-se:

$$\overline{X}_n = \frac{k_p C_M}{\left(k_{tc} + 2k_{td}\right)\displaystyle\sum C_{M_i^\bullet}}$$

(8.94)

Substituindo-se a Equação (8.86) na Equação (8.94) e considerando $\varphi = 1$ e que $k_t = k_{tc} + k_{td}$, obtém-se:

$$\overline{X}_n = \frac{k_p C_M \left(k_{tc} + 2k_{td}\right)^{1/2}}{\left(k_{tc} + 2k_{td}\right)\left(k_i C_I\right)^{1/2}}$$

(8.95)

Comparando-se as Equações (8.91) e (8.95), observa-se que:

a) quando a terminação ocorre apenas por desproporcionamento:

$$k_{tc} = 0 \quad e \quad k_t = k_{td} \Rightarrow \overline{X}_n = \overline{v} \tag{8.96}$$

b) quando a terminação ocorre apenas por combinação:

$$k_{td} = 0 \quad e \quad k_t = k_{tc} \Rightarrow \overline{X}_n = 2\overline{v} \tag{8.97}$$

### 8.2.3.3 Transferência de cadeia

Há casos em que a massa molar do polímero obtido é menor que aquela prevista experimentalmente quando se considera a terminação por combinação e desproporcionamento. Isso se deve a uma terminação prematura da cadeia em crescimento pela transferência de átomos de hidrogênio ou outro tipo, como halogênios, compostos como monômero, iniciador, solvente, polímero ou qualquer outra substância presente na mistura reacional. Essas reações de deslocamento de radicais são denominadas reações de transferência de cadeia e, genericamente, podem ser representadas por:

$$M_i^{\bullet} + T - H \xrightarrow{k_{tr}} M_iH + T \tag{8.98}$$

Na reação (8.98) verifica-se que foi transferido um átomo de hidrogênio do agente transferidor TH para o macrorradical $M_i^{\bullet}$, impedindo-o de continuar crescendo até formar a molécula polimérica do tamanho desejado. A influência dessa reação de transferência sobre o grau de polimerização do polímero pode ser avaliada a partir da velocidade de consumo de radicais $M_i^{\bullet}$ ou de agente transferidor TH na Equação (8.98).

$$\left(-R_{tr}\right) = k_{tr} C_{TH} \sum C_{M_i^{\bullet}} \tag{8.99}$$

onde $k_{tr}$ é uma constante de velocidade da reação de transferência, cuja grandeza depende da natureza de $M_i^{\bullet}$ e de TH, bem como da temperatura em que estiver sendo conduzida a reação.

Quando se leva em conta a reação de transferência de cadeia, a Equação (8.93) passa para a seguinte forma:

Modelagem cinética

$$\frac{dC_{polímero}}{dt} = k_{tc}\left(\sum C_{M_i^\bullet}\right)^2 + 2k_{td}\left(\sum C_{M_i^\bullet}\right)^2 + k_{tr}C_{TH}\sum C_{M_i^\bullet} \qquad (8.100)$$

A Equação (8.95) também muda para:

$$\frac{1}{\bar{X}_n} = \frac{k_{tc}\sum C_{M_i^\bullet}}{k_p C_M} + \frac{2k_{td}\sum C_{M_i^\bullet}}{k_p C_M} + \frac{k_{tr}C_{TH}}{k_p C_M} \qquad (8.101)$$

Considerando-se a transferência de cadeia a partir de um monômero (M), iniciador (I) ou solvente (S), a Equação (8.99), para cada um desses agentes transferidores, é escrita como:

$$\text{Monômetro: } \left(-R_{trM}\right) = k_{trM}C_M\sum C_{M_i^\bullet} \qquad (8.102)$$

$$\text{Iniciador: } \left(-R_{trI}\right) = k_{trI}C_I\sum C_{M_i^\bullet} \qquad (8.103)$$

$$\text{Solvente: } \left(-R_{trS}\right) = k_{trS}C_S\sum C_{M_i^\bullet} \qquad (8.104)$$

Com isso, a Equação (8.101) passa a ser escrita como:

$$\frac{1}{\bar{X}_n} = \frac{k_{tc}\sum C_{M_i^\bullet}}{k_p C_M} + \frac{2k_{td}\sum C_{M_i^\bullet}}{k_p C_M} + K_M + K_I\frac{C_I}{C_M} + K_S\frac{C_S}{C_M} \qquad (8.105)$$

onde $K_M = k_{trM}/k_p$, $K_I = k_{trI}/k_p$ e $K_S = k_{trS}/k_p$ são denominadas constantes de transferência de cadeia.

Na prática, a Equação (8.105) não é tão abrangente quanto parece à primeira vista. Por exemplo, na polimerização em massa do estireno $C_S = 0$, $k_{td} = 0$ e $C_I$ são tão pequenos que podem ser considerados desprezíveis. Assim, a Equação (8.105) só é significativa quando a transferência ocorrer a partir do monômero.

No caso de iniciadores de cadeia como peróxidos, apesar de muitos deles serem agentes transferidores de cadeia muito ativos, por estarem em quantidades muito pequenas, quase não causam efeitos sobre o valor de $\bar{X}_n$. Por exemplo, na terminação por transferência entre um centro ativo e um iniciador, o valor da concentração do iniciador ($C_I$) varia de $10^{-4}$ a $10^{-2}$ mol/L e o termo $C_I/C_M$ da Equação (8.105) varia de $10^{-5}$ a $10^{-3}$. O valor de $K_I$ da Equação (8.105) varia de zero para azocompostos até próximo de um para hidroperóxidos.

Se a transferência de cadeia for desprezível para todos os demais componentes do sistema reacional, exceto para o iniciador, a Equação (8.105) pode ser combinada com a Equação (8.80) e rearranjada da seguinte forma:

$$\frac{1}{\bar{X}_n} - \frac{k_{tc}\sum C_{M_i^\bullet}}{k_p C_M} - \frac{2k_{td}\sum C_{M_i^\bullet}}{k_p C_M} = K_I \frac{C_I}{C_M}$$

$$\frac{1}{\bar{X}_n} - \frac{k_{tc}\left(-R_M\right)}{\left(k_p\right)^2\left(C_M\right)^2} - \frac{2k_{td}\left(-R_M\right)}{\left(k_p\right)^2\left(C_M\right)^2} = K_I \frac{C_I}{C_M} \tag{8.106}$$

A Equação (8.106) permite obter $(-R_M)$ e $\bar{X}_n$ em função de $C_I$ e $C_M$. Com diversos valores assim obtidos, pode-se elaborar um gráfico do primeiro membro da Equação (8.106) em função de $1/C_M$, a partir do qual se pode avaliar $K_I$ e, consequentemente, obter a equação cinética experimental para esse caso.

### 8.2.3.4 Efeitos da temperatura sobre a polimerização

A polimerização em cadeia envolve três reações: iniciação, propagação e terminação, cujas constantes de velocidade $k_i$, $k_p$ e $k_t$, respectivamente, podem ser relacionadas à temperatura pela equação de Arrhenius – Equação (3.38).

$$k_i = A_i e^{(-E_i/RT)} \tag{8.107}$$

$$k_p = A_p e^{(-E_p/RT)} \tag{8.108}$$

$$k_t = A_t e^{(-E_t/RT)} \tag{8.109}$$

onde $A_i$, $A_p$ e $A_t$ são os fatores de frequência; $E_i$, $E_p$ e $E_t$ são as energias de ativação das etapas de iniciação, propagação e terminação, respectivamente. Os valores desses parâmetros relatados na literatura são bem diversificados e variam com temperatura e outras condições reacionais. Por exemplo, para o iniciador 2,2′-azo-bis-isobutironitrila,

# Modelagem cinética

**381**

quando a reação de iniciação é realizada em solvente benzeno e temperatura de 40 °C, $A_i = 18,35 \cdot 10^{13}\,s^{-1}$ e $E_i = 123,4$ kJ/mol, com o mesmo solvente na temperatura de 37 °C, $A_i = 144,40 \cdot 10^{13}\,s^{-1}$ e $E_i = 128,9$ kJ/mol, e com o solvente tetracloreto de carbono a 40 °C, $A_i = 56,09 \cdot 10^{13}\,s^{-1}$ e $E_i = 128,4$ kJ/mol. É óbvio que, ao mudar o iniciador, os valores também mudam, para o peróxido de benzoíla em benzeno e 30 °C, $A_i = 52,40 \cdot 10^{13}\,s^{-1}$ e $E_i = 116,3$ kJ/mol (BRANDRUP; IMMERGUT; GRULKE, 1999).

Tendo em vista que variações de temperatura influenciam os parâmetros $k_i$, $k_p$ e $k_t$, então tais variações também influenciam a velocidade e o grau de polimerização. Para verificar a dependência da velocidade de polimerização com a temperatura, para $\varphi = 1$, pode-se combinar a Equação (8.87) com as Equações (8.107) a (8.109), ou seja:

$$\left(-R_M\right) = R_p = -\frac{dC_M}{dt} = \frac{k_p \left(k_i\right)^{1/2}}{\left(k_t\right)^{1/2}} C_M C_I^{1/2} =$$

$$\frac{A_p A_i^{1/2}}{A_t^{1/2}} \exp\left(-\frac{\frac{E_i}{2} + E_p - \frac{E_t}{2}}{RT}\right) C_M C_I^{1/2} = \frac{A_p A_i^{1/2}}{A_t^{1/2}} \exp\left(-\frac{E_{R_p}}{RT}\right) C_M C_I^{1/2} \quad (8.110)$$

onde $E_{Rp} = E_p + E_i/2 - E_t/2$ é a energia de ativação global de polimerização. Conhecendo-se os valores das energias de ativação de cada uma das etapas individualmente, pode-se calcular a energia de ativação global.

Para avaliar a influência da temperatura sobre o grau de polimerização, pode-se usar a Equação (8.95), para a qual, considerando que a terminação ocorre apenas por combinação, $k_{td} = 0$ e $k_{tc} = k_t$, tem-se:

$$\bar{X}_n = \frac{k_p C_M \left(k_t\right)^{1/2}}{k_t \left(k_i C_I\right)^{1/2}} = \frac{k_p C_M}{\left(k_t k_i C_I\right)^{1/2}} \quad (8.111)$$

Combinando-se a Equação (8.111) com a Equação (8.107) à (8.109), tem-se:

$$\bar{X}_n = \frac{A_p}{\left(A_i A_t\right)^{1/2}} \exp\left(\frac{\frac{E_i}{2} + \frac{E_t}{2} - E_p}{RT}\right) \frac{C_M}{C_I^{1/2}} \quad (8.112)$$

De acordo com a Equação (8.31), o grau de polimerização está relacionado à massa molar média numérica do polímero ($\bar{M}_n$), ou seja:

$$\bar{M}_n = \bar{X}_n M_0 \qquad (8.113)$$

onde $M_0$ é a massa molar da unidade química repetida.

Analisando-se a Equação (8.92), observa-se que o grau de polimerização médio numérico $(\bar{X}_n)$ é inversamente proporcional à velocidade de polimerização em dada concentração de monômero e esta, de acordo com a Equação (8.110), aumenta com a elevação da temperatura. Assim, ao aumentar a temperatura, eleva-se a velocidade de polimerização, reduz-se o grau de polimerização e, de acordo com a Equação (8.113), reduz-se a massa molar média do polímero formado. Esses efeitos são consequências da forte dependência que a velocidade de decomposição de iniciadores químicos tem da temperatura, ou seja, aumentos de temperatura provocam aumentos na velocidade de iniciação, elevando a velocidade de transferência de cadeias e, consequentemente, diminuindo a massa molar do polímero. A partir dessa análise, verifica-se que, em uma polimerização por adição de radicais livres, não é possível aumentar a velocidade e o grau de polimerização simultaneamente.

É importante destacar que, se a temperatura aumentar acima de determinado valor, surge uma reação reversa denominada reação de despropagação, ou seja:

propagação: $M_i + M \overset{k_p}{\rightarrow} M_{i+1}$

despropagação: $M_{i+1} \overset{k_{dp}}{\rightarrow} M_i + M$

onde $k_{dp}$ é a constante de velocidade da reação de despropagação. Assim, de uma forma mais geral, a polimerização deve ser tratada como uma reação reversível, ou seja, o monômero é consumido na reação de propagação e formado na reação de despropagação. Com isso, a velocidade resultante do consumo de monômero é dada por:

$$\left(-R_M\right) = -\frac{dC_M}{dt} = k_p C_M \sum C_{M_i^\bullet} - k_{dp} \sum C_{M_i^\bullet} \qquad (8.114)$$

Sendo uma reação reversível, em dada temperatura, as velocidades das duas etapas, propagação e despropagação, igualam-se, e a velocidade resultante é zero, ou seja:

$$\left(-R_M\right) = -\frac{dC_M}{dt} = 0 \Rightarrow K = \frac{k_p}{k_{dp}} = \frac{1}{C_{Me}} \qquad (8.115)$$

onde $K$ e $C_{Me}$ são a constante e a concentração de equilíbrio, respectivamente.

Modelagem cinética **383**

A temperatura na qual as velocidade de propagação e despropagação se igualam é denominada *temperatura de teto* ($T_c$). Acima dessa temperatura não é possível obter polímeros com massas molares elevadas. Essa temperatura pode ser elevada pelo aumento da concentração de monômero e, quanto mais puro o monômero, mais elevado é esse valor. Alguns valores são: monômeros $\alpha$-metil-estireno, $T_c = 334$ K; estireno, $T_c = 583$ K; e metacrilato de metila, $T_c = 493$ K.

### 8.2.3.5 Determinação experimental das constantes individuais $k_i$, $k_p$ e $k_t$

Em análise e projeto de processos de polimerização, é interessante prever a velocidade de reação e o grau de polimerização, o que é possível a partir das Equações (8.87) e (8.95) se forem conhecidos os valores de $k_i$, $k_p$ e $k_t$.

Para calcular $k_i$ pode-se utilizar a meia-vida do iniciador ($t_{1/2}$), ou seja, o tempo necessário para que sua concentração se reduza à metade do valor inicial. Utilizando-se $t = t_{1/2}$ e $C_I = C_{I0}/2$ na Equação (8.88), obtém-se:

$$\ln\left(\frac{C_{I0/2}}{C_{I0}}\right) = -k_i t_{1/2}$$

$$k_i = \frac{\ln 2}{t_{1/2}} \tag{8.116}$$

Na Tabela 8.1 estão apresentados alguns valores da constante de velocidade da reação de iniciação em diversas temperaturas.

**Tabela 8.1** – Constante de velocidade de alguns iniciadores em solução de benzeno*.

| Iniciador | $k_i$ (s$^{-1}$) | | | |
|---|---|---|---|---|
| | 50 °C | 60 °C | 70 °C | 80 °C |
| 2,2′-azo-bis-isobutironitrila | $2{,}085 \cdot 10^{-6}$ | $8{,}45 \cdot 10^{-6}$ | $3{,}166 \cdot 10^{-6}$ | – |
| peróxido de benzoíla | – | $2{,}76 \cdot 10^{-6}$ | $1{,}38 \cdot 10^{-5}$ | $4{,}80 \cdot 10^{-5}$ |
| peróxido de acetila | $1{,}1 \cdot 10^{-6}$ | – | $2{,}38 \cdot 10^{-5}$ | $8{,}7 \cdot 10^{-5}$ |

* Brandrup; Immergut; Grulke, 1999.

Dispondo-se de dados experimentais de $C_M$ e $C_I$ em função do tempo, além de $k_i$, pode-se calcular $R_i$ e $R_p$. A partir desses dados, pode-se calcular a relação $k_p/k_t^{1/2}$ combinando-se as Equações (8.75) e (8.86) e substituindo-se o resultado na Equação (8.80), ou seja:

$$\sum C_{M_i^\bullet} = \left( \frac{k_i \varphi C_I}{k_t} \right)^{1/2} = \left( \frac{R_i}{2k_t} \right)^{1/2} \tag{8.117}$$

$$R_p = k_p C_M \sum C_{M_i^\bullet} = k_p C_M \left( \frac{R_i}{2k_t} \right)^{1/2} = \frac{k_p}{k_t^{1/2}} \left( \frac{R_i}{2} \right)^{1/2} C_M \tag{8.118}$$

Utilizando-se dados experimentais de $R_p = f(C_M)$, a partir da Equação (8.118), pode-se realizar uma análise de regressão para obter a relação $k_p/k_t^{1/2}$. O valor individual da constante $k_p$ pode ser obtido experimentalmente pelo método da polimerização por pulso de *laser* (PLP) em combinação com o método de cromatografia por exclusão de tamanho (SEC) (BUBACK; VAN HERK, 2007). Dispondo-se do valor de $k_p$, a partir da relação $k_p/k_t^{1/2}$, calcula-se $k_t$.

Na Tabela 8.2 estão apresentados alguns valores das constantes de velocidade das reações de propagação ($k_p$) e terminação ($k_t$) de alguns monômeros.

As equações que foram apresentadas são muito úteis para organizar e gerar dados, mas, na prática, para muitas polimerizações por adição de radicais livres, há desvios em maior ou menor grau. Isso pode ocorrer porque tais equações foram deduzidas com base em hipóteses que não são completamente verdadeiras ou não são válidas, como é o caso da hipótese de estado quase estacionário.

De acordo com a Equação (8.87), a velocidade de polimerização varia com $C_M$ e $C_I^{1/2}$, mas, em velocidades de iniciação elevadas, alguns radicais primários obtidos da decomposição do iniciador podem terminar as cadeias em crescimento. Essa terminação primária altera o expoente de $C_M$ para valores superiores a 1 e de $C_I$ para valores inferiores a 0,5.

No desenvolvimento das equações, admitiu-se que a velocidade de terminação é independente do tamanho dos radicais envolvidos na reação, mas, de fato, quanto maior o radical, menor sua mobilidade na mistura reacional, e isso influencia a referida velocidade. À medida que a reação avança e o polímero é formado, a viscosidade da mistura reacional aumenta; com isso, torna-se mais difícil o encontro de dois radicais livres para a terminação da cadeia, mas pouco altera a possibilidade

Modelagem cinética

de encontro de um radical livre com um monômero para a propagação da cadeia. Portanto, o aumento da viscosidade da mistura reacional reduz a velocidade de terminação, mas não afeta ou afeta muito pouco as reações de iniciação e propagação, as quais continuam ocorrendo quase com a mesma velocidade, provocando um aumento na concentração de cadeias em crescimento. Como as reações de adição são exotérmicas, a temperatura da mistura reacional aumenta, elevando ainda mais a velocidade dessas reações. Esse fenômeno é conhecido como *autoaceleração* ou *efeito Trommsdorff-Norrish ou efeito gel* (RUDIN, 1982; YOUNG, 1983).

**Tabela 8.2** – Valores de $k_p$ e $k_t$ de alguns monômeros em duas temperaturas[*].

| Monômero | Temperatura (ºC) | $k_p$ [L/(mol·s)] | $k_t \cdot 10^{-6}$ [L/(mol·s)] |
|---|---|---|---|
| etileno | 83 | $470 \pm 30$ | $1050 \pm 50$ |
| | 130 | 5400 | 200 |
| acriloamida | 19 | 8200 | 5,5 |
| | 26 | 220 | 1,0 |
| acetato de vinila | 15 | 795 | 46 |
| | 25 | 4600 | 220 |
| estireno | 15 | $40 \pm 20$ | $80 \pm 40$ |
| | 30 | 106 | 108 |

[*] Brandrup; Immergut; Grulke, 1999.

Levando-se em conta esses fatos, observa-se que $k_t$ não é uma função simples da temperatura como está expressa na Equação (8.109). Por exemplo, a modelagem da polimerização do estireno $k_t$ depende da temperatura, do tipo e da concentração ($C_I$) de iniciador, da concentração de monômeros ($C_M$), da massa molar do polímero etc. (BRANDRUP; IMMERGUT; GRULKE, 1999; HUI; HAMIELEC, 1972; TEFERA et al., 1994).

---

**Exemplo 8.6   Influência da temperatura na velocidade e no grau de polimerização.**

---

Considere que as constantes de velocidade da polimerização por adição de radicais livres do estireno em benzeno iniciada pelo composto 2,2′-azo-bis-isobutironitrila (AIBN) possam ser representadas pelas equações:

$$k_i = 10^{15,2} \cdot \exp(-128960/RT)(s^{-1}) \tag{E8.6.1}$$

$$k_p = 10^{8,21} \cdot \exp(-36100/RT)(L/mol \cdot s) \tag{E8.6.2}$$

$$k_t = 10^9 \cdot \exp(-12100/RT)(L/mol \cdot s) \tag{E8.6.3}$$

onde T é a temperatura absoluta (K) e R = 8,3145 J/(mol · K). Calcule a variação de velocidade e grau de polimerização ao aumentar a temperatura de 50 °C para 70 °C. Admita que as concentrações de monômero e iniciador e o mecanismo de terminação não sejam influenciados pelo aumento de temperatura.

***Solução:***

A influência da temperatura sobre a velocidade de polimerização pode ser avaliada aplicando-se a Equação (8.110) às duas temperaturas sugeridas.

$$R_p = \left( \frac{A_p A_i^{1/2} C_M C_I^{1/2}}{A_t^{1/2}} \right) \exp\left( -\frac{\frac{E_i}{2} + E_p - \frac{E_t}{2}}{RT} \right) = K \exp\left( -\frac{E_{R_p}}{RT} \right) \tag{E8.6.4}$$

onde $E_{R_p} = E_p + E_i/2 - E_t/2$ e K é uma constante que independe da temperatura. A partir dos dados fornecidos, tem-se:

$$E_{R_p} = E_p + \frac{E_i}{2} - \frac{E_t}{2} = 36100 + \frac{128960}{2} - \frac{12100}{2} = 94530 \ J/mol$$

Substituindo-se o valor $E_{R_p}$ na Equação (E8.6.4), para as duas temperaturas fornecidas, tem-se:

50 °C ou 323 K:

$$\left( R_p \right)_{50 \,°C} = K \exp\left( -\frac{94530}{8,314 \cdot 323} \right) \tag{E8.6.5}$$

70 °C ou 343 K:

$$\left( R_p \right)_{70 \,°C} = K \exp\left( -\frac{94530}{8,314 \cdot 323} \right) \tag{E8.6.6}$$

Modelagem cinética **387**

Dividindo-se a Equação (E8.6.6) pela Equação (E8.6.5), tem-se:

$$\frac{\left(R_p\right)_{70\ ^\circ C}}{\left(R_p\right)_{50\ ^\circ C}} = \frac{K\exp\left(-\dfrac{94530}{8,314\cdot 343}\right)}{K\exp\left(-\dfrac{94530}{8,314\cdot 323}\right)} = 7,8$$

Portanto, a velocidade de polimerização a 70 °C é 7,8 vezes maior que a velocidade a 50 °C. Para avaliar a influência da temperatura sobre o grau de polimerização, utiliza-se a Equação (8.112).

$$\overline{X}_n = \left(\frac{A_p}{\left(A_i A_t\right)^{1/2}}\frac{C_M}{C_I^{1/2}}\right)\exp\left(\frac{\frac{E_i}{2}+\frac{E_t}{2}-E_p}{RT}\right) =$$

$$K\cdot\exp\left(\frac{\frac{128960}{2}+\frac{12100}{2}-36100}{RT}\right) = K\cdot\exp\left(\frac{34430}{RT}\right) \qquad (E8.6.7)$$

Aplicando a Equação (E8.6.7) para as duas temperaturas fornecidas e dividindo-se os resultados, obtém-se:

$$\frac{\left(\overline{X}_n\right)_{70\ ^\circ C}}{\left(\overline{X}_n\right)_{50\ ^\circ C}} = \frac{K\exp\left(-\frac{34430}{8,314\cdot 343}\right)}{K\exp\left(-\frac{34430}{8,314\cdot 323}\right)} = 0,474$$

Portanto, o grau de polimerização a 50 °C é 2,11 vezes maior que o grau de polimerização a 70 °C. A partir desses resultados, verifica-se que, ao aumentar a temperatura, aumenta-se a velocidade e diminui-se o grau de polimerização.

## 8.3 Transesterificação

*Transesterificação* é uma reação em que um álcool desloca o resíduo de outro álcool de um éster, transformando-o em outro éster. Essa reação também é denominada alcoólise e é semelhante à hidrólise, exceto pelo fato de que, no lugar de água, usa-se álcool. De maneira geral, uma transesterificação pode ser representada pela seguinte equação química:

$$R_I COOR_2 + R_3 OH \overset{\text{catalis.}}{\rightleftarrows} R_I COOR_3 + R_2 OH \qquad (8.119)$$

onde $R_1$, $R_2$ e $R_3$ representam cadeias carbônicas. A transesterificação é uma reação catalisada por ácidos, bases ou outro tipo de catalisador e, por ser uma reação reversível, tende a atingir um equilíbrio. Para deslocar esse equilíbrio e favorecer a formação de um novo éster, é necessário adicionar um grande excesso de álcool em relação à quantidade estequiométrica ou remover um dos produtos da reação na medida em que ele vai sendo formado. Quando é viável, o segundo método é o mais indicado, visto que pode levar a um nível de conversão total.

Nos últimos anos esse tipo de reação adquiriu grande destaque, isso porque passou a ser usado como uma das rotas mais importantes para a produção de ésteres metílico ou etílico, denominado biodiesel.

Nesse processo de produção de biodiesel, óleos e gorduras constituídos principalmente de triglicerídeos são transesterificados cataliticamente por álcoois metílicos ou etílicos. A catálise básica é a opção mais viável, e os catalisadores básicos mais usados são o hidróxido de sódio (NaOH), o hidróxido de potássio (KOH) ou os alquilatos, o metóxido de sódio ($CH_3ONa$) ou o etóxido de sódio ($CH_3CH_2ONa$) (SILVEIRA, 2011).

### 8.3.1 Mecanismo da transesterificação

Atualmente, é bem-aceito que o mecanismo da transesterificação de triglicerídeos por álcoois catalisada por álcalis envolve várias etapas, o que gera, como produtos intermediários, mono e diglicerídeos, e produtos finais ésteres alquílicos e glicerol ou glicerina (ECKEY, 1956; SRIDHARAN; MATHAI, 1974).

De forma simplificada o mecanismo da transesterificação de óleos e gorduras por álcoois primários catalisada por álcalis pode ser representada por três etapas reversíveis.

$$T + A \underset{k_2}{\overset{k_1}{\rightleftarrows}} E + D \qquad (8.120)$$

$$D + A \underset{k_4}{\overset{k_3}{\rightleftarrows}} E + M \qquad (8.121)$$

Modelagem cinética **389**

$$M + A \underset{k_6}{\overset{k_5}{\rightleftarrows}} E + G \tag{8.122}$$

onde T, A, E, M, D e G são triglicerídeos, álcool, éster, monoglicerídeos, diglicerídeos e glicerol, respectivamente. As constantes de velocidade $k_1$ e $k_2$, $k_3$ e $k_4$, $k_5$ e $k_6$, referem-se às etapas direta e reversa das reações (8.120), (8.121) e (8.122), respectivamente. O mecanismo detalhado pode ser encontrado na literatura indicada no final do capítulo (SILVEIRA, 2011).

A reação global é obtida pela soma das três etapas, Equações (8.120) a (8.122), e o resultado é o seguinte:

$$T + 3A \overset{NaOH}{\rightleftarrows} 3E + G \tag{8.123}$$

### 8.3.2 Caracterização matemática da transesterificação

Para obter as equações diferenciais de todos os componentes das três etapas reversíveis – Equações (8.120), (8.121) e (8.122) –, segue-se o mesmo procedimento apresentado no E6.2 do capítulo 6.

a) enumeram-se todas as etapas, observando que, por serem reversíveis, cada uma das reações – Equações (8.120) a (8.122) – deve ser representada por duas etapas;

b) a partir da Equação (6.8), obtêm-se as expressões das leis de velocidade de reação para cada etapa;

c) a partir da Equação (6.7), obtêm-se as velocidades de consumo e formação de todos os componentes envolvidos;

d) a partir da Equação (6.10), obtém-se a equação da velocidade resultante de consumo ou formação de cada componente ($R_j$);

e) finalmente, obtêm-se as equações cinéticas.

etapa (1): $T + A \overset{k_1}{\to} E + D$

etapa (2): $E + D \overset{k_2}{\to} T + A$

etapa (3): $D + A \xrightarrow{k_3} E + M$

etapa (4): $E + M \xrightarrow{k_4} D + A$

etapa (5): $M + A \xrightarrow{k_5} E + G$

etapa (6): $E + G \xrightarrow{k_6} M + A$

A partir da Equação (6.8), para as etapas de (1) a (6), têm-se:

$$r_1 = k_1 C_T C_A \tag{8.124}$$

$$r_2 = k_2 C_E C_D \tag{8.125}$$

$$r_3 = k_3 C_D C_A \tag{8.126}$$

$$r_4 = k_4 C_E C_M \tag{8.127}$$

$$r_5 = k_5 C_M C_A \tag{8.128}$$

$$r_6 = k_6 C_E C_G \tag{8.129}$$

A partir da Equação (6.7), para as etapas de (1) a (6), têm-se:

$$\left(-R_{1T}\right) = \left(-R_{1A}\right) = R_{1E} = R_{1D} = k_1 C_T C_A \tag{8.130}$$

$$\left(-R_{2E}\right) = \left(-R_{2D}\right) = R_{2T} = R_{2A} = k_2 C_E C_D \tag{8.131}$$

$$\left(-R_{3D}\right) = \left(-R_{3A}\right) = R_{3E} = R_{3M} = k_3 C_D C_A \tag{8.132}$$

$$\left(-R_{4E}\right) = \left(-R_{4M}\right) = R_{4D} = R_{4A} = k_4 C_E C_M \tag{8.133}$$

# Modelagem cinética

$$\left(-R_{5M}\right) = \left(-R_{5A}\right) = R_{5E} = R_{5G} = k_5 C_M C_A \qquad (8.134)$$

$$\left(-R_{6E}\right) = \left(-R_{6G}\right) = R_{6M} = R_{6A} = k_6 C_E C_G \qquad (8.135)$$

A partir da Equação (6.10), para cada componente, têm-se:

$$R_T = R_{1T} + R_{2T} + R_{3T} + R_{4T} + R_{5T} + R_{6T} = R_{1T} + R_{2t} \qquad (8.136)$$

$$R_A = R_{1A} + R_{2A} + R_{3A} + R_{4A} + R_{5A} + R_{6A} \qquad (8.137)$$

$$R_E = R_{1E} + R_{2E} + R_{3E} + R_{4E} + R_{5E} + R_{6E} \qquad (8.138)$$

$$R_D = R_{1D} + R_{2D} + R_{3D} + R_{4D} \qquad (8.139)$$

$$R_M = R_{3M} + R_{4M} + R_{5M} + R_{6M} \qquad (8.140)$$

$$R_G = R_{5G} + R_{6G} \qquad (8.141)$$

onde $R_{3T} = R_{4T} = R_{5T} = R_{6T} = 0$, $R_{5D} = R_{6D} = 0$, $R_{1M} = R_{2M} = 0$ e $R_{1G} = R_{2G} = R_{3G} = R_{4G} = 0$. Isso ocorreu porque não há contribuições dos componentes T nas etapas (3), (4), (5) e (6), de D nas etapas (5) e (6), de M nas etapas (1) e (2) e de G nas etapas (1), (2), (3) e (4).

A partir da Equação (6.12) ou da (6.13), têm-se as equações cinéticas de cada componente, ressaltando-se que T e A são reagentes, ou seja, estão sendo consumidos durante a reação. Por isso, trata-se de velocidade resultante de consumo, Equação (6.13); os demais estão sendo formados, então trata-se de velocidade resultante de formação – Equação (6.12).

$$\left(-R_T\right) = -\frac{dC_T}{dt} = \left(-R_{1T}\right) + \left(-R_{2T}\right)$$

$$-\frac{dC_T}{dt} = k_1 C_T C_A - k_2 C_E C_D \qquad (8.142)$$

$$-\frac{dC_A}{dt} = k_1 C_T C_A - k_2 C_E C_D + k_3 C_D C_A - k_4 C_E C_M + k_5 C_M C_A - k_6 C_E C_G \quad (8.143)$$

$$\frac{dC_E}{dt} = k_1 C_T C_A - k_2 C_E C_D + k_3 C_D C_A - k_4 C_E C_M + k_5 C_M C_A - k_6 C_E C_G \quad (8.144)$$

$$-\frac{dC_A}{dt} = \frac{dC_E}{dt} \quad (8.145)$$

$$\frac{dC_D}{dt} = k_1 C_T C_A - k_2 C_E C_D - \left( k_3 C_D C_A - k_4 C_E C_M \right) \quad (8.146)$$

$$\frac{dC_M}{dt} = k_3 C_D C_A - k_4 C_E C_M - \left( k_5 C_M C_A - k_6 C_E C_G \right) \quad (8.147)$$

$$\frac{dC_G}{dt} = k_5 C_M C_A - k_6 C_E C_G \quad (8.148)$$

Dispondo-se de dados experimentais de velocidades de reação ($dC_j/dt$) e de concentrações de todos os componentes ($C_j$), resolve-se o sistema de equações constituído pela Equação (8.142) à (8.148) para obter os valores das constantes de velocidade $k_1$, $k_2$, $k_3$, $k_4$, $k_5$ e $k_6$. Isso pode ser feito por meio das diversas técnicas numéricas disponíveis (HOFFMAN, 2001; RICE; DO, 1995).

Uma vez obtidos os valores dessas constantes, tem-se um modelo cinético empírico válido para as condições reacionais usadas nos experimentos. Para ampliar a abrangência desse modelo, devem-se realizar outros experimentos em outras condições reacionais, e só então será obtido um modelo útil para fazer simulação e otimização de processo de produção desse produto biodiesel pela via da transesterificação.

### 8.3.3 Modelos cinéticos disponíveis na literatura

Na literatura consultada encontram-se diferentes modelos cinéticos para a transesterificação de triglicerídeos de óleos e gorduras do processo de produção de bio-

Modelagem cinética

**393**

diesel. Alguns deles são baseados na reação global – Equação (8.123) –, outros, no mecanismo de três etapas reversíveis – Equações (8.120) a (8.122) (SILVEIRA, 2011).

Noureddini e Zhu (1997) estudaram a cinética da transesterificação do óleo de soja com metanol, conduzindo a reação em um reator descontínuo, usando-se uma razão estequiométrica fixa de 6 mol de álcool por 1 mol de triglicerídeo (6:1), catalisador hidróxido de sódio com concentração igual a 0,2% em relação à massa de óleo, temperaturas com variação de 30 °C a 70 °C e níveis de agitação iguais a 150, 300 e 600 rpm.

Na temperatura de 50 °C e nível de agitação de 300 rpm, os autores obtiveram os seguintes valores para as constantes de velocidade (k) em (L/mol · min):

| Constante: | $k_1$ | $k_2$ | $k_3$ | $k_4$ | $k_5$ | $k_6$ |
|---|---|---|---|---|---|---|
| Valor: | 0,050 | 0,110 | 0,215 | 1,228 | 0,242 | 0,007 |

Com dados experimentais obtidos em diferentes temperaturas, os autores estimaram as energias de ativação $E_1$, $E_2$, $E_3$, $E_4$, $E_5$ e $E_6$ das etapas (1), (2), (3), (4), (5) e (6), respectivamente, pela Equação (3.47), usando n = 0, equação de Arrhenius e n = 1. Os resultados estão mostrados na Tabela 8.3.

**Tabela 8.3** – Energias de ativação para a transesterificação de óleo de soja com metanol a 50 °C, 300 rpm e razão molar álcool/óleo 6:1.

| Energia de ativação (cal/mol) | Equação de Arrhenius (n = 0) | Equação (3.47) (n = 1) |
|---|---|---|
| $E_1$ | 13145 | 11707 |
| $E_2$ | 9932 | 8482 |
| $E_3$ | 19860 | 18439 |
| $E_4$ | 14639 | 13433 |
| $E_5$ | 6421 | 7937 |
| $E_6$ | 9588 | 10992 |

A partir dos dados de k e E apresentados anteriormente e da equação de Arrhenius – Equação (3.38) –, foram avaliados os fatores de frequência de todas as etapas e, a partir da Equação (3.40), expressou-se as constantes de velocidade em função da temperatura (T).

$$\ln k_1 = 17,476 - \frac{6615,501}{T} \qquad (8.149)$$

$$\ln k_2 = 13,260 - \frac{4998,490}{T} \qquad (8.150)$$

$$\ln k_3 = 29,392 - \frac{9994,967}{T} \qquad (8.151)$$

$$\ln k_4 = 23,003 - \frac{7367,388}{T} \qquad (8.152)$$

$$\ln k_5 = 8,581 - \frac{3321,505}{T} \qquad (8.153)$$

$$\ln k_6 = 9,970 - \frac{4825,365}{T} \qquad (8.154)$$

Combinando-se as Equações (8.142) a (8.148) com as Equações (8.149) a (8.154) tem-se o modelo cinético da transesterificação do óleo de soja pelo metanol, catalisada por hidróxido de sódio em um reator descontínuo. Esse modelo pode ser usado para gerar valores das variáveis operacionais dentro do intervalo de condições reacionais utilizadas para sua dedução.

Para gerar valores, é possível usar técnicas numéricas disponíveis em vários programas computacionais, entre eles Polymath, MathCad, MatLab etc. Para os valores das constantes de velocidade $k_1$, $k_2$, $k_3$, $k_4$, $k_5$ e $k_6$, listados anteriormente, o resultado da solução realizada por meio do Polymath está apresentado na Figura 8.4.

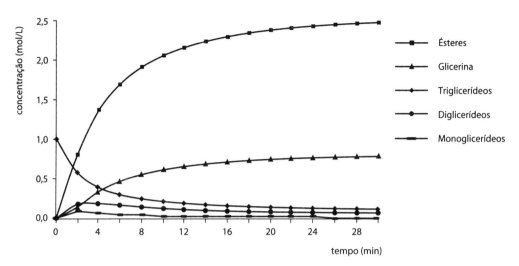

**Figura 8.4** – $C_T$, $C_D$, $C_M$, $C_E$ e $C_G$ = f(t), transesterificação do óleo de soja.

## Referências

BAILEY, J. E.; OLLIS, D. F. **Biochemical engineering fundamentals**. 2. ed. New York: McGraw-Hill Book Co., 1986. 984 p.

BRANDRUP, J.; IMMERGUT, E. H.; GRULKE, E. A. **Polymer handbook**. 4. ed. New York: Wiley Interscience, 1999. 2336 p.

BUBACK, M.; VAN HERK, A. M. **Radical polymerization:** kinetics and mechanism. Weinheim: Wiley-VCH, 2007. 268 p.

DORAN, P. M. **Bioprocess engineering principles**. New York: Academic Press, 1995. 439 p.

DUGGLEBY, R. G. Quantitative analysis of the time courses of enzyme-catalyzed reactions. **Methods**, v. 24, p. 168-174, 2001.

ECKEY, E. W. Esterification and interesterification. **Journal of the American Oil Chemists' Society**, v. 33, p. 575-579, 1956.

FLORY, P. J. **Principles of polymer chemistry**. New York: Cornell University Press, 1953. 682 p.

HOFFMAN, J. D. **Numerical methods for engineers and scientists**. 2. ed. New York: Marcel Dekker Inc., 2001. 840 p.

HUI, A. W.; HAMIELEC, A. E. Thermal polymerization of styrene at high conversions and temperatures. **Journal of Applied Polymer Science**, v. 16, p. 749-769, 1972.

LEATHERBARROW, R. J. Using linear and non-linear regression to fit biochemical data. **Trends in Biochemical Sciences**, v. 15, n. 12, p. 455-458, 1990.

NOUREDDINI, H.; ZHU, D. Kinetics of transesterification of soybean oil. **Journal of the American Oil Chemists' Society**, v. 74, n. 11, p. 1457-1463, 1997.

RANALDI, F.; VANNI, P.; GIACHETTI, E. What students must know about the determination of enzyme kinetic parameters. **Biochemical Education**, v. 27, p. 87-91, 1999.

RICE, G. R.; DO, D. D. **Applied mathematics and modeling for chemical engineers.** New York: John Wiley & Sons, 1995. 706 p.

RUDIN, A. **The elements of polymer science and engineering:** an introductory text for engineers and chemists. London: Academic Press, 1982. 485 p.

SEGEL, I. H. **Enzyme kinetics:** behavior and analysis of rapid equilibrium and steady-state enzyme systems. New York: John Wiley & Sons, 1993. 984 p.

SILVEIRA, B. I. **Produção de biodiesel:** análise e projeto de reatores químicos. São Paulo: Editora Biblioteca 24 horas, 2011. 416 p.

SRIDHARAN, R.; MATHAI, I. M. Transesterification reactions. **Journal of Scientific and Industrial Research**, v. 33, p. 178-187, 1974.

TEFERA, N.; WEICKERT, G.; BLOODWORTH, R.; SCHWEER, J. Free radical suspension polymerization kinetics of styrene up to high conversion. **Macromolecular Chemistry and Physics**, v. 195, p. 3067-3085, 1994.

YILDIRIM, N.; AKCAY, F.; OKUR, H.; YILDIRIM, D. Parameter estimation of nonlinear models in biochemistry: a comparative study on optimization methods. **Applied Mathematics and Computation**, v. 140, p. 29-36, 2003.

YOUNG, R. J. **Introduction to polymers.** New York: Chapman and Hall, 1983. 368 p.

# Índice remissivo

Amostragem, 174
Análise cinética, 165
Ar atmosférico, 62
Atividade, 34

Cálculo
   de projeto, 23
   estequiométrico, 41, 70
Centro ativo, 368
Cinética química, 13, 35
Circunvizinhança, 36
Coeficiente
   de expansão ($\in_A$), 79, 158
   estequiométrico, 53
Composição
   cálculo, 73
   cálculo no equilíbrio, 77
   mistura, 44
   mistura em equilíbrio, 32
   química, 44, 48
Concentração, 45

de estado quase estacionário, 312
de intermediários, 312
em função da conversão, 81
misturas gasosas, cálculo, 83
Consistência termodinâmica, 240, 241, 243
   verificação, 242
Constante
   de velocidade, relações, 107
   equilíbrio, 34, 35
   velocidade, 106, 116, 117
Conversão
   em polimerização, 360
   em reações compostas, 287
   fracional, 63, 64
   percentual, 64

Dados cinéticos, 173
Dados experimentais, 165
Densidade, 50
   estimativa, 52

Diagrama de coordenada de reação, 27
Diferenciação numérica, 183

Efeito Trommsdorff-Norrish, 385
Energia de ativação (E), 116
   avaliação, 118, 120
     reações irreversíveis, 123
     reações reversíveis, 127
Energia livre total de Gibbs, 34
Entalpia, 128
Entidade molecular, 14
Equação
   algébrica, 135
   Arrhenius, 116
   Carothers, 361
   Carothers modificada, 363
   cinética, 135
   estequiométrica, 22, 23, 53
   química, 15
   química balanceada, 22, 53
   química global, 22
   química, forma matricial, 54
   teoria molecular, 131
   van't Hoff, 128
Equilíbrio
   dinâmico, 307
   químico, 31, 36
Espécie química, 14
Estado de pré-equilíbrio, 307, 317
Estado pseudoestacionário, 338
Estado quase estacionário, 317
Estagio de reação, 15
Estequiometria, 41
Estudo cinético, 13
Etapa de reação, 15
Excesso de ar, 62
Excesso fracional, 60

Fator de frequência (A), 116
   cálculo, 118, 130
Fórmula
   diferenciação numérica, 185
   química, 42

Fração
   mássica, 45
   molar, 46
   molar de um gás ideal, 47
Frações parciais, 144
Fronteira, 36

Grau de avanço, 65
   máximo, 69
   no equilíbrio, 69
   reações compostas, 91
   relação com a conversão, 69
   vantagens e desvantagens, 66
Grau de polimerização, 351
   médio numérico, 352, 360
   médio ponderado, 352

Hipótese
   aproximação de pré-equilíbrio, 307, 310
   estado quase estacionário, 312, 316

Iniciação de uma reação, 154
Iniciador de cadeia, 367
Intermediários, 14, 291, 312
Interpolação de Lagrange, 185

Lei
   cinética, 106
   cinética, reação elementar, 107
   conservação da massa, 55
   conservação de átomos, 55
   da velocidade, 105
   de Dalton, 47
   velocidade de reações gasosas, 112
   velocidade de reações reversíveis, 114

Massa
   molar, 43
   molar média, 47
   molar média numérica, 352
   molar média ponderada, 352
   molecular, 42
   total, 45

Índice remissivo

Mecanismo, 13, 21
  composto, 22, 23
  em sequência aberta, 292
  em sequência fechada, 293
  simples, 22
Métodos experimentais, 165
Mistura reacional gasosa, 46
Modelagem cinética, 337
Modelo de integração, 139, 144, 146, 148,
  153, 162
Molecularidade, 16, 20, 21
Monitoramento de uma reação, 175
  métodos de fluxo, 181
  métodos de relaxamento, 181
  métodos específicos, 181
  métodos físicos, 176
  métodos químicos, 176

Nível de agitação, 174
Número
  de mols, 45
  estequiométrico, 54
  total de mols, 46, 70, 112

Operação, 36
  adiabática, 38
  isotérmica, 38
  não-isotérmica, 38
Ordem de reação, 17, 21
  global, 106
Oxigênio teórico, 62

Parâmetros cinéticos, avaliação, 191
  método das meias-vidas, 214, 216
  método das velocidades iniciais, 209,
    211
  método diferencial, 203, 205
  método do isolamento, 207, 208
  método dos mínimos quadrados, 218,
    220, 221
  método integral, 193, 196
  métodos diretos, 191, 192
Perfil de energia potencial, 27

reações elementares, 28
  reações em etapas, 28
Período de indução, 276
Planejamento experimental, 174
Polimerização, 350
  avaliação das constantes $k_i$, $k_p$ e $k_t$, 383
  caracterização do polímero, 351
  comprimento da cadeia, 376
  efeitos da temperatura, 380
  em cadeia, 350, 366
  em cadeia, mecanismo, 367
  em cadeia, tratamento cinético, 371
  em etapas, 350, 354
  em etapas com catalisador externo, 360
  em etapas por autocatálise, 358
  em etapas, mecanismo, 315
  em etapas, modelo cinético, 359
  em etapas, tratamento cinético, 357
  funcionalidade, 350
  monômero, 350
  polímero, 350
  polímero monodisperso, 351
  polímero polidisperso, 351
  temperatura de teto, 383
  tipos, 350
  transferência de cadeia, 378
Polinômio ajustado, 184
Pressão
  medidas e controle, 174
  parcial, 47
  parcial, relação com pressão total, 113
  total, 46
Princípio da reversibilidade microscópica,
  298
Processo, 36
  contínuo, 37
  descontínuo ou batelada, 37
  estado estacionário, 37
  estado transiente ou não-estacionário,
    37
  químico, 36
  semicontínuo, 37
Produtos, 15

Progresso de reação, 63
Projeto de processos químicos, 106
Proporção estequiométrica, 58
Pseudoordem de reação, 21

Radical livre, 366, 367
Rank de uma matriz, 90
Razão estequiométrica, 57
Reação química, 15
    caracterização matemática, 135
Reações
    condensação, 357
    dependentes e independentes, 87
    em cadeia, 293, 295
    em etapas, 15
    hetorogêneas, 28
    homogêneas, 28
    irreversíveis, 30
    tipos quanto à velocidade, 105
    uni- bi- e trimoleculares, 16
Reações compostas, 26, 86, 225
    caracterização matemática, 230
    determinação de parâmetros, 244
    equação cinética, 230, 231, 234
    lei de velocidade, 228
    princípio da independência, 229
    relação entre velocidades, 227
    restrições, 240
    velocidade de consumo, 226, 227
    velocidade de formação, 226, 227
    velocidade de reação, 226
    velocidade resultante, 228, 229
Reações elementares, 15, 23, 108
    $1^a$. ordem, 18, 109, 139, 141
    $2^a$. ordem, 18, 110, 142, 145, 147, 150
    $3^a$. ordem, 18, 151, 152, 154
    de volume constante, 136
    de volume variável, 157
    gasosas, 158, 159, 160, 162, 163
    ordem genérica n, 156
    ordem geral, 18
    ordem zero, 18, 108, 136, 138
    pseudoprimeira ordem, 142

Reações em etapas, 24, 291
    cloração do metano, 294
    decomposição do $N_2O_5$, 328, 331
    desenvolvimento de um mecanismo, 333
    equação de velocidade, 317
    hipóteses simplificadoras, 306
    mecanismo, 292
    síntese do HBr, 295, 323, 327
    síntese do HI, 319, 321
Reações em série, 27, 271
    irreversíveis, dois intermediários, 281
    irreversíveis, um intermediário, 272, 278
Reações em série-paralelas, 283
Reações enzimáticas, 338
    avaliação de $K_S$ e $V_{máx}$, 345, 347
    estado de pré-equilíbrio, 338
    estado quase estacionário, 338, 341
    modelagem cinética, 338
    modelo de Briggs- Haldane, 341
    modelo de Michaelis-Menten, 338, 339, 340
    relação de Haldane, 345
    reversíveis, 343
Reações paralelas, 26, 263
    irreversíveis, 263, 266, 269, 270
    irreversíveis e competitivas, 269
Reações reversíveis, 26
    $1^a$. e $2^a$. ordens, 255, 257
    $1^a$. ordem, 245, 246, 248, 249, 251
    $2^a$. ordem, 253, 259
    definição, 30
Reagentes, 15
    em excesso, 60
    limitante, 59
Reatores
    batelada ideal, 171
    descontínuo ou batelada, 44, 166
    experimentais, 166
    ideais, 171
    químico, 165
    tanque contínuo, 168
    tanque CSTR ideal, 171

Índice remissivo

tubular contínuo, 170
tubular ideal, 172
Regra dos dez graus, 121
Regressão
linear, 118
não linear, 118

Sistema, 36
aberto, 36
de equações algébricas, 86
de volume variável, 78
fechado, 36
heterogêneo, 36
homogêneo, 36
isolado, 36

Tabela estequiométrica, 70
Temperatura, medidas e controle, 173
Tempo, medidas, 174
Transesterificação, 387
caracterização matemática, 389

mecanismo, 388
modelos cinéticos, 392
reação global, 389

Velocidade de reação, 97, 98
avaliação, 182, 187
etapa limitante, 303
influência da temperatura, 115
inicial, 183
instantânea, 182
média, 182
relações estequiométricas, 103
resultante, 115
Velocidades de consumo e formação, 98
função de pressões parciais, 102
sistemas de V constante, 100
sistemas de V variável, 102
Volume
total da mistura, 80
variação, 82